井伏鱒二と「ちぐはぐ」な近代

漂流するアクチュアリティ

滝口明祥

新曜社

井伏鱒二と「ちぐはぐ」な近代——漂流するアクチュアリティ＊目次

装幀——虎尾　隆

凡例

・井伏作品の引用は、特に断わりのない場合、『井伏鱒二全集』全二八巻＋補巻二（筑摩書房、一九九六～二〇〇〇、本文中では「新全集」と表記）に拠る。
・引用文中の旧漢字は適宜、新漢字に改め、ルビも多くは省略した。
・年月日や巻号の数字は単位（「十」など）を入れずに表記したが、作品に出てくる日記の日付などの場合は、作品中の表記をそのまま用いた。
・年号は基本的に西暦で表記した。
・引用文中の〔　〕は、引用者の注記である。
・先行研究の文献は基本的に注に記載している。したがって、本文中に前掲書、前掲論文と出てきた場合も、基本的には注をご覧いただきたい。

序章　作家イメージの系譜学――「庶民文学」という評価の形成

一　「庶民文学」という評価

井伏鱒二という作家について、どんなイメージが一般的だろうか？　どんな作家であれ、その作品が何らかのイメージに沿って読まれることはむしろ当たり前のことだろう。だが井伏の場合、それが呪縛と言えるほどに強く作品の受容を規定してしまっているのではないだろうか。つまり、そうした作家イメージに沿って読まれることによって、井伏作品の多彩な側面が見落とされることにつながっているのではないか？　本書を始めるにあたって、まず発してみたいのはそのような問いである。

試みに、松本武夫によって近年一般向けに書かれた井伏の評伝を見てみることにしよう。

太宰治が師と仰いだ井伏鱒二は、顧みるに、「幽閉」・「鯉（随筆）」等の〝習作時代〟を経て「鯉」・「山椒魚―童話―」・「屋根の上のサワン」等の作品で文壇に登場し、昭和初期のプロレタリア文学隆盛期にあって、「朽助のゐる谷間」「丹下氏邸」「青ヶ島大概記」等、〝土〟と同化して生きる庶民を描き出してきた。軍政下の文学不毛の時代にあっても、陸軍徴用員として戦地にその身を置きながら「花の街」のなかに「疑ひなくこの街の平和を信じる市民のあることを知る一つの資料にしたい」(新聞予告記事「作者の言葉」)とし、ある長屋のある一家族の姿を丹念に描写し、そこに「平和を信じる市民」を描き切った。また、戦後の民主主義の声高い時代にあっては、「遥拝隊長」の内に戦争の悪夢を、庶民生活の視点をもって静かに描きだし、それはやがて「正義の戦争より、不正義の平和の方がいい」という、民衆の目から原爆を見据えた『黒い雨』へと連なっていった。

この姿勢は終生変わることなく、晩年の作品『荻窪風土記』のなかに、六十有余年住み親しみ、井伏鱒二の第二の故郷とも化した荻窪の地にどっしりと腰を据え、変貌していく荻窪の様とそこに息づく人々のその〝風貌姿勢〟を、庶民のなかに身を沈めつつ作品化していった。その姿勢は、昭和という〝ブレ〟の大きかった時代のその節々を、庶民の日常生活という揺るぎない〔…〕時代を越えたテーマの内に溶け込ませつつ独自の井伏文学を築き上げてきた。(1)

このなかに、「庶民」という言葉が繰り返されているのが目につくだろう。「庶民を描き出してきた」、「庶民生活の視点をもって」、「庶民のなかに身を沈めつつ」、などなど。つまり、井伏の作品とは「庶民の日常生活」が描かれたものだということがくどいくらいに語られているのである。このように井伏作品は「庶民」を描いた文学であると評価する論者は他にも少なくない。

だが、このような評価は井伏鱒二の長い文学人生において、決して一貫してあったわけではない。それどころか、文壇において注目されるようになった一九三〇年前後には、井伏は「ナンセンス文学」の作家とみなされていたのだ。では、井伏作品=「庶民文学」とする評価は、いつ頃から出てきたものなのだろうか。

それを考えるために逸することのできないのは、一九四九年に発表された杉浦明平による論考であろう。そこで杉浦は井伏作品を「庶民文学」として高く評価しているのである。

井伏鱒二の文学は、この国の庶民をうつした鏡であると言えよう。〔…〕庶民生活の中にばらまかれている笑いや悲哀のみならず、そのもつている聡明さやヒユーマニテイやアナルキイな傾向すら井伏の文学にとけこんでいるのが感じられる。さらに、それがヒユーマニテイの限界、つまり人情の世界に陥ちやすさや、革命的展望の弱さとも共通するのを見るのは容易であろう。(2)

「革命的展望の弱さ」への批判には共産党員である杉浦の政治性を明らかに読み取ることができるが、実はこの論考は同時に柳田国男への崇敬の念によっても支えられており、井伏作品は「ほとんど民俗学的な美しさをそなえている」ものとして高く評価されている。つまり、共産主義的な政治性と柳田の民俗学が交差する地点で井伏作品は「庶民文学」として評価されているのだ。しかし、後年の「庶民文学」という評価からは、前者の意味での政治性はほとんど感じられない。この杉浦の論文が重要であることは間違いないが、これを後年の「庶民文学」という評価につなげて考えるには、もう少し違った要素をいくつか付加する必要があるはずだ。では、杉浦の論文から後年の「庶民文学」という評価に至るまで、どのような過程があったのだろうか。

それを探るために、とりあえず戦後初期からの井伏評価の変遷を振り返ってみることにしよう。『展望』の一九四八年三月号には、『井伏鱒二選集』(筑摩書房、一九四八〜一九四九)の刊行を告げる広告が載っている。

現代日本文学に孤城を築く三十年清高飄逸よく独自の芸術境を護つて惑はず倦まざるわが井伏鱒二氏の最近作に至る全文学中よりこゝに太宰治氏に編輯解説の労を煩して選集を刊行する。読者は第一巻既に出世作「朽助のゐる谷間」を始め「山椒魚」「休憩時間」「鯉」「谷間」「夜ふけと梅の花」等長短十三篇悉く珠玉の文学に接して荒涼たる現世を化してなつかしき現実となす井伏世界の醍醐味に春のことぶれを聞く思ひを抱いて巻を措く能はざるであらう。

そこには「編輯解説　太宰治」という大きな文字が附されており、刊行された各巻の巻末には太宰によって「後記」（解説）が附されることとなっていた。だが、実際には太宰による「後記」は第四巻までしか書かれることはなかった。言うまでもなく一九四八年六月の突然の死によって、第五巻以降の「後記」を太宰が書くことが不可能となったからである。

二　「井伏さんは悪人です」

太宰が戦争未亡人と心中したことは世間にセンセーショナルな話題を提供したが、(3) その遺書に「井伏さんは悪人です」という一文があったこともまた、文壇にちょっとした波紋を生じさせた。井伏の弟子である太宰がそのような言葉を書き残すには、いかなる理由があるのか。さまざまな推測が行なわれたのは当然であったろう。

当の井伏は『時事新報』のインタビューに答えて、「わたしのことを悪人だといつているそうだが全然思いあたるふしはない、〔…〕太宰君は最も愛するものを最も憎いものだと逆説的に表現する性格だからそういうつもりでいつたのだろう、太宰君は文学だけで生きていた人だから、最近書けなくなつたと錯覚を起して死んだのではないかとわたしは考えている」(「死体あがらぬ〝人食い川〟/太宰氏捜索」『時事新報』一九四八・六・一七)と述べている。

また佐藤春夫「井伏鱒二は悪人なるの説」(『作品』一九四八・一一)は、そうした報道を受けて次のように書いた。

> 太宰は逆説的表現を好む男であつたから、井伏鱒二は悪人なりと書いてあつても自分は大して奇異には思はない。むしろ、「井伏さんには長い間いろいろ御世話になりましたありがたう」と書いてあつたとしたら、かへつて変な位なものであらう。また、太宰が井伏を本当に悪人と感じたとしたら井伏鱒二は悪人なりなどとそんな単純な気の利かない云ひ方で満足したであらうか。如是我聞の筆法で、も少しは云ひ方がありさうなものである。然らば井伏鱒二は太宰治にとつてそれほどの毒舌にも値しない悪人であつたに相違ない。自分は亡友の文章の一句を文字どほりに正しく読まうとする者である。

その後も「井伏さんは悪人です」という記述が太宰の本心を表わしたものとされることは長らくなく、例えば相馬正一は「現に『井伏鱒二選集』の編集責任者として各巻の「後記」を手がけている太宰にとって、「井伏さんは悪人です」などというセリフは全くナンセンスなものとしか考えられない」(4)

と全面的に否定している。

たしかに井伏と太宰の師弟関係を知っている者にとっては、佐藤や相馬のように言いたくなる気持ちもわからなくはない。太宰は『井伏鱒二選集』第一巻（筑摩書房、一九四八・三）の「後記」では、井伏鱒二との来歴の始まりを次のように振り返っている。

私は十四のとしから、井伏さんの作品を愛読してゐたのである。二十五年前、あれは大震災のとしではなかつたかしら、井伏さんは或るささやかな同人雑誌に、はじめてその作品を発表なさつて、当時、北の端の青森の中学一年生だつた私は、それを読んで、坐つてをられなかつたくらゐに興奮した。それは、「山椒魚」といふ作品であつた。童話だと思つて読んだのではない。当時すでに私は、かなりの小説通を以てひそかに自任してゐたのである。さうして、「山椒魚」に接して、私は埋もれたる無名不遇の天才を発見したと思つて興奮したのである。

中学一年生の太宰が「発見」したのは、『世紀』（一九二三・七）に載った井伏の小説であり、題名は正確には「幽閉」というものであっただろう。言うまでもなく「幽閉」はその後改稿されて「山椒魚」（『文藝都市』一九二九・五）となるのだが、当時の太宰がどれほど「興奮」したのかはともかくとしても、実際に井伏の作品をかなり早い段階から読んでいたことは間違いない。その後太宰は、一九二八年に井伏に自身が編集・発行していた同人誌『細胞文藝』への原稿依頼を行なっているからである。当時の井伏は未だほとんど注目されてはおらず、たしかに「無名不遇」の時代であったと言ってよい。そんな井伏を、夏休みに上京した太宰は、直接に訪問してもいるのだ。その時は井伏が不在だったことにより会えなかったようだが、井伏からは「薬局室挿話」という短編が太宰の元に送られ、無事『細胞文藝』（一九二八・九）に掲載されている。そして太宰が大学入学のために上京してから本格的な師弟関係が始まり、その後はパビナール中毒になった太宰を井伏が入院させたり、太宰と石原美知子との結婚の仲人を井伏が務めたりという関係が続くのだ。

だが、太宰の昭和二三年版の手帖に書かれてある次のようなメモを見たとき、「井伏さんは悪人です」という一文は、少なくとも「逆説」や「ナンセンス」ではなかったと言わざるをえないのである。

井伏鱒二　ヤメロ　といふ、足をひつぱると〔□〕いふ、「家庭の幸福」ひとのうしろで、どさくさまぎれにポイ〔□〕ントをかせいでゐる、卑怯、なぜ、やめろといふのか、「愛？・」私は、そいつにだまされて来たのだ、人間は人間を〔だませ〕愛することは出来ぬ、利用するだけ、思へば、井伏さんといふ人は、人におんぶされてばかり生きて来た、孤独のやうでゐて、この人ほど、「仲間」がゐないと生〔□〕きてをれないひとはない、井伏の悪口を言ふひとは無い、バケモノだ、阿呆みたいな顔をして、作品をごまかし（手を抜いて）誰にも憎まれず、人の陰口はついても、めんと向つては、何も〔□〕はず、わせだをのろひながらもわさ〔□〕だをほめ、愛校心、ケツペキもくそもありやしない最も、いやしい政治家である。〔…〕私は、お前たちに負けるかもしれぬ。しかし、私は、ひとりだ。「仲間」を作らない。お前は、「仲間」を作る。太宰は気違ひになつたか、などといふ仲間を、ヤキモチ焼き、悪人、イヤな事を言ふやうだが、あなたは、私に、世話したやうにお〔□〕つしやつてゐるやうだけど、正確に話しませう、かつて、私は、あなたに気にいられるやうに行動したが、少しもうれしくなかつた。[5]

やはり少なくとも一九四八年の段階において、太宰が井伏に対して鬱屈した心情を抱いていたのは確かなのである。井伏と太宰の確執としては幾つかの要因が考えられるだろう。一つには、『如是我聞』(『新潮』一九四八・三〜七)における志賀直哉批判をやめるようにとの井伏の忠告が太宰には全く受け入れられなかったこと。また一つには、太田静子や山崎富栄との関係が深まるにつれ、妻・美知子との仲人をつとめてくれた井伏に対する心苦しさが増していったこと。他にもさまざまな要因が絡み合っているに違いない。なかでも近年特に話題になったのは、太宰と井伏の確執の原因を「薬屋の雛女房」(『中央公論』一九三八・一〇)に求める猪瀬直樹の説であろう。(6) たしかに『井伏鱒二選集』の収録作品の選定にあたっては、井伏の意向が強く働き、時には太宰の考えとは相違する場合もままあったと思われる。(7)

だが、現在残されている太宰筆の『井伏鱒二選集』草案のいずれを見ても、猪瀬の論には疑問を抱かざるをえない。草案は三種類残されているので、それぞれ「草案1」「草案2」「草案3」と呼ぶことにしよう。企画の初期段階において書かれたと推測される「草案1」および「草案2」は『太宰治全集』第一三巻(筑摩書房、一九九九・五)に翻刻されているし、企画がほとんど固まった段階に書かれたと思われる「草案3」は編集者によって長らく保存されており、最近遺族によって紹介された。(8)「草案1」「草案2」「草案3」ではそれぞれ収録作品にかなりの違いがあり、そこには井伏の意向だけでなく出版社の意向なども関わっていることが推測される。だが、そのいずれにも「薬屋の雛女房」の題名は見当たらないのである。

もし太宰が「薬屋の雛女房」にこだわっていたのであれば、少なくとも一種類の草案くらいには題名が出ていなくてはおかしいのではないだろうか。猪瀬の論は、①「薬屋の雛女房」を太宰は発表当時読んでいなかった、②『井伏鱒二選集』の編集の段階において初めて読んで激怒した、③『井伏鱒二選集』に「薬屋の雛女房」を太宰は収録しようとしたが井伏に拒否された、という三つの推測によって成り立っているのだが、いずれにも客観的な証拠はないと言ってよい[9]。

そして、その数種類の草案を眺めたとき、むしろ『多甚古村』の題名が「草案3」になって初めて出てくることのほうが注目されるように思われる。特にそれが「井伏の名誉を普遍的にした[10]」などと評される作品であることを考えると、太宰の意向が相対的に強く反映されていると考えられる「草案1」および「草案2」において『多甚古村』が見当たらないのは、やはり不自然と言わざるをえないのである。

三　「風俗小説」的側面への批判

駐在巡査の視点を通して地方の村に暮らす人たちの日常を描いた『多甚古村』（河出書房、一九三九・七）は、間違いなく戦前戦中を通しての井伏の代表作であると言えるだろう。文壇内では井伏はすでに中堅作家としての地位を確立していたと言ってよいが、一般的な知名度を得たという点において『多甚古村』が果たした役割は決して小さくなかったのだ。

一九四〇年前後においては、『多甚古村』に対して概ね好意的な意見が続いている。たとえば、酒井森之介は「作者の本道にあつて成功した微笑ましい一篇」であると述べ、板垣直子は「氏の近頃の秀作」だとする。また、長谷川鑛平も「井伏鱒二の半生にわたる作家的努力を、井伏らしくさも何気なく集成してみせた秀作と云ふことができるであらう」と称賛している。[11]

だが、それが戦後になると評価に明らかな変化が表われるのだ。たとえば『井伏鱒二選集』の刊行と同じ頃、寺田透は『多甚古村』について「面白くはあつたけれど好きになれなかつた」と述べ、次のように手厳しく批判している。

作者の世俗的興味が弾みすぎてゐる。ここにあるのは人間に対する愛情といふより、世態人情の面白さに釣られた興味の動きなのだ。〔…〕話の種は深刻であらうと多彩であらうとそれらを追ふ井伏の目は、世間話に身を入れた人間の心のやうにひどく通俗的で大まかなのだ。[12]

井伏を「敬愛する作家の一人」だと言う寺田は、「結局井伏鱒二は、世態人情、花鳥風月の抒情味ゆたかな画家たるにとどまるのだらうか。あへてその域を出ようとしないのであらうか」と不満を述べずにはいられない。その際に象徴的な作品として持ち出されたのが『多甚古村』だったのだ。そして寺田は「『多甚古村』『同補遺』が、井伏鱒二らしくないと思はれるのにもかかはらず、いかにも井伏鱒二的であることにまごついた」と述べるのである。

また翌一九四九年には、杉浦前掲論文が井伏作品を「庶民文学」として評価しつつも、『多甚古村』は「おかみの力をもった解決者」が主人公の「人情噺」であるとして、次のように述べている。

今われわれはこの作家井伏のうちにあの侵略戦争を疑わなかつた庶民の姿を見とめなくてはならぬ。目隠しされた視野の中におかれ、おかみによりかかることに馴らされたこの国民が、万歳の声と日の丸の旗におくられ又おくつて侵略戦争に勇躍して赴いた日のことが思い出される。〔…〕そのように悪しき意味においても井伏は庶民の中にいる作家であつた。

いちはやく長谷川鑛平が井伏作品のなかに「社会へのアンチテーゼ、ひとつの世界観へのアンチテーゼ」があることを認めつつも「積極的な世界観」の欠如を批判しているのも[13]、寺田や杉浦の不満と通じ合うものがあるように思われる。そしてこのような批判が、「戦後」という時代を背景としたものであることは明らかだ[14]。

そして、このような同時代における井伏批判を横に置いたとき、太宰が井伏に対して感じていた苛立ちが決して孤立したものではなかったことも明らかだろう。先に挙げた昭和二三年版の手帖のなかにある「作品をごまかし（手を抜いて）」という太宰の言葉にしても、寺田前掲論文が言う「世態人情、花鳥風月の抒情味ゆたかな画家たるにとどまる」ことに対する批判として考えることができるのではないか。太宰は『井伏鱒二選集』第四巻（筑摩書房、一九四八・一一）の「後記」で井伏を「旅行上手」にたとえて、次のように述べている。

金銭の浪費がないばかりでなく、情熱の浪費もそこにない。井伏さんの文学が十年一日の如く、その健在を保持して居る秘密の鍵も、その辺にあるらしく思はれる。

旅行の上手な人は、生活に於いても絶対に敗れることは無い。謂はば、花札の「降りかた」を知つて居るのである。

旅行に於て、旅行下手の人の最も閉口するのは目的地へ着くまでの乗物に於ける時間であらう。

すなはちそれは、数時間、人生から「降りて」居るのである。〔…〕所謂「旅行上手」の人は、その乗車時間を、楽しむ、とまでは言へないかも知れないが、少なくとも、観念出来る。

この観念出来るといふことは、恐ろしいといふ言葉をつかつてもいいくらゐの、たいした能力である。

この文章について東郷克美は「十数年にわたって師事してきただけにさすがに井伏文学の本質をよく見抜いた言葉であり、同時に太宰の立場からする井伏批判にもなっている」[15]と指摘している。近年の太宰研究においては、津軽に疎開していた一九四六年前半までと、同年後半に東京に戻ってきてからの間に、太宰に何らかの変化があったことが想定されている。[16]その変化をあえて図式的に示せば、「新型便乗」批判から「家庭の幸福」批判へ、とすることができるだろう。前者においては、「戦争中には日本に味方するのは当り前で、馬鹿な親でも他人とつまらぬ喧嘩してさんざんに殴られてゐるとやつぱり親に加勢したくなります。黙つて見てゐるなんて、そんな人間とは、おつき合ひごめん」（井伏宛太宰治書簡、一九四六・一・一五）として、戦後において急に立場を変え、戦中における自身の姿を顧みようともしないで他人の戦争責任追及に明け暮れるような人々の在り様が「新型便乗」として激しく批判されていた。そうした批判を支えていたのが家族国家観的な論理だったことも明らかだが、後者においては「家庭の幸福は諸悪の本」（「家庭の幸福」『中央公論』一九四八・八）とされ、「新しい徒党の形式、それは仲間同士、公然と裏切るところから始まるのかもしれない」（「徒党について」『文藝時代』一九四八・四）などとして、「家庭」＝「徒党」の在り様に対する再検討が行なわれるようになるのである。

言い換えれば、前者においては戦中と戦後で節操なく立場を変える人々を批判する一方で、自身はあえて「変わらない」ことを選択していたのに対し、後者においては「変わる」ことの必要性が認識されていたのではないだろうか。たとえば、「かくめい」(『ろまねすく』一九四八・一)では、次のように述べられている。

> じぶんで、したことは、そのやうに、はつきり言はなければ、かくめいも何も、おこなはれません。じぶんで、そうしても、他におこなひをしたく思つて、にんげんは、かうしなければならぬ、などとおつしやつてゐるうちは、にんげんの底からの革命が、いつまでも、できないのです。

「戦中」から「戦後」へ。「新型便乗」のように、ただ単に主義主張を(まるで衣服を着替えるように)変えるだけではないやり方で「変わる」にはどうすればよいか。このような意味での「にんげんの底からの革命」の必要性を認識し始めていた太宰にとって、戦後の井伏の姿がややもの足りなく思われたとしても不思議はない[17]。

先述したように、戦後における太宰と井伏の確執にはさまざまな要因が絡み合っていると思われるが、その一つとして井伏作品および井伏の在り様に対して批判的になっていったということが挙げられると思われる。しかもそれは決して同時代において孤立したものではなく、寺田などの批判と共通する部分を多分に含んでいたのだ。

太宰や寺田らによる井伏作品への批判は、「風俗小説」的側面に対してのものであったと言うこともできるだろう。「風俗小説」とは、一九三〇年代から主に批判的に取り上げられるようになった言葉だが、高橋広満は「文学史的にきわめて曖昧なものだが」と留保しつつ、「いちおう題材自体の風俗性と描写の態度の両面から使われてきた用語だとは言えるだろう」と述べている。[18] つまり、同時代の「風俗」を描写しつつ、あからさまな思想性や批評性を感じさせないような作品であり、要するに〝批評性を欠いたリアリズム〟こそが「風俗小説」には見出され、それが批判の対象となったのである。そして、第三章などで見るように、内的焦点化をほとんど行なわず、外面的な描写に徹しがちな井伏作品のあり方に対しては、かなり早い段階からしばしば批判が行なわれていた。「題材自体の風俗性」においても、「描写の態度」においても、井伏作品は一見「風俗小説」と共通するような性質を多分に含んでいたと言える。

また、特に戦後において「風俗小説」の代表的な書き手として丹羽文雄などが挙げられるようになってから、〝批評性を欠いたリアリズム〟という意味で「早稲田リアリズム」という言葉も頻りに使われるようになった。その点でも、中退とはいえ早稲田出身であり、「早稲田派」の中堅とみられていた井伏は、「風俗小説」の近傍にいたと言ってよい。

「風俗小説」あるいは「早稲田リアリズム」に関しては「庶民性」という性質もしばしば指摘されている。座談会「「早稲田リアリズム」をめぐって」（『早稲田文学』一九五二・五）において、青野季吉が「〝早稲田リアリズム〟というものが早稲田にあるというのは、これは明治からのリアリズムの流れですが、庶民の生活というものをどういう場合でも重要視するということ、庶民生活をやらなかったら文学者じゃないという所に自然主義の伝統がある。〔…〕〝庶民生活〟これが風俗小説に残っている。それが〝早稲田リアリズム〟として批判される理由じゃないか」と言えば、荒正人は「風俗小説とか中間小説とか云うものに早稲田リアリズムの伝統というものがゆがめられている。〔…〕庶民性と云うか、それが市民意識に消化されなかった場合に、庶民性というものがマイナスの力として働いているのではないかという気がするんですがね」と返している。

「早稲田リアリズム」は自然主義から連続的なものとして表象されつつ、しかし荒はそれを切断してみせる。[19] このような「早稲田リアリズム」の表象は、やがて日本の自然主義それ自体の検討へとつながっていくのだが、「戦後思想史の中心的なペース・セッター」[20] とも評される『近代文学』派の中心的人物である荒による右の発言からは、「庶民性」は「市民意識」よりも劣ったものであり、そうした前近代性が戦争の要因となったのだという認識も窺えよう。[21]

つまり、「戦後文学」に勢いがあった時代において、「庶民性」とは必ずしも賞賛されるようなものではなかったということだ。荒は「市民」という、当時は肯定的に使われることが少なかった言葉を積極的に使用しているが、小熊英二が言うように「荒の「市民」は、国家と対抗関係にあるものだった」[22]。つまり、「庶民」=「国民」とは明確に異なるものとして「市民」という言葉が選ばれたのである。小熊は「戦争に批判的な知識人たちは、戦中には民衆から孤立しており、荒の形容にしたがえば「国内亡命者」の状態にあった」とも述べているが、そうした戦争体験から生まれた思考が「庶民」への嫌悪をその基底に持っていたことは間違いない。「近代主義」的な立場に立った戦後知識人たちによる「風俗小説」に対する批判の背景にあったのもまた、多くの「読者」=「庶民」への蔑視であっただろう。

そのような状況の中で「庶民文学」という評価は、井伏にとって必ずしもプラスになるようなものではなかったのではないか。実際、井伏作品を「私小説」とも「風俗小説」とも異なるものとして評価した伊藤整は、次のように「市民文学」なる語を使用している。

近代の日本文学が、俗世からのがれることでエゴの伸展と把握においてヨーロッパ風の人間を作ろうとしたとは全く違つた風に、井伏鱒二は市井生活の中にある人格として弾力のある相互認識によつて人間性を保全する方法を行つた少数の作家の一人である。〔…〕市井にあつて他の人格と平衡を保つて生きようとする方が、より近代であり、市民文学の根本性格である。ユウモアが力を発揮し出すとき、市民性が初めて我々の中に作られるであらう。[23]

井伏作品を「近代主義」的な立場から評価しようとする場合には、やはり「庶民」という言葉は忌避されざるを得なかったのだと思われる。この伊藤の文章は、『近代文学』派を「近代主義」として激しく批判した共産党の立場に近い杉浦前掲論文[24]とは、明確な違いを見せていると言える。

だが、一九四九年の中華人民共和国の成立や一九五一年に調印されたサンフランシスコ平和条約などに刺激され、一九五〇年代の初めにはナショナリズムに改めて注目が集まり、「国民文学」についても激しい議論が沸き起こる。[25]それは戦後の行き過ぎた「近代主義」の見直しという側面を持っていたと言えるだろう。そのなかで、『近代文学』は徐々に影響力を失っていく。

また他方では、同じ頃『近代文学』派が擁護した「戦後文学」は、「風俗小説」の隆盛という事態に脅かされていた。荒は、戦後の五年間を振り返って次のように述べている。

やがて、風俗小説の全盛時代が現出したのである。風俗小説と戦後文学のあいだにはもはや共通圏はないのである。冷たい敵対関係のみが存在する。花田清輝は、アルティザンとアルティストの区別をいい、前者を風俗小説家に冠し、後者こそ創造の仕事に携わりうるものと主張した。〔…〕田村泰次郎、井上友一郎、丹羽文雄、そして石川達三と石坂洋次郎を加えた風俗作家たちは、概して素朴な実在主義の上に立つて、戦後の風俗の模写を行つたのである。(26)

つまり、花田や荒にとっては、「風俗小説」は「アルチザン」(職人)によるものなのであり、「アルチスト」(藝術家)のものとは厳しく区別されなければならないというのである。(27) 彼らによれば、「風俗小説家」が行なっているのは「戦後の風俗の模写」、つまり外面的な描写に過ぎず、そんなものは藝術とは言えないのだ。

そして荒は、一九四九年に起きた丹羽文雄と中村光夫の風俗小説論争を(28)「「実在の文学」と「理念の文学」の角逐の一齣」であるとし、「丹羽文雄を先頭に立てたかれらは、戦後文学に対してしきりにその観念性を指摘し、人間の描けている文学として自分たちの作品を誇示したのである。ストウリイ・テラアとしてのかれらは、読者との盛大な取引を背景にしてさかんに自分たちの発言に重味を加えようと試みたのである。戦後文学なにするものぞ、批評家なにするものぞなのであった」と述べている。

もちろん荒は「戦後文学」=「理念の文学」に与する立場からこのような文章を書いているわけだが、荒たちが擁護する「戦後文学」は「読者との盛大な取引」をもっていないという点では、「風俗小説」に対して劣位に置かれていたことは否めないだろう。「アルチスト」や「理念の文学」を擁護する者たちが比較的軽視していたのが「読者」であり、文学大衆化という流れであった。一九五〇年前後には既に、あらゆる面において「戦後文学」の退潮はもはや明らかだったと言ってよい。

だが、同時にそれ以降も「風俗小説」＝「アルチザン」の文学という表象は根強く残っていくのであり、観念的で政治的な「戦後文学」とも、批評性や思想性のない「風俗小説」とも異なる「国民文学」が期待されていく。そして、そのようなときに重要な要素として浮上してくるのが、井伏作品の「庶民性」だったのである。一九五〇年五月に井伏が「「本日休診」その他」によって第一回読売文学賞を受賞しているのは、そのような文脈において捉えられなければならない。

四　「風俗小説」としての「本日休診」

蒲田で開業医を営む老医師を主人公に、町の人々の悲喜劇を描いた「本日休診」（『別冊文藝春秋』一九四九・八、一二、五〇・三、五）は連載中から好評を博した。林房雄・中野好夫・北原武夫による「創作合評」（『群像』一九四九・一二）では、まず中野が「非常に面白かつた。そしてよいものだと思う」と口火を切ると、林が「これは青年にはわからない」「大人の読む小説」であると言い、北原も「余裕ある文学だ。余裕ある文学というのは大人の文学ですよ」とそれに同意している。その後も、「僕は楽しかつたな。とにかく」（北原）、「これは読んでもらいたいね」（中野）、「これは一級品です。筆力が毅然としている」（林）と、絶賛と言っていい言葉が続くのである。また、「1949年読売ベストスリー」（『読売新聞』一九四九・一二・二六）では、川端康成と河盛好蔵がそれぞれ「本日休診」を挙げている。

ただし、その他の同時代評を見てみると、称賛一色というわけでもない。たとえば中村光夫「文藝時評①」（『東京新聞』一九四九・九・二）は、「変転する世相といつも無造作に密着して自由に形を変え、そこに蚕がマユをつくるように巧みに自分の世界を築いてしまう」ところに井伏の「手法の持味と限界がはつきり感じられる佳作」であるとして、称賛に一定の留保をつけている。また、単行本『本日休診』（文藝春秋新社、一九五〇・六）が発売された後には、浅見淵「最近の長編小説㊤」（『東京新聞』一九五〇・八・七）が丹羽文雄の『当世胸算用』（中央公論社、一九五〇・四）と並べたうえで「最近の風俗小説の代表作である」とし、「佳作」ではあるとしつつも「いずれも強力な主観的歪曲を欠いている為め、結局は戦後風俗のモザイク模様に終つてしまつている」と不満を漏らしている。他にも、青野季吉「最近の文芸書」（『読売新聞』一九五〇・九・一一）が「ひろい意味の風俗小説に属するもの」として、やはり丹羽の『当世胸算用』や平林たい子の『春のめざめ』（中央公論社、一九五〇・七）などとともに挙げていることから考えても、「本日休診」が「風俗小説」として、あるいは少なくともそれに非常に近いものとして受容されたことは間違いないだろう。

読売文学賞の審査委員であった正宗白鳥は、「本日休診」について次のように述べている。

小説として世相を描いたものであるが、それを丹念に描写したというものではなく、この作者の筆致は緊縮していて、世上の多くの作品に見られるような冗漫希薄な弊がない。再び三たび繰返して、味わいの出るようなものである。この作家にはユーモアがあるが、そのユーモアが人を笑わせるもの、朗らかに面白がらせるものではなくつて、くすぶつている。人生のおのずからもつているユーモアがもや〳〵とくすぶつている。これはこの作者の特色で、小説がたゞの読物でなくつて一つの芸術となるのである。（『読売新聞』一九五〇・五・二七）

このようにして「世相を描いた」「世上の多くの作品」、「たゞの読物」と差異化しつつ、白鳥は井伏作品を「芸術」として称揚する。だが逆にいえば、そのようにわざわざ「芸術」であるということを強調しなければならないというところに、井伏作品がこの時期に置かれていた立場の危うさが示されてはいないだろうか。つまり、「アルチスト」ではない、「アルチザン」なのだとみなされる可能性を井伏は十分に持っていたのであり、だからこそ井伏の作品は「芸術」であるということが強調されなければならなかったのだ。

先述したように受賞の対象として挙げられていたのは「「本日休診」その他」だが、「その他」の作品としては、たとえば「遥拝隊長」（『展望』一九五〇・二）があるだろう。戦後になっても未だに戦争が続いていると思っている元陸軍将校の「気違ひ」を描いたこの作品について、河盛好蔵「文藝時評　戦争への憎悪」（『朝日新聞』一九五〇・二・一九）は「この元中尉によつて具現されている狂信的なミリタリストに対する怒りと憎しみを、適度のユーモアをまじえながら、しかし世の権力を笠に着る人間のはいふをえぐるはげしさをもつて表白している」と述べ、この「最も非政治的」な作家による「戦争に対する憎悪と平和への祈願」に注意を促している。

白鳥はその作品について、「戦場帰りの精神病者が、一村落で巻起す人騒がせを、くすぶつたユーモアで包んだ、完成した短編である。戦争文学の変り種であつて、徒らに大袈裟な凡庸な戦争文学と異り風致ゆたかなものである。井伏流の戦争批判である」と賞賛している。一方「本日休診」については、「医師の接触する庶民生活、医師の目に映じ心に刻まれる煩わしい人生図の断片である。これが断片の断片でなくつて、積重なつたら、井伏文学としての大をなすのである」と、「断片の断片」でしかないことへの若干の物足りなさを暗に示していることからすれば、白鳥は「本日休診」より

「遥拝隊長」のほうを買っていたようにも思える。しかしそれでも「遥拝隊長」が主な対象として挙げられなかったのは、この時期、「本日休診」のほうが井伏作品の本流であると目されていたからではなかっただろうか。

「本日休診」と「遥拝隊長」がともに収録された『本日休診』(文藝春秋新社、一九五〇・六)[29]に附された青野季吉による「序」では、「井伏鱒二と井伏文学の頂点を示したものが、「本日休診」である」とあり、井伏作品の特色を次のように説明している。

井伏鱒二がその中に「ひろく、深く小説の世界を築いた」のは、云ふまでもなく、市井人の生活、民衆の生態であるが、この小説家は、そこに在る卑小さや、悪徳に対して、きびしい眼を光らしてゐる。と同時に、かれほど、そこに在る、乃至はそれを支へてゐるともいへる善良さに深く打ち込んでゐる小説家を知らない。

「本日休診」は間違いなく当時における井伏の代表作であった『多甚古村』の流れに連なる作品である。『多甚古村』が日記形式を取っているのに対して、「本日休診」は三人称で書かれているという違いはあるが、どちらも「市井人の生活、民衆の生態」を描いているという点においては変わりがない[30]。

この『多甚古村』―「本日休診」というラインが、一九四〇年代から五〇年代にかけての井伏イメージを形作っていたと言えるだろう。「風俗小説」に限りなく近いけれども、しかしそこからは微妙にズレているもの。一九五〇年前後における井伏作品の位置とは、そのようなものだったと言っていいだろう。

五　「風俗小説」からの卓越化

だが、井伏作品が「風俗小説」の近傍にいるとする評価は一九五〇年代以降、徐々に変わっていくのである。その契機となったのは、発表当初は「本日休診」の影に隠れていた感があった「遥拝隊長」に他ならない。

「愛読者」としての立場から井伏作品を厳しく批判していた寺田透が一転して戦後の井伏作品を積極的に評価し始めるのは、一九五三年のことだ。寺田は「モラリストとしての厳しさを、以前やはらげてゐた詠嘆的な言葉づかひやおどけた表現のしぶりが、戦後少くなつて来たし、ますます少くなつて行きつつある」と指摘したうえで、「戦後の井伏氏は、あとを濁さぬ精神の飛行力をわがものとしてゐる」のであり、「かれのかるみは的確さに裏づけられ、諧謔はきびしいモラリストとしての人間把握そのものの持ち味となつてゐる」と絶賛と言ってよい言葉を記しているが、最後に次のように付け加えている。「以上のべた見解すべての基調となつてゐるのは、『白毛』以後の作品が僕に与へる印象である。といふことは太宰治死後の作品が特に凄いといふことにほぼ等しからう」(31)と。

だが寺田のこの論文において、「白毛」以後の作品で具体的に言及されているのは「遥拝隊長」くらいなのだ。そのことは、寺田が井伏の絶賛に転じる際に、この作品がいかに重要だったかを示唆しているだろう。寺田は「遥拝隊長」が「ファシズムの醜怪暴戻の戯画をもつてしたその風刺」として読まれていることに異を唱え、代わりに「数と力とコンフォルミスムに対する、作者の抑制された反感」を読み取っている。「風刺」にせよ「作者の抑制された反感」にせよ、そのような評価が「風俗小説」の枠に収まりきらないものであることは言うまでもない。井伏作品は徐々に「風俗小説」の近傍から離脱しようとしていたのである。

そして、そうした動向に対して積極的に介入したのが、他でもない『風俗小説論』の著者である中村光夫であった。風俗小説論争において丹羽文雄たちを徹底的に批判した中村は、それらの作家と井伏との間に明確な線を引こうとする。書き出しはこうだ。

今日の我国の小説の一番目立つ動きは、通俗化、あるひは読物化ですが、それを促す大きな原因で、しかも人々のあまり気付かないのは、女性の読者の進出、あるひは女性による小説の支配であらうと思はれます。[32]

そしてそれは一面においては「小説の読者層の拡大」を意味するが、多面においては「小説の質の低下」「芸術としての小説の消滅」を招いたとする中村は、井伏をそうした流れから外れた「男性文学」として高く位置づける。そうした「特異な作家」である井伏は「我国の近代小説の達成を――少なくもその根本の性格において、――今日守りつづけてゐる唯一の作家といへませう」とまで中村は断言するのだ。井伏評価が変容しつつあったとはいえ、ここまでの断言はやはり当時の一般的な井伏イメージと齟齬をきたすものであり、この論文全体がそれに対する積極的な介入であったことは明らかだろう。つまり、ここで中村は井伏作品を「風俗小説」から完全に切り離そうとしているのである。

とはいえ、そのような記述がきわめて戦略的なものであり、中村も本気で信じていたわけではなかったこともまた明らかだ。中村はその後の記述で、「山椒魚」などの寓意的な小説や歴史小説を井伏の「私小説」ないしは「思想的私小説」として高く評価する一方で、「氏の現代小説は一端で風俗小説につながります」と、いったん切り離したはずの井伏作品と「風俗小説」の近しさを自ら認めてしまうのだから。そして中村が「現代小説」のなかでも最も否定的なのは『多甚古村』であり、「この小説は、国民の誰が読んでも差障りのない健全娯楽」なのだと斬って捨てている。

それに対して、中村が最大限に高く評価する井伏作品といえば、やはり「遥拝隊長」なのである。「多甚古村」と「遥拝隊長」をくらべて見れば、戦争の体験が氏にとつてどんなものであつたかは、明か」だとして、次のように述べる。

このやうな悲しい傑作は、その性質上くりかへしを許さぬものであり、氏の魂と現実とのこれほど露はな格闘は、その後見られませんが、一般に見ても、戦後の氏の現代小説は、戦前の歴史小説に近づき、人間観察が深まるとともに、作者の憂鬱な心がむきだしに感じられるやうになつてゐます。

中村の井伏評価の中核を成しているのは「遥拝隊長」に他ならない。この「悲しい傑作」がなければ、果たして中村が「井伏鱒二論」というタイトルの評論を書いたかどうかさえ怪しいと言わざるをえない。実際、中村は「しかし氏のかういふ努力があまり一般的な反響を呼ばず、「本日休診」のやうな「多甚古村」の戦後版のやうな小説が、氏の代表作視されてゐるのが現状ですが、かういふ氏にとつて甚だ本意ない状態には、氏自身の責任もかなりあると思はれます」と不満を漏らし、井伏に

「芸術にもっと多くを望むこと」や「氏の半生の精神を支へてきた合理主義と人情の良識が氏をほんたうに救ふかを自問すること」を望んでいるのである。

つまりこの評論は、井伏評価に積極的に介入するものであるとともに、井伏自身にも「風俗小説」との訣別を促してもいるのだ。[33] その意味で、この論文は二重に行為遂行的《パフォーマティヴ》なものであったと言えるだろう。以後の井伏研究において、中村のこの評論は頻繁に参照されていくことになる。「井伏鱒二が真の意味で井伏鱒二になるのは戦後になってからである」[34] とまで言われるほど「遥拝隊長」をはじめとする戦後作品が高く評価される一方で、戦前・戦中に書かれた作品が軽視されていく傾向が生まれていったのは、この中村の評論の影響も決して少なくはないはずだ。

そして、約十年後に井伏が執筆した『黒い雨』（新潮社、一九六六・一〇）こそは、そのような「戦後文学」とも「風俗小説」とも異なる独特な位置にあるという井伏評価を揺るぎないものとしたのである。非政治的な「庶民」の立場からする戦争批判の書であるとして好評を博したこの作品は、川口隆行が言うように「党派性を越えた国民の共通体験を表象した文学として受容され」[35] たのであり、「戦後二十年、ようやく生れた国民文学」（「淡々、力強い説得力／井伏鱒二著　黒い雨」『朝日新聞』一九六六・一一・八）とさえ評されたのだ。この時期に井伏の従来の作家イメージは確立されたと言っていいだろう。以降、井伏の代表作といえば、もはや『多甚古村』や「本日休診」ではなく、『黒い雨』や「山椒魚」であるとみなされるようになっていった。[36]

六　「庶民文学」という評価

先述したように、井伏作品を「庶民文学」として高く評価した杉浦前掲論文は、共産主義的な政治性と柳田国男の民俗学に対する高い評価とが交差する地点において書かれていた。だが、そうした杉浦の政治性はやがて脱色され、イデオロギー性や政治性に左右されない、「揺るぎない」「庶民生活の日常」（松本前掲書）を描いた作家として井伏は称揚されていくことになるのである。そのような評価において井伏作品のなかに見出される非政治的な「庶民」とは、容易に「常民」と言い換えられるようなものであっただろう。

そして、井伏の『黒い雨』が発表された時代は、ちょうど柳田が再評価され始める時期とも重なっていた。たとえば、後藤総一郎は柳田国男について、「一九六二年（昭和三七）の死を前後して、その学問への関心と高い評価が、急激にふくらんでいった」と指摘し、そうした「柳田ブーム」は一時的なものに終わらず、次第に広がっていったのであり、「生誕百年を記念して開かれた国際シンポジウムが行われた一九七五年（昭和五十）には、その関心度はひとつのピークに達した」と述べている。[37]

実際「柳田ブーム」は一時的、また局地的なものではなかった。それはたとえば歴史学の分野では民衆史の盛行と時を同じくしているのであり、[38]一九六〇年代以降、大きな流れを形成していくこととなる。井伏についての作家イメージがそのような時代を背景として確立したことは、もっと注意されてよいのではないか。

近年、柳田の民俗学や民衆史に対しては、その一国史観的な枠組みに対する批判が出ている。[39]従来の井伏評価に関しても、同じような問題点が指摘できるはずだ。杉浦前掲論文にたしかにあった戦争を支えた「庶民」への批判的観点は、その政治性が忘却されていくなかで後退していった。その結果、非政治的な「庶民」がひたすら称揚されていくという自堕落な事態が生じていったのだ。もっとも、この論文自体に、もともと一国史観的な枠組みがあったこともまた否定はできないだろう。

そもそも杉浦論文が「庶民文学」を問題とするのは、「われわれの近代文学は、この庶民の水面に浮び出た薄い小市民の層だけのうえに育った」ものであり、「この文学の中には国民生活は、とりわけ、常民の生活はごくわずかしか反映していない」ためである。つまり、国民文学論の文脈から「庶民文学」という評価が出てきたことは明らかであり、「庶民文学」とは「国民文学」のバリエントに他ならないのだ。第七章でみるように、実は国民文学論は一九三〇年代から唱えられていたものであり、そこからの連続性において杉浦論文を捉える必要もあるはずだ。

つまり、一国史観的な枠組みのなかで非政治的な「庶民」の「日常生活」を称揚するものとしての「庶民文学」という評価は一九三〇年代から徐々に下地が形成され、一九六〇年代に成立したものなのである。そうした評価が、現在に至るまで井伏作品の読みを呪縛し続けているのではないか。だが井伏の、特に初期作品を虚心に読んでみれば、「庶民文学」というような評価には収まりきらない諸要素が容易に発見できるはずである。たとえば、第二章や第五章で述べるように、井伏の作品には移民や混血者、あるいは漂民といった人々が多数登場する。だが、そういった「庶民」のなかに含めることが容易ではない人々は、「庶民文学」という評価のもとで無視・抑圧されてきたのである。

もっとも、井伏作品の読みを呪縛してきたのは、後年に形成された「庶民文学」という評価だけには留まらない。実は井伏作品は同時代においても数多の誤解にさらされていたのであり、本書はそれらをも問題にしていくことになるだろう。たとえば、一九三〇年前後においては井伏の初期作品に対して、「ナンセンス」や「白痴美」といったレッテルが貼られることになる。また、プロレタリア文学からは「現実韜晦」の文学であるとして厳しく批判された。だが、そのようなレッテルや指弾によって井伏の初期作品が持つ魅力が理解できるはずもないし、簡単に否定できるわけもない。

太宰治は『井伏鱒二選集』第一巻の「後記」に、「これらの作品はすべて、私自身にとつても思ひ出の深い作品ばかりであり、いまその目次を一つ一つ書き写してゐたら、世にめづらしい宝石を一つ一つ置き並べるやうな気持がした」と述べている。井伏に対して批判的になっていた時期においても、井伏の初期作品に対する敬愛の念を捨て去ることまではできなかったようだ。初期作品が収められた第一巻の「後記」には井伏作品に対する批判がほとんど見られないのに対して、戦中期の作品が収められた第四巻のそれには強く出ているのも、執筆時期の差によるものとばかりは思われない。

だが、井伏はまるで「庶民文学」という評価に自らを合わせるかのように、戦後において初期作品を抑圧していったのである。生前に刊行された自身の全集において、初期作品をほとんど収録しようとせず、しかも後になればなるほどその数は少なくなっていき、わずかに残された作品もかなりの改稿が施された[40]。したがって、井伏の第一創作集『夜ふけと梅の花』（新潮社、一九三〇・四）と第二創作集『なつかしき現実』（改造社、一九三〇・七）を読んだ佐伯彰一が次のような感想を抱くのも当然というべきなのかもしれない。

甘やかなもの、若々しい、あるいは稚ない気どりもかなり目につく所があって、『井伏全集・第一巻』で読む時とは、かなり違った印象を受けた。いま内容について照合してみると、『全集』

では、この二冊のかなりの部分が、削り落されている。〔…〕『全集』で読んでいるかぎり、井伏氏は、出発当初から成熟した作家、ほとんど成熟しかけた書き手という印象を受けるのだが、これらの作品集には、初い初いしい模索、ためらいとよろめきの様子がありありとうかがわれる。(41)

井伏が全集を編む過程で自身を「成熟した作家」として印象づけようとしていたことは、この作家が常に同時代に向けて自身の作家イメージを提示することに意識的だったということを示している。だが、そのような作家イメージをいまだに私たちが守る必要はないはずだ。後年の作者自身に逆らって、初期作品を読んでみること。本書は、まずはそれを愚直に行なうことから初めてみたい。従来の研究が『黒い雨』前後に形成された「庶民文学」という評価に沿って初期作品を眼差していたのだとすれば、本書においては、初期作品を読み直すことによって得た知見をもとに『黒い雨』へと至る作品群を論じていくという試みをしていると言えるだろう。第一章においては、「ナンセンス文学」の書き手とされていた一九三〇年前後の作品を取り上げた。以後、『黒い雨』について論じた第十一章に至るまで、基本的に時系列に沿って井伏の主要な作品について検討していく。各章ともに「庶民文学」という評価からこぼれ落ちてしまうような側面に光を当てており、井伏作品の新たな可能性を提示できたはずである。また、それらを読むことによって、井伏が時代の動向に意外に意識的な作家だったことも見えてくるに違いない。

変転する時代のなかで、左右のイデオロギーに流されず、一人自己の「文学」を地道に守り続けた作家（岩屋から出られなくなった山椒魚のように！）。そのような従来の作家イメージは、井伏を文学史の流れからはどこか外れた地点にいる作家のように思わせていた。だが、そのような評価は即刻あらためなければならない。

そのために本書が重視したのは同時代コンテクストである。井伏は常に具体的・歴史的な状況と対峙していた作家なのであり、その作品はそうした同時代コンテクストとの交渉の産物としてあるのだ。そのような目論見によって書かれた本書は、従来の作家イメージからは遠く離れた井伏鱒二の姿を描き出すだろう。

たしかに作者の死後に編集された新全集[42]の刊行以後、井伏作品への見直しは着実に始まっている[43]。本書もまた、そうした数々の先行研究の助けを借りていることは明記しておかなければならない。だが、たとえば井伏作品における言語の複数性を称揚する研究は、しばしば具体的・歴史的な考察を欠いていたし、あるいは個々の作品については興味深い読解が示されても、それは作品ごとの分析に留まり、井伏作品を体系的に論じるという試みはほとんどなされなかったのである。その結果、従来の作家イメージは温存されることとなった。

井伏鱒二はアクチュアルな作家である。時代が変化していくにしたがって、井伏自身もまた多彩に変化していく。そして、そのような作家に注目することによって、同時代の「文学」がどのように変化していったのかもまた明らかとなるはずだ。「文学」もまた万古不易のものではない。特に本書が対象とする一九三〇年代から一九六〇年代にかけては、激しく変動していった時期なのである。つまり本書は、井伏鱒二という作家を文学史に位置づける試みであるとともに、井伏を通して文学史を再考する試みともなるだろう。

第一章 「ナンセンス」の批評性——一九三〇年前後の諸作品

一 モダニズムとプロレタリアのあいだで

遅咲きの作家である井伏鱒二が第一創作集と第二創作集を出版したのは、いずれも一九三〇年のことであった。『夜ふけと梅の花』（新潮社、一九三〇・四）と『なつかしき現実』（改造社、一九三〇・七）というその二冊は、それぞれ「新興藝術派叢書」「新鋭文学叢書」の一冊として刊行されている。

それまで単著がなかった井伏がなぜこの時期に二冊の本をほぼ同時に出すことになったかといえば、二つの理由が考えられる。第一に挙げられるのは、後述するように前年の一九二九年に複数の評者が高く評価することにより、井伏への注目が格段に高まったことである。だが、それだけでは十分ではない。第二の理由として、この年に反プロレタリア文学の機運が大きく盛り上がったという文壇の動向を挙げないわけにはいくまい。この時期のプロレタリア文学の勢いについては、細かい説明は不要であろう。井伏の実人生を参照してみても、一九二七年に仲間が悉く左傾したために『陣痛時代』という同人雑誌を脱退したという事件があるが、[1] プロレタリア文学はこの時期文壇を席捲し、既成文壇の側からプロレタリア文学に乗り換える作家も相次いだのである。

そのようなプロレタリア文学に対して、モダニズム文学の側からの反撃の機運の高まりが起こったのが一九二九年から翌年にかけてのことだ(2)。その一つの達成が一九三〇年四月に結成された新興藝術派倶楽部であり、それに合わせて新潮社から刊行された「新興藝術派叢書」であった。改造社の「新鋭文学叢書」のほうは単純に反プロレタリア文学として括ることはできないが、プロレタリア文学に対するモダニズム文学の側からの反撃の高まりということが大きな背景としては挙げられるだろう。そうした時代の動向に井伏はうまく乗ったと、ひとまずは言える。

つまり一九三〇年に出た井伏の二冊の単行本は、モダニズム文学とプロレタリア文学とが対峙する文壇の力学が作る場によって生み出されたものなのである。そこで井伏は「モダニズム文学」の側に位置づけられ、「ナンセンス」や「白痴美」といった言葉で形容されることにもなるのだが、そうした言葉が井伏作品を評価する際にレッテルとして機能してしまったことは否めない。井伏の初期作品が持っていた批評性は見逃されてしまったのであり、しかもその後もそうした傾向は長く続いたのである。特に「庶民文学」という評価においては、井伏の戦後作品が高く評価される一方で、初期作品は不当なまでに軽視されてきた。しかし、今日の私たちがそのような評価に沿ってのみ井伏作品を捉えなければならないわけではないだろう。各時期の作品にはそれぞれが同時代において担っていた意味があるはずであり、それが明らかにされなければならない。

たしかに井伏のすべての作品が収められた新全集（筑摩書房、一九九六〜二〇〇〇）の刊行以後、初期作品に対しても見直しは着実に進んでいる。だが、いまだに同時代コンテクストとの関わりが充分に検討されてきたとは言いがたい。井伏の初期作品が持っていた批評性の内実を明らかにするためには、一九三〇年前後の言説空間にそれらを位置づける必要があるはずだ。まずは「ナンセンス」や

「白痴美」といったレッテルの貼られ方を確認していくこととしたい。

二　「ナンセンス」と「白痴美」

井伏鱒二は川端康成や横光利一など新感覚派の作家たちとほとんど変わらない年齢だが、彼らが文壇に早々とデビューしていったのに比べて、「無名不遇」の数年を過ごしていた。(3) 先述したように、一九二七年には同人仲間が左傾したために一人『陣痛時代』を脱退することになるが、これが井伏にとって転機となったとも言える。翌年、友人の紹介で「鯉」が『三田文学』（一九二八・二）に掲載され、その翌月には『文藝都市』の同人となっている。以後、『三田文学』と『文藝都市』という二つの有力な同人雑誌に作品を次々と掲載していくのであり、これが後の井伏評価の高まりを準備していくこととなる。

舟橋聖一は「即ち今年が、大事な鱒二さんの出世の年だと思ふ」（「井伏鱒二さん」『文藝都市』一九二九・二）と予言的に述べているが、実際、一九二九年には井伏作品に対する称賛の声が盛んに聞かれるようになるのである。公けの場所で逸早く井伏を評価した人物としては、牧野信一と川端康成の名を挙げることができるだろう。牧野はアンケート「推奨する新人」（『創作月刊』一九二九・一）で、「井伏鱒二――いつか三田文学で「鯉」といふ作品を見て非常に感心した。その後も同誌や別の同人雑誌でこの作者の名を見出す度に特に熟読したが孰れも相当の出来栄えである。「鯉」の作者よ、次々の作を希待する！」と述べたのを皮切りに、「エハガキの激賞文」（『時事新報』一九二九・七・一九～二三）その他で、ことあるごとに井伏を激賞している。また、川端は「文藝時評」（『文藝春秋』

一九二九・四)で、井伏を「今日の文学に截然たる一分野を自分一人で抱へ込んでゐる作家、私達と同時代の誰よりも恐らく小説上手な作家」として推奨し、「新人才華」(『新潮』一九二九・九)でも「話術の巧みさは、私の信ずるところによれば、文壇的に一足早い新進作家達のうちにも、彼と比肩する者は、先づあるまいか」と述べ、高く評価していた。

そのような牧野や川端の推賞は当然のことながら井伏への注目を広げていくこととなる。林房雄は「川端君の推賞する井伏鱒二君、あの人の作品は実に面白い」(「最近文壇諸相合評会」『新潮』一九二九・一〇、傍点原文)と発言しているし、また一九三〇年になると「井伏鱒二氏がよい作家だといふ事は度々きいてゐるので」(佐近益栄「文壇は一新した」『報知新聞』一九三〇・一・三)、「井伏氏の評判は聞く事久しかつたが」(加藤武雄「文芸月評(読んだものから)」『新潮』一九三〇・二)などといった表現が各種の文藝時評に見え、井伏に対する評価が着実に高まっていったことがわかる。

注意する必要があるのは、一九二九年末になるまで井伏を「ナンセンス作家」とする文章は見当たらないことである。だが一九三〇年において、井伏を「ナンセンス作家」とする論者は急速に増えていく。しかもその際には、中村正常と並置される形で井伏の「ナンセンス」が言及されたのである。加藤武雄が「昭和四年の文壇」(『文學時代』一九二九・一二)で「中村正常氏、井伏鱒二氏等に、ナンセンス派ともいふ可き一派の台頭を見た」と述べたのはその最も早い例だし、「新人訪問記」(『文學時代』一九三〇・二)には井伏と中村が一緒に写った写真が掲げられ、「一九三〇年を輝かす二人のナンセンス組です」などというキャプションがついている。「新興藝術派批判会」(『新潮』一九三〇・六)でも佐藤春夫などによってナンセンス文学の代表者として二人の名が挙げられ、宇野浩二も自身は異なる見解を持つとしながら、二人が「兄弟作家のやうに一般に思はれてゐる」(「文藝閑話」『読売新聞』

一九三〇・七・一〇）と述べているように、井伏と中村を同じ枠組みのなかで捉える眼差しがこの時期急速に形成されたことが窺えよう。そのようななかで、肯定するにせよ否定するにせよ、井伏を「ナンセンス文学」との関わりのなかで論じるのが定石となっていくのだ。

平《ひら》浩一も指摘するように、[4] 井伏に対するこのような評価の形成には井伏と中村との合作小説である「ユマ吉ペソコ」シリーズ[5]が強く作用していることは明らかである。が、雅川滉《つねかわひろし》「正月号小説月評」（『三田文学』一九三〇・二）が「あまりにも愉快に、あまりにも哄笑になりすぎる」ことへの懸念を語っているように、井伏作品においてもともと「笑ひ」という要素があったこともちろん無視はできまい。平松幹夫「井伏鱒二論――新著『夜ふけと梅の花』に就て」（『三田文学』一九三〇・五）は「笑ひきれぬ笑ひを笑ふところに彼の作品の好さがある。彼にナンセンス派の名称を冠することは、この意味で正しくないと思ふ」と言うが、井伏作品に「笑ひ」という要素があることが「ナンセンス」という名称を付される一因になったことは間違いないだろう。

またそこには、「通説によれば井伏はナンセンス作家ださうである。それやさうに違ひない」と述べる河上徹太郎「井伏君のナンセンス」（『作品』一九三一・九）が指摘する次のような要因も考慮に入れておく必要があると思われる。

所でナンセンスとは何かといふことになると〔…〕まともな解決は全然与へられたとは思へなかつた。否それ所ぢやなく、てんで議論なんかなかつたのである。といふのも此の特異な作風に対しては之を認めると否とに関らず、対象の作品へ裸でぶつかつてゆくことを知らぬ我等の批評家達は、丁度寸法の合つた批評的範疇《しゃくしじょうぎ》を持合さなかつた。

つまり、井伏の「特異な作風」に対して、「丁度寸法の合つた批評的範疇を持合さなかつた」批評家たちにとって、「ナンセンス」というレッテルが実に重宝なものだったということだ。そしてその内実がまともに検討されることなく過ぎていったのである。

また、井伏の「特異な作風」を形容する言葉として「ナンセンス」とともに当時しばしば持ち出されていた言葉に「白痴美」がある。これはもともと尾崎一雄「二月小説短評」（『新正統派』一九二八・三）が井伏の「鯉」について、「この作を佳作だと讃め上げることは出来にくい」としつつも「一種の白痴美だ」と評したことに由来すると思われる言葉だが、「氏は白痴美の作家であるなどと云はれてゐるさうであるが、成程、と思つた」（奥村五十嵐「新年の創作短評」『文藝月刊』一九三〇・二）などというふうに、以降この言葉が井伏の作品を語る際にしばしば持ち出されるようになるのである。この言葉が流通するようになった一因としては、中村地平「井伏鱒二論」（『作品』一九三一・九）が井伏作品の特質として指摘する「自意識の放棄」が挙げられよう。中村は言う。「豊富なる観念をもてあまし行為者としての強力を欠く者は自意識の進展高揚に依るよりか、自意識の放棄に依て一つの世界観を獲得しなければならなかつた」。

他にも、「僕はとかく顔を出したがる自我の未完成な姿を抑圧した彼の如き謙譲な作家を未だ知らない」（今日出海「文藝時評」『作品』一九三〇・八）、「自意識の冒険に就いては、全く興味をもつてゐない」（小林秀雄「定説是非　井伏鱒二の作品について」『都新聞』一九三一・二・二四〜二六）など、この時期「自意識」とほとんど無縁であるかのように見える井伏作品の特質はしばしば指摘されていた。これは従来の私小説とも、井伏を見出した一人である牧野信一などの作品とも異なるものであったし、一九三〇年以降流行する「意識の流れ」を描くことに腐心する「新心理主義文学」の主張とも決定的に食い違うものであったと言える。雅川滉「井伏鱒二」(『新潮』一九三二・五)が「愚か者に見える素朴さをあなた程愛撫してゐるものは、当今日本文壇に殆ど見付らぬ所です」と述べるのも、おそらくはこうした特質に由来していたはずだ。[6]

だが、この「白痴美」もまた井伏評価における役割としては「ナンセンス」とほとんど変わるところがなかったと思われる。小林秀雄が「成る程、白痴美といふ言葉はナンセンス味といふ言葉に較べればずゐ分ましな言葉とは思ひますが、性質の異なつた言葉だとは私には思へません」(前掲「井伏鱒二の作品について」)と否定的にコメントしているのも、この言葉が「ナンセンス」と同じく、井伏の「特異な作風」の内実を探ることを不要なものとするレッテルとして機能していたからだろう。もちろん、そういった特質が明確な批評性に裏打ちされていたことも、そこでは見逃されていたのであった。

三　井伏評価の主軸としての「郷里もの」

「笑い」や「自意識の放棄」といった井伏作品の特質を最も体現しているのが、「郷里もの」などと呼ばれる田舎を舞台にした作品群に他ならない。「郷里もの」の具体的な作品としては、「谷間」(『文藝都市』一九二九・一〜四)、「朽助のゐる谷間」(『創作月刊』一九二九・四)、「丹下氏邸」(『改造』一九三一・二)などが挙げられる。

たとえば、中村地平は前掲「井伏鱒二論」で次のように述べている。

朗明が客観ではなくして内側の境地から出発した時、「朽助のゐる谷間」「谷間」「シグレ島叙景」「丹下氏邸」――この一連の作品にはじめてわれわれは傑作を見た。これらの作品に於て井伏氏は完全に錯裂した意識より開放せられ芸術化されたる辺境には氏のイデエが盛られた。これは既に初期の作品「鯉」に於て井伏氏が示した心境に他ならないのである。

つまり、「郷里もの」において初めて「錯裂した意識」すなわち自意識から「解放」されたと言うのである。小林秀雄もまた「「谷間」「朽助のゐる谷間」「シグレ島叙景」などの系列」を「大変見事」であると言い、「この系列の頂にある」作品として「丹下氏邸」を挙げていた（前掲「井伏鱒二の作品について」）。まさしく、「谷間」から「丹下氏邸」へと至る「郷里もの」こそが一九三〇年前後における井伏評価の中心を成していたと言って過言ではない。[7]

　また、田舎を描いたことは他の「ナンセンス文学」や「モダニズム文学」とも異なる井伏の特異な点の一つであった。平前掲論文は「新興芸術派が流行した三〇年には、「モダニズム」の要素を備えていることが、「ナンセンス文学」に必要な条件となっていった」として、都市を描いた小説に注目している。それは一般論としては概ね正しいだろうが、しかし井伏を語るうえで適切であるとは思われない。瀬沼茂樹『現代文学』（木星社書院、一九三三・二）が「中村氏のナンセンス文学が都会性をもつてゐるのに対して田園性をもち、しかも前者が少女的であるのに対して老年的であり、従つて前者が歌謡調であるのに対して方言的漢文調であり、かく古風でありながらどことなく新しい味ひをもつた井伏鱒二氏のナンセンス文学がある」と述べているように、井伏においては「郷里もの」もまた

「ナンセンス文学」に含まれていたのである。

「「方法としての地域」ということを考えるとき、一九三〇年前後はひとつの画期をなしている」[8]という成田龍一の言葉を引きながら、新城郁夫が「一九三〇年前後の井伏が、「都会から田舎へ」という物語構造をもった「郷里もの」などと呼ばれる小説を書き継いでいったことを偶然と見るべきではないだろう」[9]と指摘しているように、「郷里もの」が書かれたのは同時代における「郷土」「農村」への注目に即したものであった。実際、井伏もまた間違いなくその洗礼を受けていたことは、井伏の長兄が『郷土』という雑誌を編集・発行しており、井伏自身「編輯のこと等」(『郷土』一九二六・一二)という文章を寄せていることからも明らかだ。

プロレタリア文学の陣営においても、一九二〇年代の後半から農村を舞台にした作品が盛んに書かれるようになっていた。一九三〇年前後には「農民文学」とは、プロレタリア文学の立場から書かれたものが多数を占めるようになっていたのである。[10]そのプロレタリア文学の側から、井伏の「郷里もの」に対しては激しい批判があびせられることとなる。二冊の単行本が出版され、井伏作品をまとめて読むことが容易になった一九三〇年には、淀野隆三が井伏作品にあるのは「つぎはぎ細工の美」であり、それは「ちぐはぐのかもす美しさ」なのだとしつつ、次のように激烈に批判している。

> ユウモアは現実直視の諷刺の武器を手にする時、始めて稍々強く我々に迫る。だが、彼の全作品の基調をなすユウモアを彼は現実韜晦のための手段としてしか用ひない。従つて、それは感傷と混じて、泣き笑ひとなり、勇敢は滑稽となり、悲哀は失笑を誘ふ。牧歌的なる恋愛に於いてさへ我々は人工的なるものの加はるのを見る。——純一なる感情の欠如、そしてあらゆる人間的真

摯はこの道化の前に曇り、現実はぼかされるのだ。ここに「白痴美」の頂点がある。
（「末期ブルジョア文学批判（1）」『詩・現実』一九三〇・九）

要するに井伏の「ユウモア」は「現実韜晦」でしかないと言うのである。ここで淀野が言う「現実」とは、たとえば蔵原惟人が「プロレタリヤ・レアリズムへの道」（『戦旗』一九二八・五）で言う「現実」のことであろう。そこで蔵原は、「現実を現実として、何等主観的構成なしに、主観的粉飾なしに描かうとする態度」を重視しつつ、「我々の主観――プロレタリアートの階級的主観――に相応するものを現実の中に発見する」（傍点原文）ことの重要性を主張していた。つまり、文学作品に描かれるべき「現実」とは、いわば個人的主観ではなく「プロレタリアートの階級的主観」に「相応するもの」でなければならないのだ。

瀬沼茂樹「井伏鱒二論」（『新潮』一九三二・一〇）も同じような文脈で読むことができるだろう。そこで瀬沼は、「井伏氏の藝術」は「現代の息詰る小作争議の暴れ狂ふ階級的な農村の風物」ではなく、「富裕な農村の、或は古風な農村の牧歌として、われわれがそれに微笑と諷刺と教訓とを感ぜしめる表現」であり、「ひとつの完璧の藝術」ではあるかもしれないがその完璧さとは「昨日の藝術」（傍点原文）のものでしかないと痛烈な批判を行なっている。「富裕な農村の、或は古風な農村の牧歌」は「現実」ではないのであって、「現代の息詰る小作争議の暴れ狂ふ階級的な農村の風物」こそが描かれなければならないのだ。それが「ブルジョア・レアリズム」とは違う、「プロレタリヤ・レアリズム」の主張なのである。

淀野は前掲の文章で、日本プロレタリア作家同盟中央委員会「藝術大衆化に関する決議」（『戦旗』

一九三〇・七）のなかの一節を引用していた。そこでは「労農通信より、発展しつゝ、ある報告文学が、将来のプロレタリア文学の基本的要素として、正当に評価され受け容れられねばならない」ことが述べられていたのだが、労農通信とは、『戦旗』一九二八年一二月号から設けられた「労農大衆の闘争、生活のドキユーメント」（「編輯後記」『戦旗』一九二九・一）としての「生きた新聞」（後に「レポーター」などと改められた）欄に寄せられた大衆自身の手による闘争記録のことである。この労農通信あるいは「報告文学」がこの時期注目されていたのは、小林多喜二「報告文学其他」（『東京朝日新聞』一九三〇・五・一四～一六）によっても知れるだろう。小林はそこで、「報告文学」が「プロレタリア文学」に教えるのは、「プロレタリア作家が自ら進んで労働者、農民の「通信員《レポーター》」とならなくては、決してその「うそ」と「行詰り」から逃れることが出来ないといふこと」であると述べている。これは林淑美が指摘するように、「虚構の否定」に他なるまい[11]。淀野はこのような文脈の上に立って、井伏を批判していたのである。

　林はまた「階級的主観」とは「党の主観」であり、「客観的現実を描けという指示の内実は、より強力な主観によって他を排除するということに他なら」ず、「他を排除する主観は批判に曝されることがない」と指摘しているが、このような理論に沿って実作すれば、内容の画一化・硬直化が起こるのは必然であった。すでに平林初之輔「文藝時評（5）農民文学私見」（『東京朝日新聞』一九二九・五・一〇）は農村を舞台にとったプロレタリア文学について、「従来の農民文学の進歩的作品では、多く地主対小作人の関係からのみ農村が眺められてゐた。この公式が、時間的、空間的に、あちこちへもつてまはられるだけであつた。そのために材料の千ぺん一律性が、読者のアペタイトを刺激する何物ももつてゐなかつたといへる」と批判していたが、その後のプロレタリア文学がこうした傾向を何ら修正することなく、推し進めていったことは言うまでもない。そして、そのような同時代のプロレタリア文学の動向を横に置いたとき、井伏作品の「特異」さはもはや明らかだろう[12]。

四　「贋造紙幣」としての「レポーター」

ここで「炭鉱地帯病院――その訪問記――」(『文藝都市』一九二九・八、以下「炭鉱地帯病院」と表記)を見てみることとしよう。この作品はプロレタリア文学との題材の共通性が同時代から注目されていた。平松幹夫「八月の創作評」(『三田文学』一九二九・九)は「この作者にはさうした社会制度の不合理も、誤まれる習俗に対しても、真正面から非難の矢を向けられない善良な気弱さがある」と批判的に述べ、上林暁「反撥的文藝時評」(『車』一九三〇・二)は「プロレタリア押売屋以上にプロレタリア意識を感じさせられ」ると肯定的に述べている。評価の点では違いがあるものの、どちらにおいてもプロレタリア文学との共通性が指摘されているわけだ。

「炭鉱地帯病院」は、ある少女の強姦事件についての医師、父親、看護婦の三者の証言を「私」が記録するという体裁を取っている。つまり、「私」はある炭鉱地帯で起こった悲惨な出来事の「レポーター」なのだ。そしてこの作品は、「私」という「レポーター」の役割にことさら注意を喚起していくのである。

そもそも私はなぜこの三者の話を聞いているのか、といえば、父親が加害者を訴訟するかどうか、を聞き出したいからのようである。だが、そんな「私」に対して、三者とも「私」の期待をはぐらかすような答えしかしないのだ。医師(ドクトル・ケーテー)は「私はかういふ話を社会問題にしようとしてお話してゐるわけではありません」と言い、父親は「ケーテーさんは、今度の出来事は十分に社会的問題であるから是非とも訴へろと申されますが、また訴訟用の診断書をも無料でつくつて下さいましたが、私は訴訟などしないことに定めてゐます」と言い、看護婦は「おやぢさんは是非とも訴へなければ承知できないと言つて、ケーテーさんに診断書をつくつてもらつてゐましたが、私はこの事件には関係のない人間ですから、沈黙を守つてゐました」と言う。三者の言い分はそれぞれに食い違い、訴訟の計画が本当にあるのかどうかさえ定かではない。

「私」は、父親の話を紹介する際に「私が彼に（娘の災難について）同情を込めた質問をしたのち、彼は直ちに私と親しくなつた。さうして彼は最も辺鄙な田舎の言葉を用ひて次のやうに語つたのである。私は彼の田舎言葉を雑報的な文章に翻訳してみよう」と述べている。「同情を込めた質問をした」のは「私」が今回の事件を「社会問題」として報じたいがためであって、心からの「同情」をしていたわけではないだろう。それは、医師の話を聞く際に被害者である娘の「おそらくこの裸体の死亡原因（？）となつたであらう一部分」に対する「私」の注視がことさらに描かれていたことからも知れる[13]。

また、ここでは「彼の田舎言葉を雑報的な文章に翻訳」していることをわざわざ示すことによって、「私」が透明な媒介ではありえないことが示されるのである。そして看護婦の話を聞く際には「彼女の饒舌は次のやうに情熱的らしく思はれたが、それは彼女が完全な東京言葉をつかつてみようと努力したので、その偶然の結果によるものであつたらしい」とされる。つまり、聞き手である「私」の存在を意識することによって、証言者の話が変わってしまうことが示唆されているのだ。

この小説は医師、看護婦、父親の証言が並置された後、その三者と「私」による娘の弔問会の場面が唐突に示される。「看護婦に再三うながされて」父親はそこで「テイブル・スピーチ」を行なうことになる。父親によれば、「私達が訴訟の計画を正直に告げなかつた」ことを「私」が非難しているらしいのだが、「私達」とは、父親、医師、看護婦の三者のことを指しているのだろう。つまり父親の訴訟計画に医師も看護婦も多かれ少なかれ協力していたことが窺えるのであり、それを三者とも「私」には隠していたということだ。「私」が三者から聞いていた話は真実ではなかったのである。前田貞昭が指摘するように、「三人の述懐には「私」に語られた言葉（作中人物同士の会話）としての偏差・歪みが加わってい」たのだと言えよう。(14)

そして父親は「私」に謝ろうともせずに、「人々のテンダネスを虚偽として指摘する立場へ自分を推薦なさる態度は、いかゞなものかと思ひます。そういふやうなことをする人の忠告は贋造紙幣に似てゐます」と述べるのだ。当事者の「現実」をろくに想像しようともせずに「社会問題」として取り上げようとしたり、真実を知らされていなかったことがわかると途端に「人々のテンダネスを虚偽として指摘する」「私」の傲慢さが痛烈に皮肉られているのである。そのような「私」に対して、医師も父親も看護婦も真実を告げようとしなかったのは当然のことだっただろう。

しかもこの最後の父親の言葉もまた真実として示されているわけではない。この父親の「テイブル・スピーチ」は「私はたゞ今この洋酒（レモン茶のこと）をたくさんいたゞきましたので、たいへん酔つてしまひました。頭がしびれるほどです」という言葉によって終わっているのであり、同時に作品自体も閉じられる。この小説における「現実」というものは、あくまでも不透明なものとなっているのだ。

ここに示されているのは、当事者の「現実」は複雑な錯綜したものであり、局外者である「レポーター」によって簡単に「報告」できるようなものではないという認識に他ならない。証言の場において聞き手の側が、そうした当事者の「現実」に対する想像力を欠いたとき、そこでは複雑であり錯綜した「現実」を図式的な「現実」に押し込めるという暴力が発動されてしまう。[15]「現実」をどう言語化したところで、そこからこぼれ落ちてしまうものを生み出してしまうことは不可避なのだ。

プロレタリア文学が「レポーター」によって「現実」を再現することを至上としていたことを横に置いたとき、社会問題の「レポーター」たらんとしながらそれに失敗し続ける「私」の姿は、たしかに批評性を有していると言ってよいだろう。プロレタリア文学の場合、マルクス主義の科学的認識に立った「階級的主観」は誤謬のあるはずがないものであり、そこに個人的主観が介在する余地はない。それに対して、井伏作品ではあくまでも「私」の主観が前面に押し出されているのであり、しかもそれが誤謬に満ちたものであることまでもが暴露されるのである。

そして「炭鉱地帯病院」について指摘したことは、「郷里もの」の諸作品についても当てはまるであろう。たとえば、八木東作「同人雑誌月評」(『新正統派』一九二九・九)は「炭鉱地帯病院」を評しながら、「此の一月から四五回に渡つて連載された「谷間」も、「――その訪問記――」と註を入れられない事はない。あれはある中国の僻村の、そしてこれは炭鉱地のある病院の訪問記なのである。由来、井伏氏の文学は「白痴の文学」であつて、「私」といふ「白痴」の独特の見方に基く現世の見聞録なのだから、訪問記の形式は誠に理想的なのであらう」と指摘していた。まさしく「郷里もの」の嚆矢である「谷間」もまた「私」が都会から田舎を訪問する形になっているのである。

「谷間」における「私」は「姫谷焼の竈跡を発掘」して「ひとつ大いにまうけてやらう」として谷間の村を訪れる。だが、「私」はそんな自身の意志に反して、姫谷村の収入役である丹下氏と中条村の嘉助との争いに巻き込まれてしまうのだ。そしてこの作品はほとんどプロレタリア文学のパロディの趣きさえ呈し始める。

「私」は村と村との争いが「容易に社会問題化したり争議化したりできる性質を帯びてゐ」ることに敏感であり、また「丹下氏がこの田舎で人々よりも財産家であるといふことに対して」ひどく「神経質」な人物として設定されている。そのような「私」の提案によって、「団結して争ふ」代わりに「夏季の運動会」を行なうことになるという抱腹絶倒な展開が繰り広げられていくわけだが、この作品においても「現実」の描かれ方は実に念が入っていると言えるだろう。

たとえば、「私」が捕虜の少年を尋問する場面では、「傍らでは前列最右翼の壮丁が鉛筆をなめながら、私と少年との対話の要点を筆記した。その筆記には多少の誤りがあつたけれど、私はこゝにそれを原文のまゝすつかり記載してみよう」とされるのである。「多少の誤りがあつたけれど」とされることで、その筆記が「現実」そのままの再現ではないことが明示されているのだ。しかもその筆記が書き写された後には「丹下氏は傍らに筆記してゐる者がゐるために、雄弁に早口に饒舌つたので、筆記する者は追ひつい て行けなかつたのである。そして捕虜の少年は、傍らに筆記する人がゐるために、正直に告白してしまつたのであらう」と述べられる。聞き手の存在によって証言の内容が変わることが示唆されているのであり、「炭鉱地帯病院」における手法との共通性が指摘できよう。

もちろん「私」の「レポーター」としての資質もきわめて疑わしい。前半と後半で「私」が思い描いていた「現実」の見取り図は反転するのである。丹下氏のほうが被害者だと思っていた「私」は、丹下氏と敵対している嘉助が実は「一ばん貧乏人」であるということを聞かされ、「狼狽」を覚えずにはいられない。そして争いをとにかくやめさせようとして「諸君のとるべき方法は他に幾らでもあつたでせう」と言うのである。

〔…〕けれど私の中途半端な言葉は、ひどく嘉助をよろこばせたらしかつた。彼は赤くて小さな目に感動を込めて私を見つめながら言つた。

「いつそ、思はせぶりなことばかりぬかしなさるでがす。××××××……」

私は彼の言葉を邪魔して叫んだ。

「もつてのほかだ！　僕はそんなことは知らない。」

私は彼等を柿の木の下に残して、その場所を急ぎ足に去つた。

ここで「私」の「中途半端な言葉」によって、嘉助は明らかに労働争議を示唆されたと思い込んでいる。もちろん「私」にそのつもりはなかったのだが、しかし「狼狽」を覚えたということは「私」もまた、「資産家」である丹下氏と「貧乏人」である嘉助との争いが容易に労働争議に転化しうる性質を持っていると思っていたということだろう。雑誌の初出では、「私」は東京にいる友人から「単に君の旅費を得たいだけのために丹下氏の前で反動的そのもの、立廻りを演じたのだ」と激しい批判さえ受けているのだ。改稿によってそうした直接的な表現は姿を消すとはいえ、改稿後の本文からも「私」の怯懦な性質（プチブル性）は十分に読み取れるようになっている。もはや「竈跡を掘ることにも姫谷焼そのものに対しても興味を失つてゐ」ながらも、「丹下氏が私に必要な旅費を貸してくれるときまでは〔…〕この作業に興味をもつてゐるらしくしてゐなければならない」「私」なのであった。

だが、この「谷間」を、「資産家」の丹下氏と「貧乏人」の嘉助の対立という構図で読むとしたら、それもまた作品の構造を無視した読み方であるだろう。「不便は言語に絶せり。しかりといへども灯火料の徴集のみ厳しくして、村民一同その収斂にたえず」というように、電気会社の横暴のために村民が困窮する中、村民たちのために丹下氏の息子は死んでいるのであり、その息子のために彰徳碑を建てようという丹下氏もまた単なる悪役ではありえない。いわばここでは「現実」が複層化されているのである。

また、この小説では村同士の争いのなかでも変わらない人々の日常のさまも捉えられている。「たつた一つの平坦な畑地さへもな」い貧しい村に住んでいるはずの農婦は「私」に向かって「希望と感謝とにみちた今日の生活」について語るのだ。それはいわゆる悲惨な生活が決して悲惨なだけではないということを示しているだろう。

そのようなプロレタリア文学的な単純な図式に収まらない「現実」を描くということは、しかし「現実」をただ諦観して受け容れるということを決して意味しはしないはずだ。

「炭鉱地帯病院」における、「ラメンテイシヨンのみが私達に与へられた自由です」などという父親の言葉は、先行研究においてはしばしば井伏自身の考えと重ねられてきた。東郷克美は「まさかそっくりそのまま井伏の人生観とはとれまい」と若干の留保はつけつつも、しかし結局は「井伏の庶民性はたとえばこの作品の父親のように極めて保守的、現状維持的だ」と決めつけ[16]、松本鶴雄は簡潔に「作者の当時の心懐を語った所」だと断言する[17]。しかも、こうした見方はいまだに根強いのが現状なのだ。たとえば、松本武夫は「「この現実は私達が不幸にうちのめされるやうに前もって制度づけられてゐる」ところの〝運命〟（宿縁）であり、「社会の制度といふものは大地と同じく動かすべからざるもの」である「岩屋」であり、老農夫は人為を越えた〝運命〟であると〝観念〟したのである」と述べ、それを井伏の考えと同一視している。[18]

だが、作品をよく読めばわかるように、先の科白はあくまで「私」に向かって述べられた虚偽の言葉なのであり、実際には訴訟の準備をしていたことが最後には明かされているのである。父親は少しも「観念」などしていないのだ。前田前掲論文が「これほど断章取義的な論断が横行し、作品構造が閑却されてきた作品も少ないであろう」と批判した以降も、一向にそうした「断章取義的な論断」が跡をたたないのは驚くべきことに思われる。もっとも、その前田の論考にしたところで、井伏とプロレタリア文学との差異を、観念的なイデオロギーに足をすくわれなかった作家の「資質」に求めるという結論に落ち着くのであって、日高昭二に「こと井伏とマルクス主義との「関係」ともなれば、そこには従来からの、いうならば文壇史的な発想をまぬがれてはいない[19]」と批判されるような弱点を抱えていることは否めないのである。

井伏は決してプロレタリア文学の目的と方向を異にしていたわけではなかっただろう。「谷間」その他の作品においても、決して、「現実」を諦観することが志向されているわけではあるまい。ただ、性急に「現実」を単純な図式に押し込めようとしてしまうことの暴力性に鈍感ではいられないだけなのであり、そこでは「現実」のさまざまな諸相に目を向けることの重要性が喚起されているのである。

五　「なつかしき現実」

井伏には自身の文学観を述べた文章はほとんどないが、それだけに「散文藝術と誤れる近代性」

（『福岡日日新聞』一九二九・四・二〜四）はいつも空惚《そらとぼ》けた表情を浮かべるこの作家の真意を窺える貴重なものだ。そこで井伏が「ビルデイングやダンスホールや牢獄や争議を題材とし背景として作品を書くことによつて、近代性を帯びたと信じてゐる人々は、近代性に欠けてゐるのみでなく幼稚なる概念作家にすぎないと断言してさしつかえないであらう」と述べていることは注目に値する。何故ならそこでは「牢獄や争議を題材とし背景として作品を書く」プロレタリア文学だけでなく、「ビルディングやダンスホール」を描くモダニズム文学もまた批判されているのであるから。そこで井伏は次のように、同時代の風物を作品に取り込めばよいと思い込んでいる「内容主義者」を痛烈に批判している。

素材や題材の従軍記者であつたり、自然主義作家の「人生」へのカメラの種板であつたりすることは、その結果は最も倦怠を催させる散文藝術を創造することになるであらう。観念論から脱しきることのできない内容主義者が、今日に及んでも尚ほ、素材や題材に対して従軍記者の役割を演じてゐるのは笑止な訳である。

まさしく、井伏の初期作品を論ずる際にも、「素材や題材」ではなく、それがどのように描かれているか、に注目する必要があるのだ。素材や題材においては、モダニズム文学ともプロレタリア文学とも井伏作品における共通性を指摘することは十分に可能だろう。しかしその描かれた方において明らかに差異が認められるのである。(20) モダニズム文学やプロレタリア文学が同時代の「現実」を描こうとしていたとき、井伏は「現実」の描かれ方そのものを問題にしていた。言い換えれば、「現実」の言語化につきまとう困難に井伏は同時代の誰よりも敏感であったということだ[21]。しかし同時代においてそれはほとんど理解されなかった。正確にいえば、井伏の「特異」さは十分に認識されてはいたものの、「ナンセンス」や「白痴美」といったレッテルに回収されるか、単純な反発を招くかに終わりがちだったのである。

プロレタリア文学が盛んに「現実」と言っていた時代状況を横に置いてみれば、「炭鉱地帯病院」と同じ号に発表された井伏の「なつかしき現実」（『文藝都市』一九二九・八）という文章が興味深いものに見えてくる。井伏はそこで、「現実といふものは甚だ愚昧なる風貌を装つてゐるが、彼女は必ずしも愚昧ではない。そんなにでもしてゐなければ、やりきれない多くの理由があるらしい」として、「彼女はその肌衣を屢々新規なものにとりかえる。人々はそれを一と目みただけで、すぐにその思ひつきの色合に賛成して自分の上衣をつくる」と述べていた。これはかなり惚けた調子で書かれてはいるものの、「愚昧なる風貌」や「肌衣」に惑わされることなく「現実」の錯綜した襞を探っていく、一面的な姿ではなくその多面性を見ていく、という決意表明であろう。「なつかしき現実」は井伏の第二創作集の書名にも採用され、井伏作品に言及する際の標語のようになっていくけれども[22]、一九三〇年前後にそれがプロレタリア文学の「現実」に対する緊張関係を孕んでいたことは、後年においてはすっかり忘れ去られてしまうのである。

本章では、一九三〇年前後において井伏作品が持っていた批評性を、同時代コンテクストとの関わりから論じてきた。そこから見えてきたのは、井伏の初期作品における〈表象〉という問題系である。「現実」をいかに表象するか。そのような問いが井伏作品には明らかに見出せるだろう。悲惨な出来事を悲惨な出来事として描くのではなく、「笑ひ」をまじえて描くということ。それは淀野隆三のような批評家にとっては許せないものであったかもしれないが、「現実」の多面性を描くには必要不可欠の方法であったはずだ。また、「自意識の放棄」という同時代評の指摘は、「私」によって統括されていないという井伏作品の特質を指したものだと思われる。つまり「郷里もの」に代表される井伏の初期作品においては、そこに描かれる「現実」が「私」によっては把握されないものとして示され続けているのである。それはプロレタリア文学における「現実を現実として」（蔵原惟人）描くことができるという信念の傲慢さを照らし出しているだろう。

第二章　観察者の位置《ロケーション》、あるいは「ちぐはぐ」な近代

――「朽助のゐる谷間」

一　井伏作品の政治性

井伏鱒二の作品に政治性を見ること。それには根強い反発があるようだ。たとえば多田道太郎は、松本武夫が「朽助のゐる谷間」（「創作月刊」一九二九・三）をハワイ移民史との関連で読んでいること[1]について、「これにはぼくはついてゆけません。（ハワイ移民史の中の広島とこの小説のモデルを結びつけるのは無茶ですが[2]）」と述べている。この多田の不用意な記述に反論することは容易い。元ハワイ移民の老人である朽助と、その孫娘でアメリカ人と日本人の混血者であるタエトが重要な役割を演じる「朽助のゐる谷間」において、ハワイ移民史を無視することのほうが「無茶」なことは余りにも明らかだ。だがこれは単に多田の問題であるというよりは、井伏作品に政治性を見ることへの抑圧の強さを物語っていると言えるだろう。多田の政治的無意識を厳しく指摘した新城郁夫の論文[3]を高く評価しているはずの前田貞昭が、「朽助のゐる谷間」を「ことごとく外部的要因を排除した別世界[4]」の話として読んでしまうのであるから、事態はいささか絶望的なようにも思われてくるのである。

前章で述べたように、「朽助のゐる谷間」が発表された一九二九年は、井伏にとって飛躍の年であった。複数の評者が井伏を取り上げ、高く評価したのである。「朽助のゐる谷間」は、「谷間」（『文藝都市』一九二九・一〜四）とともに、井伏に対する高い評価をより広範なものにするのに大きく貢献した作品であると言えよう。(5) そして翌一九三〇年には、『夜ふけと梅の花』（新潮社）と『なつかしき現実』（改造社）という二冊の単著が出版されることとなる。それにともない、井伏作品に対する批判も激しいものとなった。たとえば淀野隆三「末期ブルジョア文学批判（1）」（『詩・現実』一九三〇・九）は、井伏作品を「末期ブルジョア文学」の代表と見立て、プロレタリア文学の立場から次のように批判する。

> かくの如く井伏鱒二の文学は、つぎはぎ細工の美である。寄せ木細工の美である。古代の布と現代紡織の布とをつぎ合せて作つた手提袋の美であり、それはちぐはぐのかもす美しさだ。——だから、我々がここより味ふ所のものは、ちぐはぐの感情であり、奇妙に混合した、くすぐるやうな感情なのだ。それは淡雪の如く我々の感情に触れるや否や直ぐに消え去るのだ。純一にして我々に迫るが如き感情ではない。我々の感情を組織するが如きものではない。

そして淀野は、「純一なる感情の欠如、そしてあらゆる人間的真摯はこの道化の前に曇り、現実はぼかされるのだ」と述べる。淀野にとって「ちぐはぐの感情」は「純一なる感情」よりも劣るものなのであり、「人間的真摯」の敵として激しく否定されなければならないものであるようだ。

「ちぐはぐ」さ——淀野をこんなにも苛立たせるものとは何なのだろうか。「朽助のゐる谷間」については次のように言う。「老人は英語を話し、娘は都会のダンス・ガアルの如き洋装をしてゐる。――それらは我々を驚かせ呆れさせるに充分である」。農村の老人は英語を喋ってはならず、農村の娘の恰好が都会の娘に似ていてもいけないらしい。淀野にとってそれは「我々の時代意識を漠然とさせしめ、混乱せしめる」ものでしかないのだ。「我々の感情を組織する」ためにはそんなものは不要なのであり、「現実」の認識を阻害するものであるということだろう。もちろんその場合の「現実」とは、階級闘争に駆り立てるための単純化をまぬがれないものであるはずだが、淀野にとってそんなことは問題にはならなかったようだ。

この淀野の論文を小林秀雄「定説是非　井伏鱒二の作品に就いて」(『都新聞』一九三一・二・二四〜二六)は「駄論文」あるいは「虚栄による饒舌」と斬って捨てる。そして小林は井伏作品における「文章」や「文字の布置」を称揚し、「彼の眼は小説家の眼といふよりも、寧ろ詩人の眼です。眼はいつも内側に向けられてゐるのですが、そこには心理の何んの軋轢も眺められてゐない、恐らく一ぴきの白い鯉だけが泳いでゐます」と述べるに至る。研究史において井伏作品の「現実」との関わりが軽視されてきたのは、この小林の圧倒的な影響によるものだと言って差し支えないだろう。だが、井伏作品においてはプロレタリア文学とは異なる形での「現実」との関わりがあるはずであり、全てを「詩」に解消してしまう小林の意見は首肯しがたい。

そのように考えたとき、研究史のなかでは全く評価されてこなかった淀野の批判のほうに、むしろ井伏の初期作品の特質を捉える手がかりがあるように思われてくるのである。ここで淀野を苛立たせているものこそ、同時代における「政治」が捉えることができなかった政治性を示唆するものなのではないだろうか。本章の試みはこのような問いから出発する。そして、先行研究では必ずしも明らかにされてこなかった柳田国男の民俗学やプロレタリア文学との関係を探っていくこととしたい。それは「朽助のゐる谷間」を一九三〇年前後という言説空間のなかに位置づける試みともなるだろう。あくまでも作品の表現に寄り添いつつ、それが含み持っている政治性の質を明らかにしてみせること。それが成し遂げられたとき、井伏鱒二という作家に対する先入観をも私たちは修正する必要に迫られるに違いない。

二　「故郷」と〈旅人〉

八木東作「同人雑誌月評」（『新正統派』一九二九・九）は井伏の「炭鉱地帯病院——その訪問記——」（『文藝都市』一九二九・六）について「「《ママ》その訪問記——」と傍に註がしてある。此の一月から四五回に渡つて連載された「谷間」も、「——その訪問記——」と註を入れられない事はない。あれはある中国の僻村の、そしてこれは炭鉱地のある病院の訪問記なのである」と述べている。この八木の言を踏まえ、前田前掲論文は「朽助のゐる谷間」もまた「未知の土地を訪れる者の目と感覚とによってなされている」と指摘する。

だが「谷間」や「炭鉱地帯病院」とは違い、「朽助のゐる谷間」においては「私」が訪問する場所は「私」の「故郷」でもあることに注意しよう。作品の冒頭場面において、幼い頃の「私」と朽助との思い出が記されていることを無視すべきではない。もっとも前田の指摘も、「私」がしばしば次のような語り方をすることを考えれば無理がないとも言える。「私達は屢々見たことがある。人々は繁華な都会地のダンスホールに於て、物好きなダンスガールがタエトと同じ風俗であるのを興味深いこと、思つてゐるらしい」。ここでの「私達」が都会にいる人々のことを指していることは間違いない。いわば「私」は都会から田舎を見ているのであり、その限りで「私」は田舎の〝外部〟にいることになる。一方で、「私」にとってそこは「故郷」なのだから、その意味では「私」は田舎の〝内部〟にいることになる。このような「私」の位置に着目したとき、この時期すでに井伏が興味を寄せていたと思われる柳田国男の民俗学の検討は避けられなくなるだろう(6)。何故なら、柳田が「一国民俗学」の有効性を主張するとき、そこでは常に観察者の位置ということが問題にされるからである。

たとえば柳田は『民間伝承論』(共立社、一九三四・八)において、自身の方法(「民間伝承の採訪」)と一般的なエスノロジー(「土俗調査」)との違いを「前者は国々を主たる対象とするが、後者は旅人寄寓者の異人種を対象として居ること」であると述べ、「一方は精密に微細な内部の心理的現象にまで調査を進め得るけれども、他はそれに比べて誠におほまかな見聞しか期待することが出来ぬ約束のもとにある」とするのだ。永池健二が適切に指摘するように、「先進の欧米諸国による遅れた異国・異民族の研究としてあったエスノロジーの、「外からの眼差し」「上からの眼差し」を、自国民による自国の探求という「内からの眼差し」に組み換える。この、「外から内へ」という眼差しの転換にこそ、「一国民俗学」の眼目があった(7)」と言える。だが、そこに問題もあることは無視できない。

子安宣邦は「民俗的素材を自国の内部観察者の親密な視線をもって読むことをいう彼のフォクロアの学とは、辺地の住民の習俗や俚謡を、また歴史外の平民の生活を「国民」を主題として解釈する学、その主題のもとに綜合する筋道をそれらに読みとっていく学だ(8)」と批判している。つまり、対象の個別性を消してしまう「外からの眼差し」への対抗としての側面を持っていたはずの柳田の民俗学もまた、それを「国民」という主題のもとに「綜合」する働きを持っていたのである。

宮田登は柳田のなかに「常民に対して二律背反する理解(9)」を見出しているが、おそらくその二重性を抜きにして柳田を理解することなどできるはずがない。一方で柳田は、常民の個別性に寄り添う。大文字の〈歴史〉からはこぼれ落ちていくような存在にこそ彼は目を向けようとする。だが他方で柳田は、常民は同じ国家のなかでは共通性を示していると主張する。そこでは常民の個別性は捨象され、「日本人」という同一性を担保するものでしかなくなってしまうだろう。

柳田は「Ethnology とは何か」（『青年と学問』日本青年館、一九二八・四）において既に「私たちは、人種研究の学問の少なくとも半分、即ち Ethnology と呼ばる丶方面だけは、行く〳〵次第に National 国民的になるべきものと思つて居る」と言っていた。しかしそれを妨げている理由の一つとして「世界の文化は既に進んだと謂つても、まだ自分の事を自分では考へ得ない民族、内から外から能力の制限を受けて居るものが、多くの学問上の宝をか丶へて蹲つて居ること」を挙げる。そして「彼等の為には宣教師なり撫育官なり、はた旅人なりが考へて遣らねばならぬ」と言うのである。

柳田において「私たち」（「日本人」）と「彼等」（「自分の事を自分では考へ得ない民族」）とは画然と区別されていることは言うまでもないが、しかしその後にある次のような記述はどのように考えればいいのだろうか。「土語の習得を手段として、各階段の住民に接近する」方法では限界があることを説明する際に、それは「現に日本などでは都会の青年の大部分が、古書は読めず方言には通ぜず、無我夢中の田舎旅行をするのを見てもわかる」とされるのだ。まるで「都会の青年の大部分」は「田舎」にとっての「異人種」であると言わんばかりではないか。だが逆にいえば、このような論理の綻びを必然とするものこそが、柳田に同一性への固執を強いてもいるのである。

ここでそのような柳田とは対照的な思考として、小林秀雄の文藝時評「故郷を失つた文学」（『文藝春秋』一九三三・五）を挙げることも無益ではあるまい。小林は自身のなかに「自分には故郷といふものがない、といふやうな一種不安な感情」を見出し、そこには「ロマンテツクな要素」もなければ「リアリステツクな要素も少しもない」と述べる。

> 自分の生活を省て、そこに何かしら具体性といふものが大変欠如してゐる事に気づく。しつかりと足を地につけた人間、社会人の面貌を見つける事が容易ではない。一口に言へば東京に生れた東京人といふものを見付けるよりも、実際何処に生れたのでもない都会人といふ抽象人の顔の方が見付けやすい。この抽象人に就いてあれこれと思索するのは確かに一種の文学には違ひなからうが、さういふ文学には実質ある裏づけがない。疲労した心は社会から逃れて自然に接しようなどといふ奇妙に抽象的な願ひを起す。社会と絶縁した自然の美しさは確かに実質ある世界には違ひなからうが、又そんなものから文学が生れる筈はない。

少なくともここでの小林は「故郷喪失」から「故郷発見」へと至る安易な道[10]から厳然と距離を取っている、あるいは取ろうとしている。ここでは「故郷」＝「日本」という同一性にすがることで「不安」を隠蔽しようとする行為が厳に戒められているのだ。小林はただ、自身のなかにある「不安」に目を凝らす。その後の小林自身の軌跡によって裏切られていくことになるとはいえ、ここでの小林の言葉は確かに批評的《クリティカル》である。

柳田にとって「旅人」は、外部からの視線を有するものとして否定的に捉えられていた。もちろん小林の言う「故郷を失つた」青年たちもまた「古書は読めず方言には通ぜず」という点で「旅人」に他ならないだろう。そして「朽助のゐる谷間」の「私」のように、生まれは田舎であれ、東京に出て都会生活に慣れてしまった者もまた彼らとそう違った存在ではあるまい。

冒頭場面で触れられる幼い「私」の姿は、むしろ現在の「私」との懸隔を物語っている。「朽助！また蝙蝠が逃げた。早うあれを捕へてくれといふたら」などと言う幼い「私」と、「そんなところで居眠りする真似をして、からだに毒だぜ」などと言う現在の「私」とは容易に結びつきそうにない。そして二十年前、朽助から「若しあんたが立身せなんだら、私らはいつそつらいでがす。そんなめに逢ふほどならば、私らはなんぼうにもつらいでがす」と言われ、「激しく感動」したという「私」は現在「不遇な文学青年」でしかなく、しかもそのことを「私」は朽助に伝えられないままなのだ。そんな「私」はやはり「故郷を失つた」存在であるに違いない。しかし一方で、やはり「私」は単なる「旅人」でもありえない。この帰郷に先立って、「私」は幼い日の記憶を想起しているのだから。帰郷は帰郷者に対して何らかの変容を強いるだろう。たとえ、帰郷者自身がそのことに無自覚だとしても。

三　「まがひもの」たちの谷間

「朽助のゐる谷間」は、さまざまな音に溢れた作品でもある。そこでは「牛の啼きごゑや鎌をとぐ音」が聞こえ、「薪を割る音」や「地面におびたゞしい杏の実が落ちて来る音」が聞こえてくる。だが、やがてそこでは「ハツパ」の「信じられないほど大きな音」が起こり、それによって割れた岩石が転がり落ち「山腹の密林は薙倒され、めりめりとかどしんとかの音をたて」ることになるだろう。もちろんそれらの音は、谷間が水の底に沈んでしまう遠くない未来を確実に伝えている。

タエトは「私」への手紙のなかで「池は日本政府が許可し命令してつくつてゐるのでありますから私どもは立ち退きに反対することを許されないのですけれど、祖父は如何なることがあつても立ちのかないと反対いたします」と述べ、ダム建設によって水の底に沈んでしまう予定の家から動こうとしない朽助を説得することを「弁護士」である「私」に頼んでいる。「私」の職業を朽助は「弁護士」であると推測し、タエトもそれを信じているのだ。この時点では、「私」とタエトとの間に面識はない。「私」が幼かった頃、既にそこにいた朽助とは違い、タエトは一昨年ハワイから来た。その事情をタエト自身は「私」への手紙のなかで次のように綴る。

先年父はハワイで母や私から無断で故国アメリカへ帰りましたので、私はアメリカ人のやうな姿ですけれど、やはり日本人でございます。〔…〕私は日本人としての教育をうけましたので、日本はハワイよりもい丶ところだと思つて母と一しよに参りました。日本は私の祖国でございます。私は日本人の心を真似て、この谷間で暮すのがい丶のだと思つてをります。

ここには、複雑な歴史が幾重にも織り込まれている。そもそも日本のハワイ移民が始まった時代、つまり朽助がハワイへと渡った時代、そこは未だアメリカの領土ではなかった。松本前掲論文は、朽助がハワイにいた時期について、「ハワイ移民の歴史に照らしてみると、「官約移民時代」（明治十八～二十六年）から「私約移民時代」（明治二十七～三十二年）にわたる十五年間の「出稼ぎ時代」と称される時期と重なっている」と述べている。「官約移民」とは、一八八五年に「サトウキビ畑の労働力不足に悩むハワイと、失業者対策に頭を悩ます一方で、移民が郷里に送金する外貨の獲得を望む日本政府の利害が一致」した結果、「ハワイ政府が金を出し、日本政府が斡旋した移住者」であり、[11] 朽助はその一人であったと思われる。その後、一八九四年にハワイ王朝に対するクーデターが成功し、白人が実権を握ったハワイ共和国が成立。日本からの移住が民間会社によって運営される「私約移民時代」が始まる。そして一八九八年にハワイはアメリカに併合されるのだが、右にある「故国アメリカ」という表現はそのような歴史を踏まえているのだ。

その「アメリカ人」である父と日本人である母との間に生まれたタエトが、日系人コミュニティにおいても温かい目で見られることはなかっただろう。[12] 毎夜、「恵み深きイエス・キリストさま」へのお祈りを欠かさない彼女が「日本は私の祖国でございます」と言うことの意味を、私たちは決して軽視すべきではない。「日本人としての教育」を受けたという彼女は、「日本人の心を真似」なければならないのである。

しかし「私」は、そんなことには少しも考えを及ばせようとはしないようだ。タエトの手紙を読んで「私」は「朽助はとんでもない口達者な異人娘を背負ひ込んだものである」と考えるのである。「私」は谷間で実際にタエトを見ると「最も可憐な外国少女である」と言うようになるが、正反対の評価であるとはいえ、「日本は私の祖国でございます」というタエトの言葉が全く無視されているという点においては変わりがない。そんな「私」にとって、「池は日本政府が許可し命令してつくつてゐるのでありますす故、私どもは立ち退きに反対することを許されないのですけれど」という彼女の言葉が背負っている意味など、とうてい理解不可能であるに違いない。

「私」のそのような姿勢は、朽助に対しても同様である。初め、「早速にも出かけて行つて彼の利権擁護のために運動してやらなくてはなるまい」と思っていた「私」は、実際に谷間に来て「貯水池工事係りの人々は、朽助のためにすでに小さな家を建てゝくれて、更らに貯水池の門樋番人といふ役目をも彼に与へようとしてゐる」ことを知ると、もはや彼の心中に思いを馳せようとはしない。「利権」が確保されている以上、自身が長年住んでいた家を追われる朽助の「くつたく」は、「私」には「頑迷」としか受け取られないのだ。

先行研究においては井伏と柳田との共通性がしばしば指摘されてきたが[13]、両者の差異を無視することはできない。大文字の〈歴史〉からこぼれ落ちる人々に目を向けようとした柳田に対して、井伏はそうした柳田の視線からもこぼれ落ちる人々にこそ目を向けるのだから[14]。もちろん「朽助のゐる谷間」においては、それは朽助であり、タエトである。

だが、その朽助とタエトも、お互いを完全に理解しているとは言えないようだ。たとえば朽助は「私」に向かって、雉子が鶏に「いなげなこと」をした結果「鶏の産んだる卵を孵化さうと思ひましたれど、鶏の子が生れるやら雉子の子やら、それは所詮は鶏と雉子とのまがひものが生れる筈だりますれば、それは何うあつても咎にあたると思ふて止めてしまひましたがな」などと話しているうちに、「急に言葉を切つて、深い嘆息をもらした」と言う。「私」が推測するように、「おそらく彼はタエトの生《おひ》たちに考へ及んで、そして悲嘆にくれはじめたのであらう」。そして朽助は叫ばずにはいられないのだ。「なんたる咎だりますか!」と。

朽助にとって「アメリカ人のやうな姿」の孫娘は「まがひもの」であり、「咎」なのだ。松本前掲論文が鋭く指摘するように「タエトが、ハワイの地にあってどのような生い立ちを経てきたかは、娘と別れ、帰国してきた朽助にとっても思い及ばぬもの」であったに違いない。しかし考えてみれば、「物覚えの悪い子供はアイズルですがな」などというピジン語で話す朽助もまた「まがひもの」に他ならないのではないだろうか。「朽助のゐる谷間」においては、人種や言語などの混成的な様態が繰り返し示される。[15] そしてそれはまた、先述した論文中で淀野を苛立たせたものでもあるだろう。

プロレタリア文学においても、真正な同一性が求められるという点では柳田の民俗学と変わりがない。もちろんそれは「国民」ではなく「プロレタリアート」である。蔵原惟人「プロレタリヤ・レアリズムへの道」(『戦旗』一九二八・五)は言う。「彼〔プロレタリヤ作家〕はプロレタリヤ前衛の「眼をもつて」この世界を見、それを描かなければならない。プロレタリヤ作家はこの観点を獲得し、それを強調することによつてのみ真のレアリストたり得る。何となれば現在に於いて、この世界を真実に、その全体性に於いて、その発展の中に於いて見得るものは、戦闘的プロレタリアート――プロレタリヤ前衛をおいて他にないのだから」。

つまりここでは、柳田の民俗学においてはまがりなりにもあった観察者の位置という問題は決定的に消去されている。「プロレタリアート」の観点に立ちさえすれば正しく「現実」を捉えることができるのであり、そこには誤謬はないのだ。プロレタリア文学におけるそのような認識は一九三一年に行なわれた犬田卯《しげる》ら『農民』派との間で行なわれた農民文学論争において顕著に見受けられる。農民の「現実」は農民自身にしかわからないとする『農民』派に対して、プロレタリア文学の論客たちは農民の「現実」を正確に把握できるのは「プロレタリアート」のほうだと主張したのである。[16]

もちろん井伏の立場はそのどちらとも異なる。井伏にとって、農村とは単なる郷愁や蔑視の対象ではなく、「近代性」を問う場に他ならなかったことを理解する必要があるだろう。その意味で井伏が珍しく自己の文学観を語っている「散文藝術と誤れる近代性」(『福岡日日新聞』一九二九・四・二〜四)はやはり決定的に重要だ。

そこでは「最も簡潔で最も速度のあるものを欲求」する時代の動向に従うものとして「報道」が挙げられ、それに対抗するものとして「散文藝術」の役割に目が向けられているのである。そしてその「散文藝術」に必要な「近代性」とは、時代の「矛盾にうちのめされ或は屈従する姿の性格」であるとされるが、同時に「その矛盾に対抗し反逆しようとする潑剌たる意欲の名称」でもあるとされる。「散文藝術」が描くべきなのは、「近代性」であるとともに、それへの「誤らざる批判」でもあるのだ。

この井伏の立場とは実に対照的なものとして、日本プロレタリア作家同盟中央委員会の「藝術大衆化に関する決議」(『戦旗』一九三〇・七)を挙げておこう。そこでは、「我々が新藝術形式を探求する場合、何よりも先づ、心掛けなければならない目標は、内容の正確な把握による形式の単純さと明朗さとである」とされ、それを具体化しつつあるものとして「報告文学」が注目される。実は淀野が井伏を批判する際、直接に依拠していたのはこの論文なのだが、これが目指す方向は先の井伏の言葉でいえば「報道」以外の何物でもないだろう。「最も簡潔で最も速度のあるもの」への欲求に従う「報道」において、朽助やタエトのような存在は無視される他はない。

たとえば、「私」は朽助に経済的な保証がされると知った途端、もはや彼の「くつたく」に身を寄せようとはしない。朽助のために新しく建てられた家の「設計と材料とは、朽助のこれまでの住ひと寸分も違はなかつた」のだが、彼は「私らは他人の家へ来たやうな気がしますがな。こんなつらい目に逢はうとは夢にも思ひませなんだ。最前までの家の方が、私らはなんぼ好きですか！」と憤慨する。そんな朽助の姿を滑稽だと感じるのは〝外部〟から彼を眺める者のみだろう。かつて、国家の政策のもとに「移民」という経験をし、今また国家のために強制的な移住を経験しようとしている朽助にとって、外見は全く同じ家であっても両者は全然ちがうものとしか感じられないのだ。しかし、そんな朽助の心中が「私」に慮《おもんぱか》られることはない。そして、それは淀野のような者にとっても似たようなものだったに違いない。

現実の階級闘争の必要性を否定することなどできるはずがないが、それのみが性急に求められてしまうと、見えなくなってしまうものが少なくないのだ。井伏は、階級闘争によって逆に見えなくなってしまうもの、こぼれ落ちていくものにこそ目を向けようとする。朽助やタエトが抱えているような問題を「問題」として浮上させない布置そのものを「朽助のゐる谷間」は照らし出すのである。

四　「ちぐはぐ」な近代

先述したように、「私」は〝外部〟の位置から、朽助やタエトを一方的に表象する存在としてふるまう。「私」は朽助の「くつたく」に思いを馳せようとはせず、それを「頑迷」としか認識しない。「おそらく彼はハワイで農業のことを学んでゐなかつたため、山番をするよりほかに能がなかつたものであらう」などと言う「私」が元ハワイ移民の苦労をまともに想像したことなどなかったことは明らかだろう。そしてタエトのことを「可憐な外国娘」とし、彼女の言葉が「完全な日本語」であることをことさらに記す「私」にとって、「アメリカ人のやうな姿」をした彼女が日本人ではないことは自明の前提なのである。そこでは、「日本」と「外国」、あるいは〈われわれ〉と〈彼ら〉という区分が疑われることはない。

「東京に住んで不遇な文学青年の暮しをして」いる「私」にとって〈われわれ〉に位置づけられるのは都会に住んでいる人々であって、朽助やタエトではない。先述したように、「私」が「私達」という言葉を向けていたのは、明らかに都会の住人に対してであった。そして「私」が杤助やタエトを「私達」に向かって報告する際には、常に自己を超然とした位置に置こうとすることに注意しよう。たとえば、「私」がタエトに対して性的な視線を向けるとき、そこには常に否認の素振りが見られるのである。

タエトは私の傍に黙つて立つてゐた。若し私が好色家であるならば、彼女のまくれた上衣のところに興味を持つたであらうが、私は元来さういふものではなかつたので、杏を食べることに熱中してゐる様子を装つた。しかし、あらゆる好色家に敗けない熱心さでもつて、私は彼女に次のやうに言つた。

「君も食べたまへ。よく熟したのがうまいぜ。これは酸つぱさうだが、これはうまいぜ。」

「私は元来さういふものではなかつたので」と否認しつつ、しかし「熱中してゐる様子を装つた」としているところに「私」の欲望は露呈している。タエトに関する「私」の語りは、常にこのような否認／露呈の二重性に彩られながら進行するのだが、それが変化するのがタエトの「祈りの言葉」を「私」が「逐一訳して行つて、私自身に了解さした」場面である。

「〔…〕さつき東京の客人は、祖父の姿を見ると急に私の掌から手を離しました。多分、私の掌が痛いかどうかを見るためではなかつたのでございませう。あの嫌悪すべき目つきや笑ひかたは、私の心を常に悲痛にさせようといたします。全智全能の主におたづねいたします。東京の客人は不良青年ではないのでございませうか。あれでもよろしいのでございませうか。私にはよくわかりません。〔…〕」

そして「私」は「この訳述に誤訳の箇所がないとすれば、私は私のとんでもない了見を彼女に見抜かれてしまつたものといふべきである」と言うのだ。新城前掲論文が適切に指摘するように、「ここで「私」は、他者（タエト）の言葉（「外国語」）の中で第三人称として代置された「私」に直面しているのであり、そのことを通じて、「外国少女」「外国語」「完全な日本語」といった言葉で、他者の他者性を収奪しこれを自らの「日本語」の内部に秩序化してきた自らの「訳述」＝翻訳行為の限界に直面することになったのである」と言えるだろう。つまりここで「私」は他者によって自己の欲望を突きつけられているのであり、それは「私」の同一性に疑問を投げかける事態でもあったはずだ。

翌日、「私」はタエトや朽助と和解することになるのだが、それに続く場面も同じくらいの重要さを持っている。「私」は朽助の手相を見ることになり、そこで「私」は「この手相の人は、若くして遠く海外に遊び、生家に居難し。されど五十歳前後となれば故郷に帰り、おのが業に就くべし」などと朽助について既に知っている知識を喋り、朽助は「あゝはや、まるで当つてをりますがな！」と驚く。もちろん幾分かの滑稽さを感じさせるやりとりだが、重要なことはそのような手相を見るという行為が他ならぬ「私」自身に影響を撥ね返してくるということなのだ。

占ひが終ると、朽助は彼の掌を窓の明るみに持つて行つて、それを注意深く眺めた。おそらく彼はこれまでに、こんなに注意深く彼の掌を見つめたことはなかつたであらう。また私は、朽助の掌ほど厚い皮とたこだらけのものは未だ嘗て見たことがなかつたのである。彼が屢々その掌を莨の灰皿にして平気である原因を私は了解した。

ここで「私」は自身の言葉を他者の言葉として聞くことによって、初めて朽助の過去と直面していると言ってよい。つまり、それまでろくに見たことがなかったであろう朽助の「厚い皮とたこだらけ」の掌をまじまじと眺めながら、「私」はそれまで知識としては知っていた朽助の経歴を自分で喋り、自分で聞くことによって、彼のこれまでの苦難を知識以上のものとして感得しているのだ。タエトの「祈りの言葉」の場面と併せて、ここでは〝外部〟の位置から一方的に朽助やタエトを表象する存在としてふるまっていた「私」自身の在り様が決定的に問われる事態が起きているのである。

だがこのような事態は、ここで唐突に起きたわけではないことにも注意しなければならない。「私」は当初「弁護士」として朽助やタエトと接しようとするが、そもそもそれは朽助が「私」の職業をそのように推測していたからなのだ。また、作中で「私」が朽助との模倣関係にしばしば巻き込まれているのは、いったい何を意味しているのか。朽助が「棚の上から私の眼鏡をとつて、彼の顔にかけ」ると「私は彼の顔から眼鏡をとつて、私の顔にかけ」る。また、「私は彼に対して、わざと大きな鼾をかいてみせ」ると朽助も「私の贋の鼾よりも更に大きな鼾をかいて眠りはじめ」、「私が鼾を止」すと「彼も鼾を止す」のだ。そして「私」の話す言葉もしばしば朽助のピジン語を模倣するようになる。「アグリーでは、さういふ話もない筈ぢやないか」、「バッド・ボーイは止せ。早く帰らう!」……。そのような「私」の姿は、朽助から英語を習っていた幼い頃の「私」の姿とも重なってくるだろう。つまり、「私達」＝都会の住人としての「私」の同一性は常に揺るがされ続けていたのである。

もちろんだからといって「私」は「故郷」の人間になれるわけではない。「私」は常に〝外部〟と〝内部〟の境界をさまよう他ないのであり、結局のところ「旅人」であり「故郷を失つた」存在である「私」もまた「まがひもの」の一人に他ならない。朽助やタエトが「西洋」と「日本」のあいだに漂う存在なのだとしたら、「私」もまた、「都会」と「故郷」のあいだを漂うしかない存在なのだから。朽助やタエトと関わることによって、「私」はそうした自己の境界性——「ちぐはぐ」さ——に向き合わざるをえない事態に立たされたのである。

だが、はたしてそうした境界性は「私」に固有のものだっただろうか。酒井直樹は「文化的差異を発話する者が、自らの立場の境界性（liminality）によって引き起こされる不安を転位しようとする衝動」が「アジアの文化本質主義」と「西洋のナルシシズム」をともに生み出すと述べ、「不安の否認を通して構築された同一性とは、「均質志向社会性」（homosociality）に基づく同一性、最終的には、否定的排除においてしか構築されえない同一性以外のなにものでもない」と指摘している。[17]そのようにして「ちぐはぐ」さは消去されるだろう。〈われわれ〉と〈彼ら〉はきれいに分離され、それぞれの同一性を保つことが可能になる。「文化本質主義」と「ナルシシズム」が共犯的に遂行しているのは、端的にいってそのような事態なのだ。

近代を生きる者にとって「ちぐはぐ」さは決して他人事ではない。むしろ同一性を保つ場こそが事後的に形成されるのである。一九三〇年前後において、そのような「ちぐはぐ」さが露呈しかかっていたことは先に引いた小林秀雄の文藝時評などからも明らかだが、もちろんそれを隠蔽しようとするかのような動きも生まれていた。柳田の民俗学とは、まさに同一性（「国民」）に固執する「文化本質主義」に立つものだったのであり、「プロレタリアート」という同一性によって農村に侮蔑的な眼差

しを送るプロレタリア文学は「ナルシシズム」そのものだと言ってよいだろう。そして両者は表裏の関係にある。(18)

だが「朽助のゐる谷間」で、最終的に「私」が朽助やタエトと結ぶ関係性は、そのような同一性に基づくものでは全くない。末尾の場面で、水の底に沈んだ谷間を見つめながら、「私」、朽助、タエトの三人が取り残される。

朽助は足を半ば投げ出して、その脛の上に額をのせたが、彼は思ひついたやうに嘆息をもらしはじめた。深く息を吸ひ込んで、一気に肩で押し出すといふやりかたであつた。どうやらその度ごとに彼は咽喉からひと思ひにくつたくした思想を棄てようとしてゐるらしかつた。そして吐き出した息と吸ひ込んだ息との語尾は、彼の五体の感傷にくすぐられて小刻みにふるへた。ところがそれは次第に老人のすゝり泣きに変つて行つたのである。

私は少なからず疲労を覚えてゐたので、いつまでも立ち上りたくないと思つた。

タエトは私達の立ち上るのを忍耐強く待ちつゞけて、そして滅多なことには朽助を堤防の上に置き去りにしないといふ意気込みを鳶色の瞳に多分に現はしてゐたのである。

「私」はもはや朽助の「くつたく」を「頑迷」と決めつけたりはしない。ただ、彼とともに坐り込み、彼の様子を記述するだけだ。ここでの「私」の「疲労」とは、当初の「私」であれば決して感じることのないものだったに違いない。その程度には「私」は朽助の心情に寄り添うことができるようになっていたのだ。そしてタエトは、そんな二人が立ち上がるのを待ち続けるのである。

もちろん、ここで「私」は杤助やタエトの気持ちを理解できるようになったわけではないし、杤助やタエトもまた互いの気持ちを完全に理解し合えているわけではないだろう。[19] 何十年も谷間に暮らしてきた杤助の気持ちを、タエトや「私」が容易に理解できるはずがない。谷間の消失にともなう感情は三人とも全く違うものだったはずであり、彼らはお互いにそのことを知っていたはずだ。しかし、彼らは同じ場所に居続けるのである。杤助の「嘆息」が「すゝり泣き」に変わっても、なお。お互いの共約不可能性を認識しつつ、それでも共にあること。「杤助のゐる谷間」の末尾は、そのような新たな共同性の可能性に向かって開かれていると言えるだろう。

井伏が目を向けるのは、大文字の〈歴史〉からも柳田の「一国民俗学」からも、そしてジャーナリズムやプロレタリア文学からも顧みられることのないような存在に他ならない。そのような「まがひもの」を描くことによって「近代性」それ自体の検討を促す作品として「杤助のゐる谷間」はある。何よりも重要なのは、そこでは「国民」や「プロレタリアート」などという安定的な位置が提供されることは決してない、ということなのだ。したがって、それを読む者には、自身の境界性に向き合うことや自身の〈不安〉を否認しないことが求められるだろう。他者の他者性に出会うこともまた、その先にしかないのだから。井伏は決して抑圧された従属者を〝外部〟から一方的に意味づけようとはしなかったし、容易にその〝内部〟に立てるという錯覚に陥ることもなかった。同一性の罠に陥ることなく、「近代性」を見据え続けた。そのような意味での井伏の政治性は、今こそ注目されるべきなのではないか。そしてそれは「漂民」への関心につながっていくものであることを示唆して、ひとまず本章を閉じることとしたい。

第三章　シネマ・意識の流れ・農民文学
──『川』の流れに注ぎ込むもの

一　モダニスト・井伏鱒二

井伏鱒二は「モダニスト」である。紅野謙介は「モダニズムが西欧近代を素朴に追求して走りつづけることではなく、西欧＝近代化の一応の達成のもとに差異化をはかる運動して定義されるのなら、井伏はまぎれもなくモダニストだったことになる」と指摘している。[1] まさしくそのような意味における「モダニスト」として、井伏を捉えなおしてみること。「庶民文学」などという枠組みがいまだ強固に残存している井伏研究において、そうした試みは喫緊の課題だろう。たとえば「散文藝術と誤れる近代性」（『福岡日日新聞』一九二九・四・二一～四）を見てみれば、横光利一や川端康成ら「新感覚派」の作家たちと同じ世代である彼が、映画やラジオといったメディアと「散文藝術」との関係にきわめて意識的だったことは明らかである。

彼の問題提起はこうだ。「文化の形式は必ずしも散文形式を残溜せしめるやうに展開されなくて、すでに新聞に代つてはラヂオ又は電光がニユースを報道する役割をつとめてゐる。新聞紙の論説的役割は殆んど完全に報道的役割と化し、読者は散文を読まうとするよりも、新しい事件を知らうとする意識にまで展開してゐる」という状況に文学はどう対抗すればいいか。彼は「近代性」を文学のなかに持ち込むこと、すなわちビルディングやダンスホールや牢獄や争議を描くことに解決策を見出す人々に与しない。彼に言わせれば、そんなものは「近代性」でも何でもない。「いかなる時代に於ても、その時代の産物である無思想と衝動とは幾多の矛盾を残して行く。その矛盾の方向と速力とに対し、時代の人々は自らがその根元をつくつてゐる時代の性格であるにもかゝはらず、その矛盾に驚き周章《あはて》て或ひはうちのめされ屈従する、その姿」こそが彼にとっての「近代性」なのである。

つまり、井伏は「最も簡潔で最も速度のあるものを欲求」する時代の動向に抗いつつ、その時代が発生させる「矛盾」を見据えようとしていたのだ。それも、「矛盾」がない社会が可能だとする楽天的な考え方とは一線を画した冷静な眼によって。

そのような問題意識によって導かれた一つの到達点が『川』（江川書房、一九三二・一〇）[2]に他ならない。だが先行研究は、この作品の特質を十分に捉えているとは言えないようだ。たとえば、寺田透はこの作品のなかに「柔軟な現実、はかない現実」を見出しつつも、「彼のさういふ柔軟性への偏愛は、彼の世界から展開と深化を奪つてしまつた」とかなり批判的である。[3]そうした寺田の論を踏まえつつ、中村光夫はこの作品に「思想否定の思想」を見出し、その「独創」を称えながらも「限界」を指摘する。[4]一方、「独創」の面を最大限に評価するのが佐伯彰一だ。「川の源から、海に流れこむ川口までを辿り通して、文字通りに川を主人公とする小説は、おそらく世界文学にも類が少いだろう」とし、「生態学などという言葉が一般人の口のはに上り出すはるか以前の、生態学的な小説であり、自然をいわばその動態において丸ごと抜きとろうという企てであった。少くとも丸一世代以上は、世界にさきがけていた」と、絶賛と言ってよい評価を下している。[5]

だが現在必要なのは、『川』を単に作家の「独創」や「限界」に結びつけて肯定したり否定したりするのではなく、この特異な作品を歴史的に位置づけることなのではないだろうか。寺田前掲論文はこの作品に「シネマ的手法」を見出してもいるが、それは「映画界と文壇との関係交渉は本年度に入つてから一層密接になつたかの観がある」（『文藝年鑑　昭和五年版』新潮社、一九三〇・三）とされるような、作家が映画を意識せざるをえなくなっていた同時代の状況のなかで考えられるべき問題であるはずだ。また、『川』が発表され始めた一九三一年は、プロレタリア文学も、そしてそれへの対抗として一九二九年の後半から台頭したモダニズム文学も、ともに停滞の年であったと言える。[6]そしてそのようななかで、前者において盛んに論議されていたのが農民文学であり、後者においては心理小説、あるいは「意識の流れ」という手法であった。そして、それらの論議は映画とともに、いずれも〈表象〉という問題系と深く絡まりつつ、同時代の言説空間のなかで『川』と交錯している。

『川』は決して時代から隔絶した作品ではない。他の作家の誰よりも時代と果敢に切り結んだ作品を書き継いでいた井伏は、この作品においても決して川の流れに身を任せて悠々としているわけではないのである。以下の作業を通して、この作品が「東洋的諦念」[7]などという言葉から最も遠いものであることを明らかにすることができれば、本章の目的は達せられたこととなる。そのとき、「モダニスト」としての井伏鱒二の相貌も、私たちの前に明らかになるに違いない。

二　映画――「距離」と「速度」

まず「シネマ的手法」について見てみよう。『川』と映画との関連は、同時代において既に指摘されていた。青野季吉「十二月の文藝時評（完）」（『東京日日新聞』一九三二・一二・二九）は「彼の藝術の眼は、対象とげんみつに一定の距離をおいて装置された、一個のカメラに過ぎない」と否定的に言及している。ここでは映画は対象との「距離」の問題として捉えられていることがわかるが、すぐ後で青野が次のようにも述べていることは見逃せない。

> ところで井伏のそのカメラは、非常に感性の度が強い。そのために写し出された対象の輪郭がはつきりし、明暗の妙で人を捉へる場合がある。たとへばこの「撮影《ママ》」の二人の老人の場合などがさうだ。私はこゝで思はずほほ笑まされた。この作家はかういふ意味で、よほど知的に恵まれてゐるか、或は考へ澄した人であらう。

対象と「距離」を保ちつつも、「感性の度が強い」カメラ。そのように評される語りのあり方は突然出てきたものではない。東郷克美は、井伏作品の初期には物語の展開に関わるような存在だった「私」が「丹下氏邸」（『改造』一九三一・二）においては、もはや「作品の中心から後退してほとんど見る「目」それ自体の機能に近い存在になっており、作中のドラマにおいて何ら積極的な役割を演じな」くなっていると言い、「そのような「私」超克の果てに存在するのが「私」のまったく登場しない「川」（昭六・九〜昭七・五）である」と指摘している。[8]東郷が言う「「目」それ自体の機能」としての「私」のあり方こそが、「丹下氏邸」の同時代評で「のぞき眼鏡かパノラマにでも見入つてゐるやうな気持ちがする」（太田咲太郎「井伏鱒二の余白に」『三田文学』一九三二・一）とされた所以でもあろう。

「丹下氏邸」において、たとえば「私」が「のぞき見」をする場面は、次のように描かれる。

私は風呂場のかげからのぞき見して、折檻の光景を眺めた。丹下氏は物置のなかゝら三枚の筵をとり出して、それを柿の木の下に敷いた。

「この筵の上に寝ころべ！」

さう言つて男衆に命令したが、男衆は激しい興奮のために口から泡を吹きながら柿の木の幹にしがみついてゐた。刑罰といふものは、こんな辺鄙な田舎に於ても厳かに行はれる。

「丹下氏邸」の「私」は、このように丹下氏が男衆に対して折檻する光景を描写していくわけだが、彼らの内面に深く立ち入ろうとはしないし、自身の感想や解釈を示すわけでもない。代わりに示されるのは「刑罰といふものは」以下の非人称的な記述であるに過ぎない。新城郁夫が的確に指摘するように、「再現される光景や他者の言葉の提示において、その情報の担い手である「私」による意味的な統御そのものは希薄なものとなっているわけで、こうした話術の成り立ちが読み手に「のぞき眼鏡」のような効果を与えているのだ」と言えるだろう。[9]そしてこのような「丹下氏邸」の語りの延長線上にあるのが『川』なのだ。

この作品は三人称小説であり、川の流れを軸としながら、さまざまな人物たちの断片的なエピソードを物語世界の外部にいる語り手が語るという仕組みになっている。『川』が映画的に感じられるとすれば、それはこの作品の語り手が登場人物たちの内面に深く立ち入ろうとはしないからであろう。むろん、登場人物の内面を記述する場面が全くないわけではない。だが、この語り手は肝心な場面では常に外部から見える光景や人物の行動を描写するのみで、その意味を積極的に解釈しようとはしないのだ。

『川』と映画との関連において「距離」とともに問題になるのが「速度」である。寺田前掲論文は「シネマ的手法」を指摘する際に、井伏作品のほとんどが「もつれのほどけて行くやうな緩徐さを持つてゐる」と言い、「それによつて彼の作品は、非現実的な、それ故かへつてなまの現実をあざやかに暗示する」という「高速度撮影映画の効果と同じ種類の効果」を上げるのだと述べているが、[10]こうした井伏作品における「緩徐さ」もやはり同時代において既に指摘されていた。たとえば、蒔田廉「昭和六年春の藝術派」(『新文学研究』一九三一・四)は、「どこやら空つとぼけた、小さな事を廻り遠い説明でユーモア味を持たせるスローモーションの行き方」の例として井伏鱒二を挙げ、「氏の独特の筆致は容易に他の追随を許さず「谷間」「朽助のゐる谷間」等其他の佳作はたれしも認める所」であり、「丹下氏邸」も「期待を持つて読んで見たが多少失望を感ぜしめた」と述べている。

蒔田の他にも「丹下氏邸」に対して不満を述べる者は少なくない。たとえば、川端康成は「井伏鱒二氏なんかは、自分の長所に苦しんでゐる。悲劇である」(「二月創作印象」『近代生活』一九三一・三)と述べている。また、中村地平の「「丹下氏邸」に於て作者は田舎の退屈さ、たまらなさを意識的に出したのだと云ふ。しかし作者はその退屈さ、たまらなさの魅力に既に捕へられて、痴呆してゐるのではないか」（「井伏鱒二論」『作品』一九三一・九）という評も、目前の光景をほとんど解釈しようとしない「私」のあり方や作品の「緩徐さ」が招いたものであるに違いない。

そして、『川』においても同様の事態が指摘できるのだ。松井雷多「文藝時評（四）」（『中外商業新報』一九三一・一二・一二）は「我々は自然の風景のなだらかな描写のなかに、人生苦の点描を見るのである、ほろ苦い人生苦、うら悲しい人間の姿が少い筆致によつて一層はつきりと描き出されてゐるのである」と指摘しつつも、井伏を「風景画家」と呼び、「そこから出〔て〕来ること、小説家としては実はそれが望ましいことであるのだが」と不満を漏らしている。ここでは「風景画」という比喩が使われているが、青野や寺田が映画の比喩を使って述べていたことと同じく、作品内の事象との「距離」の取り方や「速度」の遅さに難色が示されているのだろう。つまりそこでは、『川』における表象のあり方が問題となっているのだ。

三　意識の流れ——小説の「レエゾンデエトル」とは何か

そして、右に述べたような文学と映画との関わりのなかから出てきたのが「意識の流れ」論議だった。

その主要な提唱者である伊藤整は「新しき小説の心理的方法」（「新文学研究」一九三一・一）で、従来の「話術に基づく小説」を「真の現実を表現すべく、偏り過ぎるものである」と批判し、「話術が如何に円滑である場合にも、否円滑であればある程、それは現実を脱落するか歪曲して語るかである」と述べる。そこで「現実」を十全に描くための方法として「意識の流れ」を提唱するわけだが、伊藤のそのような主張が映画への対抗として出てきたものであったことは見逃せない(11)。「藝術としての魅力は今や去つて映画にあるの観をすら呈した」ものの、「映画は心理内の映像のみを表現することは出来ても、それに伴ふ感情と理性の描写に関しては間接的であるに過ぎなかった」。だが「文学に於ける方法としてのStream of Consciousnessは、その本来の目的として心理に沿ふて内部と外部の映像とそれに従ふ意識を記録するもの」なのだから、「今や文学は映画と共に最も現実に肉薄する藝術なのである」と高らかに宣言するのだ。

また、伊藤は「新心理小説」(『新文学研究』一九三一・七)では、「映画になくて、小説にあるレエゾンデエトルは何であるか」と問いかけ、「今日以後の心理小説」は、「文学のカメラ的非心理的描写法を排除して、心理的に見た現実」を「直接に、生動する姿で小説に生か」さなければならないと主張する。

こうした伊藤の主張の核心にあるのは「現実」を十全に表象することへの欲望に他ならない。そしてそれを支えているのは、言語の透明性・直接性への信頼である。小説の「レエゾンデエトル」に拘っているはずの伊藤は、意外なくらいに言語の特質を看過しているように思われる。

このように伊藤を中心として「意識の流れ」が盛んに論議され、実作では伊藤の他にも横光が「機械」(『改造』一九三〇・九)を書き、川端が「水晶幻想」(『改造』一九三一・一)を書くなかで、「私」が後退していき、『川』では存在さえしなくなる井伏作品のあり様は時代の流れに逆行しているようにさえ受け取れる。「自意識の冒険に就いては、全く興味をもつてゐない」(小林秀雄「定説是非　井伏鱒二の作品について」『都新聞』一九三一・二・二四~二六)と評される作家の面目躍如といったところだが、「私」から解放されることによって、『川』は複数の人物たちの断片的なエピソードを連ねていくことが可能となったのである[12]。

そして、『川』が記述する意識とは、個人的なものというよりは、いわば集合的意識のようなものだ。たとえば、次の場面を見てみよう。

元来この一基の石像は、当村連中一同の誰にも交渉なしにこの村にやつて来た。彼は二百里も遠い都会地から、ひとりで歩いて来たにちがひない。その証拠には、当村連中一同の知らない間に、この石像はこの崖つぷちに来て立つてゐた。その台石の側面には、当村から二百里も遠方の都会地の名前が刻んである。けれど人びとはいつもの習慣にしたがつて、驚くよりも先に早合点した。彼等は直ぐに、この石像が何の目的でここにやつて来たかを了解したことに定めてしまつた。〔…〕この石地蔵様は、多田オタキの言葉づかひが気に入つて、わざわざ当村までオタキを追ひかけて来たものらしい。オタキは十二年間も、当村から二百里も遠い都会地に行つてゐたので、彼女の言葉づかひは甚だしやれたところがあつたやうに思はれる。

言うまでもなく、ここで石像が「ひとりで歩いて来たにちがひない」とあるのは、語り手の解釈というよりは「当村連中一同」の「早合点」(集合的意識)の記述である。そして読者は読み進めていけば、多田オタキが自殺した後、彼女に想いを寄せていた吉岡羊太も自殺したときにこの石像が崖のところに立っていたというのだから、この石像を運んできたのは羊太なのではないかと推測することができる。だが、語り手は自殺した羊太の内面を推測しようとはしない。あくまで「お地蔵様はオタキのしやれた言葉づかひが気にいつて、オタキを追ひかけて来たのにちがひない」と言うのみなのである。

いわば、ここで読者は「人びと」にとっての「心理的に見た現実」とともに、実はそれが間違っているかもしれないという情報をも同時に受け取っているのである。そして重要なのは、そこでは真の「現実」を確定することはできないようになっているということだ。羊太がなぜ石像を運んできたのかはわからないし、そもそも石像を運んできたのは本当は別の誰かかもしれない。この一連のエピソードにおいて、オタキと羊太と羊太の妹という三人の死が描かれるのだが、いずれもその経緯ははっきりとしない。『川』の語り手は、ただ単に死という事実を伝えるのみで、その意味づけをしようとは決してしないのだ。

このような『川』の語りのあり方は、言語の直接性・透明性を旨とする伊藤の言語観からは限りなく遠いものであるに違いない。何故なら、伊藤の主張では「現実」を十全に表象することこそが理想とされるのだが、『川』では「現実」と表象との距離こそが前景化されるのだから。

『川』の言語観を端的に伝えているのは、オタキが都会の工場に勤めながら、一二年間毎日つけていたという日記であるに違いない。そこには「ケフ職場ニ行キマシテカラ、帰リマシタ。ソレカラ消灯スル前ニ、遊歩場ノスミニ行キマシテ、オ地蔵様ニオ参リイタシマシタ。夕食ノトキノ私ノオカズヲオ供ヘイタシマシタ」という同じ文句が毎日書かれてあった。

もちろん、それはオタキの意識を正確に写しとったものなどではないだろう。しかしながら、この同じ文句を一二年間繰り返し日記に記しつづけたという事実そのものが、かつて羊太に「あの惨めな思ひ出ばかりの多い分工場で、あたしは労役にこきつかはれ、さうしてその挙句にはすべてが彼等に搾取されつくしたあたしの残骸があつたばかりです」と言ったというオタキの「現実」を鮮やかに浮かび上がらせている。『川』における言語とはそのようなものとしてあるのであり、それは映画には不可能な、まさに小説にしかできないことであったに違いない。

そして「意識の流れ」とともに、『川』を考察する際に忘れてならないのが農民文学論議である。

四　農民文学——表象をめぐる争い

『川』のなかに、次のような一節がある。

かういふ類ひの舌つたるい系統に属する田園風景は、現代では何等の価値がないといはれてゐる。ただ仔馬が走りまはるだけのことである。そしてこの花瓶状をなす島や心臓型の島においても、そこに住む人員たちも次のやうな揉めごとのために血まなこになつて、仔馬がとびまはることなど考へてはゐられない。

これは「洪水前後」（『新潮』一九三二・二）として発表された部分であり、数ヶ月前に同じ掲載誌に発表された瀬沼茂樹の「井伏鱒二論」（『新潮』一九三一・一〇）に対する応答として考えることができるだろう。瀬沼はそこで次のように井伏を批判していた。

井伏氏の藝術は、農村の——しかし現代の息詰る小作争議の暴れ狂ふ階級的な農村の風物ではなく、富裕な農村の、或は古風な農村の牧歌として、われわれがそれに微笑と諷刺と教訓とを感ぜしめる表現としてひとつの完璧の藝術である。井伏氏のリアリズムは、多分なロマンチイクな夢をのせて、岩間から出発した。これは最早昨日の藝術として完璧である。これが氏の最大の不幸であるかもしれぬ。

これは明らかにプロレタリア文学的な立場からの批判であり[13]、同時代のプロレタリア文学内における農民文学についての議論が色濃く影響している。そもそも一九三一年にそのような議論が沸騰したのは、前年一一月にソビエト連邦ウクライナで開催されたハリコフ会議で、日本プロレタリア作家同盟（ナップ）がより農民文学に力を入れること、そして組織内に農民文学研究会を設置することが決議されたことに端を発する。ナップの一九三一年度大会を報じた「農民文学／卅一年度の左翼文壇を支配」（『朝日新聞』一九三一・四・二〇）という記事は、「決定議案中最大の眼目は、ハリコフ大会の決定による農民文学への躍進的闘争であつて、この結果一九三一年度の左翼文壇には農民文学のはん濫をみることが予想されるにいたつた」と伝えている。そしてこの頃から、続々と農民文学に関する議論が出てくるのだ。こうした動きに敏感に反応したのが犬田卯ら『農民』派であり、プロレタリア文学を激しく批判することとなる。

そのような対立をジャーナリズムが見逃すはずはなかった。『読売新聞』（一九三一・六・一）は「ナップは今や農民文学を取り上げて文学運動の方向をそこに持つて行かうとしてゐる。又一方雑誌「農民」はナップの農民文学運動に対する撲滅号を発行して挑戦しつゝある。今両者の云はんとするところをこゝに発表、研究問題とする」とし、同日から三日まで犬田の「『農民文学』とは何ぞ?」を、そして四日から六日まで黒島伝治の「農民文学の正しき進展のために」をそれぞれ掲載している。

犬田は「農民文学といふからには、それは農民の意識・感情――「農民イデオロギー」に立脚して表現されたものでなければならない」とし、「労働階級に生れず、農民に生れてないインテリ、乃至そこに生れても、幼いうちからブル教育を受けつゝ、ブルの生活雰囲気に育つたものには、それらの階層の持つ持ち味、感情・思想といふものは絶対に分らない」と「都市プロレタリヤ文学」を批判する。それに対して、黒島は「農業労働者から富農に到るまで多くの階層に分かれてゐる農村人口は、一とまとめに農民イデオロギーと片づけ得るやうな、そんな単純な生活をしてゐない」と反論し、「現実をその多様性に於て最も正確に観察し、把握し得るものは、マルクス主義者をおいてほかにない」、「農民が真に解放されるためには、労働者のヘゲモニーのもとに提携して戦ふより以外に道がない」とするのだ。

農民文学論議は、プロレタリア文学と『農民』派の対立に、プロレタリア文学内のナップと『文戦』派の対立が絡んで複雑に展開していくのだが、そこまで深入りする必要はないだろう。ここで確認しておくべきは、このプロレタリア文学と『農民』派の対立の核心にあるのもまた、表象をめぐる問題だということだ。『農民』派が農民を表象できるのは農民だけだとしているのに対し、プロレタリア文学は農民の「現実」を正確に表象できるのは「マルクス主義者」（プロレタリアート）のほうだとするのである。(14) そして、このような農民文学論議が繰り広げられるなかで発表されていったのが井伏の『川』であったことは改めて注目されてよい。

先述したように、『川』においては「現実」と表象との距離こそが前景化される。『川』の語り手は、ある出来事に対する人々の解釈（集合的意識）は示すものの、自身の解釈を示そうとはしない。ただ別の解釈があるかもしれないことを示唆するだけなのである。それが農民の「現実」を表象することに何の躊躇もないプロレタリア文学の態度とは一線を画したものであることは言うまでもない。

一方、『農民』派のように農民を一つの単位として考えるようなあり方ともやはり『川』は異なっているだろう。この作品のなかには、さまざまな争いが描かれている。それは小作争議とは違うものではあるが、牧歌的とも言えないようなものだ。「馬蹄型にながれる部分の流域」に住む二軒の家は仲が悪く、両家の家をつないでいた橋も壊してしまったほどだが、借金の返済をするために一年に一回づつ書留手紙を律儀にやり取りしている。また、川の中にある二つの島の住人も、洪水によってそれぞれの島の形が変わってしまって以来、「揉めごと」で常に騒いでいる。そのために住人たちは身近にある「舌つたるい田園風景」を見る暇もない。この作品は、農民の間にさまざまな切断線を入れつつ、『農民』派とプロレタリア文学の双方が見ようとしない「現実」に目を向けさせる。

川の堤防のところには白ペンキ塗りの家があり、向う側の堤防にある青ペンキ塗りの家と、乗合自動車の乗客の獲得合戦を行なっている。その結果、青ペンキ塗りの家の番人をしていた若い女の子は売上金を横領して逃げてしまい、白ペンキ塗りの家の番人をしていた老人は共犯と誤解され、川に身を投げたのである。「当局」の人たちは、「これは川向うの乗合自動車会社を騒がした犯人の一味であるが、いづれは覚悟の自殺にちがひない。〔…〕おそらくこの犯人は自己の前非を後悔して、ここの堤防から排水口めがけて投身自殺したものであると認めるのが妥当であらう。当局としても、鄭重に埋葬の手続きをしてやる考へである」と述べる。その後に「若しも死人の遺族がこれをきいたとすれば感謝のあまり泣きだしたであらう」とあるのは、「当局」の言うことが正しいと思っている人々の集合的意識に沿った記述であり、読者にはこのような「当局」の解釈が間違っていることがわかる。

もちろん、語り手はやはりここでも老人の内面に踏み込もうとはしない。老人が死ぬ場面では「たぶん泣きながら帰つて来たらしい目つきであつたが、普段から彼の眼球は充血してゐて、その顔はとても窪みだらけなのである。彼の顔色や目つきなどで、彼が泣いたか泣かなかつたかの判断はつきかねたけれど、彼が非常に腹をたててゐたことだけは確かであると思はれる」とされ、老人が泣いていたかどうかさえ確定できないありさまなのだ。そして「無造作に水の中にとび込んだ」と行為が記述される。老人が死を決断するに至った細かい心理的な経緯についてはやはり読者は推測するしかない。読者にわかるのは、老人は「犯人の一味」ではなく、したがって「自己の前非を後悔して」川に飛び込んだわけでもないということだけだ。だが、そのような「現実」とは違うはずの「当局」の解釈のほうが伝播していくのである。

老人の死骸を最初に発見した通行人は、自転車に乗ってその「大事件」を吹聴する。「排水口のところに身投げ人が水の上に浮いてゐるのを見たか?」。そして彼はそのまま三里あまりも堤防の上を走りつづけて、しばらく休んでいると、向こうからやはり自転車に乗った男がやってくる。その男は「排水口の土手のところに、いつぱいの人だかりぢや。犯人が覚悟の自殺をしとるんぢやといふね」と言いながら通りすぎる。すると死骸の発見者は、「はじめてその出来事をきいたやうな気がした」。そして彼はこう呟くのだ。「さうか、見物しに行つてみてやらうか」。

けれど彼が排水口のところに駆けつけたときには、すでに死骸は取りかたづけられ、小鳥が一羽そこを遊びまはつてゐるにすぎなかつた。しきりに羽ばたきしたり尻尾を振つたりする小鳥である。〔…〕自転車で駆けつけて来た男は、そこを素通りして行つてしまつたが、彼はさきほど水死人を発見する前までと同じく、うまい金儲けの口はないだらうかと思索しはじめたのである。

死骸の発見者は、自分が振りまいた噂のエコーを聞きとったに過ぎない。しかし、その声にやはり彼も動かされ、走り始める。そして彼はこれからも「大事件」が起こるたびに、それに振り回されていくだろう。時代の「速度」に乗って気忙しく動き回り続ける人々にとって、老人の死の原因が何であったかなど、結局はどうでもいいことなのだ。わざわざ立ち止まり、老人の死の原因について考えてみようなどと思う酔狂な人間は誰もいない。それは「現代では何等の価値がない」ものの一つに過ぎないのだから。

五　「砕片」としての「現実」

以上述べてきたような『川』の特質の萌芽を、井伏の初期作品に見出すことも可能だろう。たとえば「場面の効果」（『創作月刊』一九二九・五）では、「私」が映画の撮影現場にいる友人に会いに出かけると、急遽エキストラになることを頼まれる。そして後日、「私」がその映画を観てみると、「私」の後ろ姿が映っている場面に、弁士が「敗残の失職者は淫欲の目をあげて、あやしげな女に得体のしれない口説き文句をならべるのであります」などと説明を加えていくのだ。

私は狼狽した。私と彼女とは決してさういふ会話を交したのではない。けれど私の後姿の人物は、さういふ会話に身を打ち込むべく何と似合はしかつたことであらう。

あるいは、「たま虫を見る」(『文學界』一九二六・一)では、警察が「私」を写した写真が示される。その写真の中の「私」は、「エハガキ屋の飾り看板を顔をしかめながら眺め入って」おり、写真の横には「危険思想抱懐せるもの、疑ひあり」と朱で記入されていたという。実は「私」は飾り看板の硝子の中にある「数枚の裸体画と活動女優との絵葉書」を眺めていたに過ぎなかったのだが。そして「私」は思うのだ。「今も私の直ぐ後ろで警察の人達がカメラをもつて私をねらつてゐるかもわからない。彼等は、私が昆虫を摑まへようとして手をのばしたところを、絵葉書を盗まうとしてゐる姿勢に写すかもしれない」と。

このように井伏の初期作品のなかで映画や写真といったメディアが登場するとき、常に表象という問題系が浮上していることは興味深い。表象された「私」は、「現実」の「私」からは離れ、人々の勝手な解釈にさらされてしまう。もちろんそれに対して違う解釈を示す「私」の記述もまた表象に他ならない。「現実」をありのままに描くことは不可能なのだから。表象と「現実」との乖離。そのような問題は、その後の井伏作品にも一貫して流れていると考えられる。いわば、「現実」から遠ざけられ、表象を見ることとしかできない観客の側から描かれたのが『川』なのだと言えるだろう。[15]

日高昭二は、モダニズムと井伏鱒二の関係について考察した卓抜な論考で、[16]「井伏のテクストがしばしば引き入れている時間」とは「モダニティが発する現象の速度と変化に対するささやかな遅延あるいは猶予」であるという注目すべき指摘を行なっている。性急な解釈を下す前に立ち止まること。そこにある表象から一つの「現実」を取り出して満足するのではなく、複数の「現実」を取り出そうと努めてみること。『川』がそのゆったりとした流れによって読者に語りかけているのは、そのようなことではないだろうか。川の下流の沿岸には劇場があり、そこでは素人役者たちによって連日いいかげんな公演が行われ、観客は麦藁《むぎわら》の真田紐を編みながら「大いに泣いたり躍起になつて溜息をついたりする」。そして滑稽な場面になると、「はあ、はあはあ！」と不作法に大声で笑い出す。このような光景は都会にいる性急な人々からすれば、農村の後進性を表わすものでしかないだろう。だが、語り手は次のように述べるのだ。「人間はどんなに暮らしむきのつらいものでも、場合によつては笑ふことができるのである」。

劇場の先には紡績工場がある。そこではドイツ語の講習会が行なわれ、工場主もその生徒の一員になっている。ドイツ語講師をやっている若い事務員が、自分が楽をしたいがために試験をしないことを生徒たちに告げると、工場主は思わず「やあ、万歳！」と叫ぶ。このエピソードはたしかに読者に微笑を催させるようなものであるに違いない。だが『川』はその前に、この工場の合宿所の窓に「寝不足の顔を押しあててゐる女工の姿」を示すのを忘れてはいない。そしてそのような女工の姿は、読者にオタキのことを思い出させるはずだ。かつて、「すべてが彼等に搾取されつくしたあたしの残骸」と言ったオタキの姿を。『川』のなかにただ羅列されているかに見える断片的なエピソードの数々は、読者自身がそれに能動的に関わることによって、その乱反射のなかから「現実」の姿を垣間見させる。

「井伏鱒二の「川」について」（『作品』一九三二・一二）で『川』を「書割の様な小説」だと述べた河上徹太郎は、「新進花形五作家論」（『文藝通信』一九三四・三）[17]で次のように指摘する。

> かゝる虚の状態に於ける現実、最も非情であり乍ら、最も人なつこい現実、如何なる世界も構成する能力もないが、各砕片に至る迄曾て或る世界を夫々担つてゐた所の現実、――井伏鱒二の眼をつけたのはこの現実である。

「砕片」としての「現実」。井伏作品における「現実」とは、そのままに見えるものとしては示されていない。それは欠落だらけのジグソーパズルのようなものだ。もちろんそのジグソーパズルは初めから完成型が決まっているわけではなく、読者の能動的な関わりに応じて適宜変化していくようなものとしてある。決して「世界」(全体)を構成しない「砕片」を拾い集め、組み立てては崩し、また組み立て直すという営為のうちに、初めて「現実」はその姿を現わすだろう。時代の「速度」に乗ることから距離をとり、立ち止まることによって見えてくる豊かな世界が確かにあることを、『川』は私たちに静かに語りかけている。

第四章　「記録」のアクチュアリティ——「青ケ島大概記」

一　「記録」への注目

プロレタリア文学と井伏鱒二。この二つを結びつける試みは、これまで全くなされてこなかったわけではない。たとえば東郷克美は、一九二〇年代の井伏が「プロレタリア文学がなげかける倫理的課題との対決を迫られ」ながらも、「現実は「大地と同じく動かすべからざるもの」と「観念」することで、倫理的な危機をきりぬけた」と述べ(1)、「プロレタリア文学運動の影響」が井伏に与えたものは「庶民」の発見であったとする。(2)しかしそのような把握の下では、同時代の現象と積極的に切り結んでいく井伏作品の特質を捉え損ねてしまう他ないように思われる。従来の作家イメージをいったん括弧に括ったうえで井伏作品を読み直し、井伏鱒二とプロレタリア文学との共通点と差異をあらためて考察し直すべきではないだろうか。(3)

「この頃私は、ごく素人風にではあるが、記録の面白さといふものに引かれてゐる」と言う中野重治「記録の面白さ」(『新潮』一九三五・七)は、井伏鱒二の「葉煙草」(『早稲田文学』一九三五・六)という随筆を取り上げて、次のように高く評価している。

われわれが毎日吸つてゐる煙草がいかに百姓を苦しめつつ栽培されてゐるか、煙草栽培をめぐつていかに百姓達が苦しめられ、専売局の役人が百姓達をこづきまはし、高利貸しが搾り取り、料理屋が吸ひ取るか、それがわづか三ぺージのうちに遺憾なく描かれてゐて、私は作中の百姓同様、また焚火見物人同様泣きつ面を感じた。僅か三ぺージの田舎旅行の記録ではあるが、ほかの大きな小説などから受けたものに劣らぬ感銘を受け、むしろ幾つかの大小説などよりも強い感銘を受けたともいへる。

そして中野は「これはある事実の小さな記録であるけれども、それの与へるものはこの作家の生き方と別個には考へられない」と言うのである。中野がそのように言う基底には、「記録すること自身一つの社会的プロテストであるやうなものである」という認識がある。つまり、中野は井伏の筆による「わづか三ぺージの田舎旅行の記録」を「社会的プロテスト」として評価しているのだ。もっとも、中野は「葉煙草」の末尾が「何となくほろにがい気持のものである」とされていることを「甚だ力弱く感じられた」と難じ、「あり来りの藝術的形式や藝術的気分のために荒々しい事実をきれいに削り揃へるといふことから逃れることが大事だと思ふ」と注意を喚起することを忘れていないのだが、ともあれ、このプロレタリア文学からは遠いところにいると考えられがちな作家の「生き方」を、中野重治がこのように評価していることは記憶されてよい。

言うまでもなく、「記録すること自身一つの社会的プロテストであるやうなものである」という中野の言葉は、一九三三年の小林多喜二虐殺に代表される官憲の弾圧という背景を携えている。「社会的プロテスト」をストレートに主張することはかなり困難となり、転向する者が続出した。中野自身、転向作家の一人に他ならない。そのような状況下で、一見してそれとわからないような「社会的プロテスト」が求められたのであり、転向作家たちは記録文学や報告文学、あるいは歴史小説に活路を見出したのだ。

そして井伏鱒二もまた、この時期「記録」や「歴史」に注目しだしている。そうした方向性を確立した作品として「青ケ島大概記」（『中央公論』一九三四・三）を見逃すことはできない。近年この作品が注目されたのは猪瀬直樹『ピカレスク――太宰治伝』[4]によってだが、そこで猪瀬は「青ケ島大概記」について、「評判にならなかった。文語体で読みにくい。ではなぜわざわざ文語体にしたのかといえば「青ヶ島大概記」は古い資料を引き写しているから、と断ずるほかない」と述べている。

だが同時代評を調べればすぐにわかるとおり、「青ケ島大概記」は井伏の停滞を打ち破る作品として同時代において大きな讃辞を浴びているのである。現在から見れば「文語体で読みにくい」、まさに記録そのものといった小説が評価された理由を考えるには、当時の時代状況や文壇状況を確認することが不可欠だと思われる。もちろんその際には、典拠である『八丈実記』をこの小説がどのように利用しているかを見ることも必要になってくるだろう。そのような作業を経た後には、一見アクチュアリティという言葉からは最も遠い存在に見えるこの作品が、意外に同時代のさまざまな現象と深く関わっていることが明らかとなるはずだ。

そして重要なことは、「プロテスト」の手段として「記録」や「歴史」に注目した転向作家たちがこの後陥っていくことになる隘路をこの作品が免れているように見えることなのである。いわばプロレタリア文学のありえたもう一つの可能性をここに見ることさえ可能なのではないか。少なくとも、中野が期待する「プロテスト」としての記録文学の最も良質な例としてこの「青ケ島大概記」を挙げることは、そう難しいことではない。

二　同時代における高い評価

井伏は一九三〇年前後に「ナンセンス」の作家として一躍脚光を浴びるが、早くも三二年以降は、しばしばその「マンネリズム」が難じられるようになってくる。特に「或る部落の話」（『中央公論』一九三三・一二）は散々な不評であった。たとえば、永井龍男「文藝時評（2）」（『報知新聞』一九三三・一〇・三二）は「嫌ひなもの、苦手な問題なぞにはいつもふたをしておき、己れを囲む雰囲気を極度にまもつてゐる」、「いつも空とぼけたこの美しいうそつきを少々こづき廻して見たいのである」と述べ、林房雄「十一月作品評」（『文學界』一九三三・一二）も「僕等、かねて、この作者の超俗主義を好んでゐる。が、その反俗精神も、このやうに同じ題材によつて十回くりかへされては、うんざりするよりほかはない」と述べている。

その「或る部落の話」の数ヶ月後に同じ『中央公論』に発表した作品が「青ケ島大概記」なのである。井伏としても前回の不評を意識したうえで、相当の意気込みをもって書いたものと推測される。そしてそれは十分に報われたと言ってよい。たとえば武林無想庵は、「文藝時評（1）」（『東京朝日新聞』一九三四・二・二七）で次のように激賞している。

井伏鱒二氏の『青ケ島大概記』。これは甚だ大文章だ。西鶴がイデオロギイを根本的に改めて現代日本へ再現したかの感がある。単に文章だけの点からいふと谷崎潤一郎の『盲目物語』を向ふに回し得るほどに藝術的でかつ力強い。のみならず、この作には自然対人間、人間対人間のさま〴〵な大問題に触れてゐる個所が到るところに見出される。わたしは帰朝早々まづかうした大文章に接し得たことを喜んでゐる。

この武林の文章を受け、川端康成「今日の作家」（『改造』一九三四・七）は、「久しく日本を離れてゐた武林無想庵氏が、故国の文学の虚心の第一印象とも考へられる時評で、井伏氏の「青ケ島大概記」を大文章と激賞したのは、私に一入感銘深いものであつた」とする。猪瀬が「文語体で読みにくい」とするまさにその文章こそが、同時代においては高く評価されたのだ。

また、それまでの井伏作品からの「進展」「躍進」を評価する評者も少なくなかった。松井雷多「文藝時評（三）」（『中外商業新報』一九三四・三・二）は、「氏の作品としては甚だ珍しい進展を見せたものである」とし、「作家としてこれだけの躍進をとげてはじめてその持味を生かしたものである。この作品は今月号の創作中最も読みごたへのあるものであつた」とするし、保高《やすたか》徳蔵と篠原文雄の対談「三月号の作品評（七）」（『信濃毎日新聞』一九三四・三・五）でも、篠原が「今年こそきつといいものを書かなければ、といはれてゐただけに「青ケ島大概記」の出現は胸のすく思ひがする」と言えば、保高も「実際すばらしい出来栄えだと思ふ」と述べ、「井伏君の従来の作品の特徴とした、どこかとぼけたやうなところのあるユーモラスな味は、この作品には微塵も見られない」とやはり従来の作品からの飛躍を指摘しており、その「徹頭徹尾リアルな筆致」を評価している。

他にも、尾崎士郎「「中央公論」「文藝春秋」「文藝」」（『行動』一九三四・一〇）が「青ケ島大概記」

はある意味において彼の表現における一つの頂点を暗示するものであつた」とし、杉山平助「昭和九年の創作界」(『新潮』一九三四・一二)も「世間的に問題になつたもの」の一つとしてこの作品を挙げているように、「青ケ島大概記」は当時かなり評判になっていたことは確かだろう。

もっとも、讃辞一色というわけではない。たとえば、永井龍男「文藝時評2　井伏鱒二の二作」(『東京日日新聞』一九三四・二・二八)は、「大変意気組んで書かれた作品」であるとしつつも、「作者の執拗な努力を寧ろ不思議に思ふ程事こまかく誌されてあるが小説はどこからはじまるかといふわれ〳〵の期待は、作者の異常な努力と共に空しかつた」と否定的に記している。また、瀬沼茂樹「文藝時評」(『行動』一九三四・四)も、「「青ケ島大概記」は恐らく氏が大きな抱負をもつて描いた作品に相違なく、その文章に払はれた深い注意からも、私は久し振りの氏の力作と考へて、その心構でこれを読み始めたが小説といふにはあまりに非小説的でありすぎる」と難色を示している。

永井も瀬沼も、「青ケ島大概記」が「小説」になっていないということを主張しているわけだが、まさにその点こそが他の評者たちからは高い評価を受けたポイントでもあったはずだ。そのことについて考えるためには、当時の時代状況および文壇状況を見ておく必要がある。

三　「非常時」のなかの「不安」

この作品が発表された頃は「非常時」ということが盛んに言われていた。掲載誌の発行元である中央公論社は『非常時国民文学全集』全七巻(一九三八〜三九)を刊行中であったし、XYG「スポット・ライト」(『新潮』一九三四・二)は、「「非常時」「非常時」。/年は改まつても、やつぱり非常時は解消しない。ヂヤーナリズムの上だけで見てゐると、日本は今にも、四方八方と戦争を開始しさうな危機を感じないわけには行かないし、また今にも頭上に、敵機の襲来が迫つて来さうな不安に、脅かされてしまふのである」と述べている。

この時期の社会不安を象徴するものとしては、一九三一年九月に満州事変が勃発した前後からテロ事件が頻発していたことと、相次ぐ天災が挙げられよう。三一年の三月事件、十月事件は未遂に終わったものの、翌三二年二〜三月には血盟団事件が起き、前大蔵大臣の井上準之助や三井合名理事長の団琢磨が暗殺された。五月には五・一五事件で犬養毅首相が殺害されている。その際、陸軍大臣の荒木貞夫が「今日の如き政界の空気を一新して非常時には挙国一致の聯立内閣を作」るべきだと主張するなど（「軍部の希望を容認／鈴木総裁、陸相と会見」『東京朝日新聞』一九三二・五・一九）、従来からあった政党政治への懐疑の声が広範囲にわたって捲き起こり、海軍大将の斎藤実を首班とする「挙国一致」内閣が誕生した。ここに政党政治は終焉を迎え、政府・軍部が主導して「非常時」という言葉がしきりに喧伝されることとなった。

日本が国際連盟を脱退した一九三三年三月には、三陸地方大津波が起こり、一五〇〇名以上の死者を出している。『東京朝日新聞』は「三陸大津波の惨状」と一面に大きく掲げた号外を三月三日、四日と続けざまに出し、広範囲にわたる被害状況を伝えた。三月四日の号外には「暗夜横はる死骸からわが親、わが子を探す／惨状、関東大震災其まゝ」と大きく見出しが出ており、三月五日に掲載された「潮の如き救援／各方面から一斉に起つた『三陸の人を救へ』」という見出しの記事には「三陸地方の大惨事は関東大地震の経験ある都人士に痛く衝動を与へ救援の手はあらゆる方面からのばされて来た」とある。三陸地方大津波が関東大震災の記憶を呼び起こしつつ、被災地から遠く離れた人々にも大きな衝撃を与えたのである。

その前月には、官憲による小林多喜二虐殺が起こっていた。六月には日本共産党幹部の佐野学と鍋山貞親が転向声明を出し、以後、転向者が続出する。杉山平助「本年度創作壇の印象」(『新潮』一九三三・一二)は、「昭和六年九月満州事件勃発以来の日本の思想界では、マルクス主義並びに一般プロレタリア思想の急激なる退潮を見るに至り、従つてプロレタリア文学も徐々に衰微の傾向をしめしつゝあつたことは、すでに昨年末の本誌の文壇年末清算に筆者の述べたところである」が、「今年に至つてこの形勢は愈々急勾配となつてプロ文学の殆ど全滅的危機に瀕したかのやうな感じが一般を支配するに至つた」と述べている。

だがそれは、プロレタリア文学の影響力がなくなったことを意味しているわけではない。座談会「文壇を通して見たる昭和八年の時代相」(『新潮』一九三三・一二)で井汲《いくみ》清治は、「兎に角文学といふものを、色々な形で論じるやうになつたのは、プロレタリア文学の影響だらう」、「プロレタリア文学、ブルジヨア文学と言はないで、今までにプロレタリア文学が解釈して来た問題を、それを共同に論ずる所まで持つて来たのではないかと思ふ」と発言し、加藤武雄が「社会性がブルジョア文学に影響して来て居ることは事実だ」と受けている。リアリズムや文学大衆化といったかつてプロレタリア文学において論議されていた問題が、この時期あらためて全文壇的なトピックとして浮上してきていることには注目せざるをえないだろう。

その一つに記録文学や報告文学がある。それはもともと、第一章でみたように、「現実」を描くことを重要な課題としたプロレタリア文学において重視されていた形式であった。「報告文学といふ奇妙な語呂の言葉が、文学至上主義者から見れば何となく馬鹿々々しく、同時に、文学創作の行きづまりを感じてゐる者に対しては、大きな魅力を以て受け入れられてゐる」と言う中島健蔵「文藝時評」(『中外商業新報』一九三七・五・二七〜二八)は、「恐らく専門の作家の或人々は、生のままの報告に対して、作品としての魅力を感じずに、小説以前の素材だと云ふであらう」としつつも、「曾てプロレタリア文学が企て、又現在も企てつゝある仕事に近いものが報告的文学の魅力である」とし、「人に知られぬ事実の公表には二つの意味がある。一つは虐げられてゐる者の訴へであり、もう一つは虐げてゐる者の不正の暴露である。文学的な力によつてよりよく訴へよりよく暴露するといふのが嘗ての理想であつたが、現在では、それよりも、正確に報告する方が有効且強力であることは、社会情勢によつて当然理解されることだ」と述べている。これが中野重治の認識とほぼ同じであることは言うまでもないし、報告文学が「小説以前の素材」とみなされるという説明は、「青ケ島大概記」に対する永井や瀬沼の論難を思い出させるだろう。

また「青ケ島大概記」は現在進行形の出来事を記録したものではなく、歴史的な事実を素材としているのだが、木村毅「歴史小説がなぜ最近特に盛んになつたか」(『文藝懇話会』一九三六・一〇)が「歴史はかつて左翼に走つた文学者の逃避所になつてゐる」と指摘するように、「記録」と同じく転向作家たちが注目したのは歴史小説だった。

転向作家の一人である藤森成吉は「わが歴史小説観」(『文藝』一九三六・七)において、歴史小説が盛んになった理由として「作家は現在、現代物を書くうへに異常な不便乃至不自由を感じてゐる」ことなどを挙げているが、そこで「「非常時」の厳密な意味において一社会の運命も一個人の運命も一つとして安定的なものはない。ひとはどこに目標を置いたらいいかに迷ひ、徒らに顛倒し、「不安」におののいてゐる。極端にいへば、こんな時期には、ひとは歴史を振りかへることなしには何一つ理解することは出来ない」と述べている。ここに見られる「不安」の解消のために「歴史」にアイデンティファイする傾向は転向作家たちのこの後の展開を考えた場合に意味深く思われるが、その点については後述する。

この時期は社会不安を背景に心中事件が続発し、その主な舞台となった三原山にも注目が向けられた。[5]『読売新聞』（一九三三・五・一夕刊）には、「御神火の正体を発く／空から見た三原山」という記事が一面全体に大きく出ており、「人生を解消したい連中が死に、行くと聞く鳥辺の山ならぬ三原山、一月以来自殺者既に四十七名、未遂を含めると三原山患者の数は驚く勿れ無慮百五十五名と聞く、その流行心理を孕む御神火の神秘を空中から探れとの社命を受けて「よみうり」号に搭乗大島に向ふ」とある。

また読売新聞社は、三原山の噴火口への大がかりな探検を計画し、成功を収めた。それは社会的にも大きな反響を呼び、六月に日本橋白木屋などで「三原山探検展」が開催されたほか、探検隊に参加していた岩田得三によって『三原火口底探検記』（伊藤書房、一九三三・八）が上梓されるなどしている。『東京朝日新聞』一二月一八日夕刊の一面でも「異変の三原山を探る」と大きく特集され、「空から／気紛れな御神火／不気味な沈黙！／気流の激変で大難航」、「陸から／烈風吹まくり／噴煙横線を描く／三原山登山観察記」という見出しの記事が出ていることからしても、この時期、火山に対する注目が高まっていたことは間違いない。一見アクチュアリティとは無関係に思われる「青ケ島大概記」は、実はきわめて時宜に適した題材を扱っていたのであり、しかもそれを「記録」という注目を集めつつあった手法によって書いたものだったのである。大きな讃辞を浴びたのも当然と言うべきだろう。

四　典拠との比較

「青ケ島大概記」の典拠は江戸時代に殺人で島流しになった元旗本の近藤富蔵が著わした『八丈実記』[6]であり、そのことは初出や初収単行本にも「(附記　この小説は八丈島の流刑人「近藤富蔵の八丈実記」を種々引用した)」、「(附記　八丈島の流刑人近藤富蔵の「八丈実記」を引用した)」とそれぞれ明記されている。猪瀬前掲書は「一部フィクションを交えたので創作といえば創作なのだが、基本的には原資料に依拠するところがほとんどであり、したがって本人も「盗用」と認めている」と述べているが、このように出典を明記している場合に「盗用」という言葉を使うことは、作者本人の謙遜の辞としてならともかく相当の勇気を必要とするだろう。

井伏が「青ケ島大概記」を「盗用」だと述べたのは「社交性」(『小説公園』一九五六・一〇)という文章においてであり、そこには「「島山鳴動して猛火は炎々と石の火穴より、云々……」といふ箇所は、折口さんに借りた資料から抜きとった文章である」などとある。それでは以下、その部分(②)を含む箇所を引用してみよう。

それより後、暫時のあひだ何ごともなくして打ちすぎ申しぬと申し伝へられ候。しかるところ①天明三卯年三月九日にいたりて夜の丑の刻、おびただしく土地うちふるひて八度ばかりゆれかへしゆれかへし、寅の刻時分に相成り突如として大池のほとりに大なる火穴うがたれ候、②島山鳴動して猛火は炎々と右の火穴より噴き出だし火石を天空に吹きあげ、息をだにつく隙間もなく火石は島中へ降りそそぎ申し候。③大石の雨も降りしきるなり。大なる石は虚空より唸りの風音をたて隕石のごとく速かに落下し来り直ちに男女を打ちひしぎ候。小なるものは天空たかく舞ひあがり大虚を二三日とびさまよひ候。④くだんの火雨に打ちひしがれて焼失いたし候ものは、神主山城の住居をはじめ⑤総計六十一軒。大ぜいのものどもは戸板桶類その他のものを頭に載せ幼児を逆さまに抱へなどいたして戸外に走り出で築地のかげ波うちぎはの洞穴に身をひそめ漸く息をしのぎ候へども、胸さわぎすさまじく脛もがくがくとふるへ申し候。火柱に気を奪はれて乳呑子をとりおとし、おろかに水甕を抱きあげてまだ気もつかず降灰のなかを駆け行く女もこれあり候。みなみな逆上いたし、そこなはれて打ち倒れしもの数多これあり。⑥飼牛とても右の火雨に打たれて苦しみもだえ地の底に洞穴うがたんとてかしきりに吠えつづけ候へども、みなみな詮すべもなく牛を解放つかまつり候。牛は山野を駆けまはり崖よりとび落ちて粉砕し、また火に包まれて過半は死傷つかまつり候。三十ぴきほど残存つかまつり候由に御座候。

次に『八丈実記』から、対応するところを抜きとって以下に掲げる。(7)

〔…〕又同十四日打ツ、ヒテ②山岳震動スルコトオビタ、シク地中ヨリ猛火炎々ト燃エアガリ黒煙天ニオ、フ、恐ロシナンドイフバカリナシ、大木虚空ニヒラメキ③盤石雨ノフルカ如シ、大ナルモノハ其夜中ニ落テ男女ヲ打ヒシキ、小ナルモノハ二三日大虚ヲ飛メクリテ落散テハ老少ヲ苦シメ、焼灰ハ昼夜トナク降リツモリテ〔…〕忽チニ沙石ノタメニ埋モレテ平地トナリ、剰サヘ其上ニ高サ一町アマリノ沙山二ツ燃出シタリ高橋為全見分之説其節尋ニ付テ答書アリ

〔…〕

一、①同三月九日ノ夜丑之刻頃、夥敷地震八度致候処、寅之刻時分ニ相成池ノ沢ニ火穴出来、夥シク火石を《ママ》空エ吹上ケ島中エ降下候故④火石ニ当リ消失ノ家数《ママ》ハ神主山城家、蔵家財共消失拝殿ハカリ残候、清受庵堂家蔵家財共焼失、名主七太夫家蚕屋、家財共消失、蔵ハ残、年寄五次郎組頭太郎右エ門家蔵家財共不残焼失、組頭勝右エ門家ハ焼失、蔵ハ残其外百姓家数《ママ》ハ左五平、吉助、惣右エ門、〔…〕⑤都合六十一軒焼失仕候、右之通焼失大勢ノ者トモ十方ニ暮、桶類戸板其外手ニ当リ候モノヲカブリ築地ノ陰或ハ所々洞穴へ逃込、漸々相助リ罷在候内翌十日卯之刻頃火石降止ミ、夫ヨリ砂降候テ又々泥土夥降積、同日午ノ刻頃降止ミ申候。

〔…〕

一、⑥飼牛ハ右火石降候節、仕方無御座ニ付解散申候処、所々エカケ廻リ苦シミ越シエ飛落、過半死失、当時三十疋程相残候分飼車《ママ》無御座候ニ付海手ノ越シエ階子等渡シ漸々働ヲ以テ岸石或ハ岩間ノ蔭ヨリ秣芥アツメ只今迄ハ養ヒ置申候

後者は引用するには長すぎるので関係ない部分を適宜省略したが、両者を比べてみればかなり文体が変えられていることがわかる。しかも新しい要素を付加しつつ、叙述の順序も入れ替えられているのであり、典拠からピックアップした幾つかの要素をつなぎ直し、再構成することによって独自の文脈に作り替えているのである。しかも右に引いた部分は比較的典拠に忠実な部分なのであって、より相違が甚だしい個所のほうが実際には多いのだ。

猪瀬前掲書は「実際に「青ヶ島大概記」を原資料と比較すると、ほぼ六割はリライトしたものであ

る」と述べているが、それは湧田佑の「直接的な原典利用箇所の割合は五割強ということになる」[8]という指摘や、宇野憲治の「六分四分の割合で多くは史料に依拠している」[9]という指摘を利用したものだろう。だが、湧田や宇野は「青ケ島大概記」を「盗用」だと指摘するためにこの数字を持ちだしているわけではない。湧田は「「青ケ島大概記」の面白味は、この記録と井伏のオリジナルな部分との絶妙な交錯につきるといってよいのかもしれない」と述べているのだし、宇野も「史料に拠っている箇所にあっても、随所に井伏文学の特質はうかがわれ」ると高く評価しているのだ。「実際に「青ケ島大概記」を原資料と比較」すれば、簡単に「リライト」と言い切ることなどできはしないはずである。

五　「プロテスト」としての「記録」

「記録すること自身一つの社会的プロテストであるやうなものである」と述べた中野重治が、同じような文脈でこの時期注目していたのが柳田国男の民俗学であった[10]。その柳田に「青ケ島大概記」と同じく『八丈実記』を下敷きにした「青ケ島還住記」(『島』一九三三・八~一〇)という文章がある。それを井伏が読んでいたかどうか定かではないが、『八丈実記』を井伏は伊馬鵜平を介して折口信夫から借りていたことからすれば[11]、読んでいた可能性は高いと考えていいだろう[12]。

柳田の「還住記」は井伏の「大概記」とは異なり、平易な口語体で書かれている。文中に「私の知らせて置きたいと思ふのは、先づ第一には青ケ島の少年たちだ。それから又斯ういふ歴史をもつた島が大海のまん中に在るといふことを、一度も教へてもらはなかつた地理の生徒たちにも、好奇心を以て聴かせて見たい」とあるように、きわめて啓蒙的な意識から書かれたことがわかる。青ヶ島島民の苦難の歴史はそこに住む者だけではなく、それ以外の地域に住むものたちも知っておく必要がある。何故ならばそれは同じ日本人の物語だからだ。この時期「一国民俗学」を確立しつつあった柳田の意図はきわめて明確である。(13)

柳田は青ヶ島島民が打ち続く噴火のために島を追われ、五十年以上の時を経て島に帰還するまでを、ところどころに自身の推測も交えつつ語っていく。それは故郷を追われたものが帰郷するという壮大な故郷回復の物語であり、「不安」が蔓延する「非常時」においてはまことに相応しいものであるだろう。(14)この柳田の「還往記」を間に置くことで、井伏の「大概記」の特質はいっそう明らかとなるに違いない。

『八丈実記』をもとにして柳田自身が青ヶ島の流浪の民の歴史を語る「還往記」に対して、小説である「大概記」は元漂流民である「島方の医師」を書き手にして、代官に提出する報告書という体裁を取っている。(15)その効果として勝倉壽一は「客観的な視座」の確保と「公儀批判の責任の所在」の「曖昧化」を挙げているが、(16)そのような指摘では十分ではないだろう。ポイントは二点ある。第一に、報告書という体裁を採用したことによってアイロニカルな筆致を獲得したという点であり、第二に、青ヶ島島民とは異なる「島方の医師」を書き手とすることによって故郷回復の物語を相対化したという点である。しかも執筆時の時代状況と関わらせることによって、それら二点が大きな意義を持っていたことが見えてくるはずだ。

まずは第一の点から述べていこう。「大概記」について、「この小島を人間の生存の条件の惨めさを示す舞台として、自然の脅威と、政治の暴虐を思ふさまに展開した作品です」と述べる中村光夫は、

「むろん噴火で荒廃した青ケ島を「聊かも公儀の入用米金などをわづらはすことなく御収納物もしゆつらいいたすまでに」復興させた名主が代官から表彰されたのを機会に、その筋に提出された報告書という体裁をとつた作品に、幕府の政治や封建社会の条件に対する批判は一言も見当りません」と述べている。[17] たしかに中村が言うように「その筋に提出された報告書」に「幕府の政治や封建社会の条件に対する批判」を書くことは不可能だと言ってよく、一見「大概記」の記述も「御公儀」にへつらっているかに見えるが、よく読めばそのアイロニカルな筆致が時にほとんど直接的なまでに辛辣であることに気づくだろう。

たとえば、八丈島三根村の農家三右衛門が青ケ島島民のために金を出すことを、「御公儀おきき済みに相成り候ゆゑんのものは、青ケ島のものどもは故郷を焼け出されし身ふつつかものの故にして、また三右衛門は身分いやしきもの故」であろうと書き手は書くのである。しかも「御公儀におかせられては頭ごなしにものどもを叱り置く島役人をお差しむけに相成り、また割り竹の刑罰など用ひる役人衆をたまたまお差しむけに相成りしとの由に御座候」と役人の横暴にまでさらりと触れ、島民の態度については次のように述べる。

〔…〕ものども左のごとくつねづね役人衆に詫びごといたせし慣はしとの由に御座候。青ケ島の痩せおとろへし百姓ども島を焼け出だされて八丈島に参り、多くは群れをなし海辺をさまよひ磯の貝などとりあつめ候儀八丈島お役人衆には目障りにて、素裸にて人里ちかくあらはれる仕儀お法度に相成り候との由、重々存じ奉り候につき御勘弁ねがひ上げ奉りたく、身ふつつかにして故郷を追ひはらはれ候段かへすがへすも恐縮至極に存じ奉り候。右のごとくまことに何の奇もなき侘びごとにて、ただ虫のごとく素直に辛抱づよき気概の侘びごとに候。人間はこれにも増して虫に似ること難中の難事かと拝察つかまつり候。

このような言葉はあくまで代官に宛てられた言葉として読む必要があるのであって、「身ふつつかにして故郷を追ひはらはれ候段かへすがへすも恐縮至極に存じ奉り候」というような言葉を本心からのものと捉えてはならないことは言うまでもない。「右の如く何の奇もなき詫びごとにて」というのは、もし本当にそう思っているのならばわざわざ記す必要のない言葉である。従って、「人間はこれにも増して虫に似ること難中の難事かと拝察つかまつり候」という言葉から読み取るべきは単なる嘆息ではなく、決然たる抗議の意志に他ならない。

このような「政治の暴虐」（中村光夫）は『八丈実記』にも柳田の「還往記」にも見出せないものであり、「大概記」に独自なものである。しかもそれを直接的な批判としては書けなかったという状況そのものがここには描かれているのであって、それは「非常時」のかけ声のもと着々と整備されつつあった総力戦体制への直接的な批判が述べられなくなっていた執筆当時の状況ともパラレルなものだと考えることができる。直接的な批判を行なえば発禁になる恐れがあるし、少なくとも伏せ字は避けられない。井伏をはじめとする作家たちは、否応なくアイロニカルな表現を身につける必要があったのだ。江戸時代のことを書いているはずのこの作品から、そのような執筆時の時代状況までもが透けて見えてきはしないだろうか。

「大概記」には『八丈実記』にない挿話がいくつか含まれているが、そのなかでもイシネの話と、その孫娘のシンの話は特に印象深いものだろう。イシネは「とくべつ亭主おもひにて容色あり」という女だが、亭主の彦太郎が留守の間に「入水して相果て」たと言う。そのため「このもの不在のみぎり役人滝山総四郎がイシネに不義して書き送りたる書きつけ二枚を彦太郎は念入りに奉書に包み水引きかけて滝山総四郎のもとに届け還し候ため、右地役人は痛く驚き怒りて彦太郎を捕へお上を憚らざる段まことに不届至極なりとて割り竹にて彦太郎を打ちすゑたるおもむきにて、彦太郎儀、吐血して相果てたりと申す由に御座候」ということになったのだ。ここでも書き手は「されど島のものども地役人滝山総四郎の非を訴人いたす了見毛頭これなく」などと書くのだが、そういった言葉を素直に受け取ることはできないのであって、字義通りの意味とは裏腹に、イシネに言い寄った滝山という地役人の横暴が強く読者には印象づけられるはずである。

そのイシネと彦太郎の孫娘のシンは、「季節の蕪根つまんとて蕪畑におり立ち候ところ、なにものかにさらはれ行方しれず」になるのだが、「権十郎が家の屋根棟に打ち伏して気絶」しているところを発見される。シンが言うには、「蕪畑にて蕪掘りかへしてゐたるに五体は矢庭に身軽くなりて天空に舞ひあがり〔…〕とかくつかまつり候うちに山焼けの火雨のごとく唸りを立てて下界に落ちたり」ということらしい。その後、名主次郎太夫が「右のシンを権十郎に嫁がせ」たことについて書き手は「せんだつての卯月十三ぱつちりの日に権十郎ならびにシン両名のもの法度を破り男女の行きさついたせしおもむきにも浮名いたされ候やう考へられ候へども、右の男女両名は決して左様の儀にてはこれなく候」と書くが、これも字義通りには受け取れないだろう。この挿話は「政治の暴虐」とは関係ないものであり、読者の心をなごませるようなものである。だが、「法度を破」ったはずの二人に対する次郎太夫ほか島民たちの鷹揚な措置には、シンの祖父母の悲運が少なからず影響していたに違いない。

それでは次に、第二の点について見ていこう。先述したように「大概記」の書き手は「島方の医師」とされている。もともとは「大阪を出帆してより紀州沖にて吹きながされ、はるばる当青ケ島オフネガ浦にながれよ」った破船から徳右衛門という老人によって救い出され、「爾後わが身は右老人の在家に引きとられ、ここを根城に島ばなれの医家のごとき空莫たる身の上となり果て」たということなのだが、このような書き手の設定が「大概記」を故郷回復の物語から遠いものにしていることは明らかだ。書き手にとって青ヶ島は故郷ではなく、あくまで異郷の地なのであり、島民たちとの間には埋められない距離がある。そんな書き手は、「島方の百姓儀、反つて山川草木より折檻うけたるも同然の有様にて、まして漂民くづれのわが身においては安閑と医家になりすましたる横着な仕儀、いかやうにも心苦しく居たたまらぬ心地に御座候」と書く。故郷へとやっと帰り着いたはずの島民たちの生活も決して安閑なものではなかったのであり、そのようななかで書き手は自らの異質性をいっそう認識せざるを得ないのだ。

だが一方で、この作品では島民同士もまた同質的なまとまりとしては描かれていないことに注意すべきだろう。たとえば、「従前の名主とは異なりこころだて爽やかにして私欲なく」とされる次郎太夫にしても、他の島民との齟齬を露呈している。青ヶ島に島民たちが戻るにあたって、土地の分配をどうするかを「御公儀において竿入れの儀仰せ出ださるみぎり、めいめい掘り起しの分に高札をたて悶着これなきやう談合」した際の場面である。

名主次郎太夫が「当島山の山川草木は人間めいめい縄張りいたして摑みとるべきものにあらずして、去る天明の山焼けの節めいめい同船して救命せしごとく、ともども開発しともども均等に分担仰せつけられ一身の救命をはかるべきこそ本来の義なり」とほとんど共産主義的でさえある提案(18)をしたのに対し、老人徳右衛門が「これは日ごろの大人の御意見とも思はれず、めいめいが一所懸命になり御年貢の黄紬を半反なりとも多く納め奉ることこそ一身の面目に候」と反論したのだ。そして、次郎太夫の「されば鰯など幾万びきともしれず群れをなして大海を游ぎぬけ、めいめい落魄するもの一ぴきとてこれなく、めいめい潑剌たるは山川草木の本来の義にしたがふ故なり」という答えがいっそう徳右衛門の機嫌を損ねることとなり、「これはまた大人の言葉とも思はれず、この老漁夫を鰯など百虫の末葉にたとへられし儀、近来の不祥事なり」と徳右衛門は涙さえ流す始末である。

次郎太夫も徳右衛門も悪い人間というわけではない。ただ、考え方の基盤が全く違うのだ。このような島民同士の齟齬は「還往記」はもちろん、『八丈実記』にも全く描かれていない。[19]「故郷」を同じくする者同士の間でも埋められない距離の存在を示すことは柳田の「一国民俗学」が目指していた方向とは背馳するものであったろうし、「非常時」や「挙国一致」が叫ばれるなかでも確実にあった内部分裂の状況を描くこと自体が一種の「プロテスト」になっているとも言えるだろう。

そして重要なことは、そのような決して解消されない齟齬を抱えている人間同士が、それでも共に生きていくことなのだ。もちろん青ヶ島島民の場合そうしなければ生きていけない状況にあったわけだが、異質なものの排除ではなく、齟齬の安易な解消でもなく、互いの異質性の認識をともなった緩やかな連帯こそが、「非常時」における一つの可能性としてここでは措定されているのではないだろうか。

六　「日本への回帰」の相対化

井伏は「私自身の問題」（『人物評論』一九三三・一一）という文章のなかで、「出版界の不況と非常時といふことのために、作家が生活態度を変へるやうなことはないだらうと理想的な理論をいふ人があるが、この荒涼とした現実において、さういふ賢い理論をいふ人は、このごろ転向を声明する作家たちを余分に苦しませるだらう」と言い、「煩悩具足のわが身は、もしも酒の座興などで間違ひのことがなかつたと翌る日になつてわかつたなら先づよかつたと胸を撫でおろし、いづれどんな馬鹿なことをいつてもそれが法にはづれてゐないやうになるときが来るのを私は私に切望してゐる」と述べている。[20]

いつもながらの韜晦した文章ではあるものの、「記録すること自身一つの社会的プロテストであるやうなものである」として井伏の文章を高く評価した中野重治の行為が、決して的外れなものでなかったことはよくわかるだろう。そしてこのような認識のもとで「青ケ島大概記」は書かれたのだ。「史実ものについて」（『帝国大学新聞』一九三五・一二・一六）では、井伏は「私は史実に自分を託すといふよりも、むしろ時代を託して書いてみるつもりであった。現世への鬱憤も反抗の心持も自分で秘かに癒しながら、しかも外面さりげなく史実に託して書けさうなところに史実小説を書く面白さがある」と述べているのである。

この時期、転向作家たちがとった戦略は「記録」や「歴史」に活路を見出すことだったが、この後、日中戦争の開戦を一つの契機として、記録文学は戦線ルポルタージュへと収束していくこととなる。[21]

歴史小説もまた、「日本への回帰」という現象と重なるものだ。戦争という現実のなかで、どちらも単純には「プロテスト」として評価しがたい難しい問題を抱えていくことになるわけだが、三節で引用した藤森の言が既に「不安」の解消のために「歴史」=「日本」にアイデンティファイする傾向を示していたことからすれば、それはことさら意外な展開ではなかったとも言えるかもしれない。「青ケ島大概記」が、この時期の転向作家たちの戦略に重なるものを持っていたことは間違いないが、しかし同時に、この作品は転向作家たちがその後陥っていった「日本への回帰」という現象をあらかじめ相対化したものでもあったのである。従来ほとんど見過ごされてきたこの井伏作品の積極性こそが見出されなければならない。

「非常時」のかけ声のもと着々と総力戦体制が整えられていくなかで、井伏が辿っていった軌跡はまことに興味深いと言えるだろう。井伏はこの後、「記録文学叢書」の一冊として『ジョン万次郎漂流記』(河出書房、一九三七・一二)を執筆することになる。それはまさに漂民が「日本」への帰還に失敗することを描いた作品であることからして、本作の延長線上に位置していることは明らかである。

第五章　〈あいだ〉で漂うということ、あるいは起源の喪失

――『ジヨン万次郎漂流記』

一　漂民と庶民

　漂流、あるいは漂民というものに、井伏鱒二ほど興味を示し続けた作家はいないだろう。「日本漂民」（『作品』一九三二・八）、「無人島長平」（『中外商業新報』一九三五・五・二八～三〇）、「長平の墓」（『作品』一九三五・八）、「日本語学校」（『改造』一九三六・七）、「漂民と学校」（『改造』一九三七・四）といった一連の随筆において、井伏は大黒屋光太夫、仙台の津太夫、無人島長平やロシアで日本語を教えた漂民たちを取り上げ、漂民への一貫した興味のありようを示している。小説では「日本漂民」での記述を利用した「オロシヤ船」（『新潮』一九三五・一二、『中央公論』一九三六・四、『東陽』一九三六・九）や『一路平安』（今日の問題社、一九四〇・九）があるし、戦後には『漂民宇三郎』（講談社、一九五六・四）が書かれている。あるいは逆に、「素性吟味」（『オール読物』一九三七・九）や「仏人マルロオ南部藩取調聞書」（『新潮』一九三八・七）など、異国から日本に来た漂民を描いた作品もある。厳密には漂民というわけではないが、都落ちし、西海に漂泊する平家の公達の少年を主人公とした

『さざなみ軍記』（河出書房、一九三八・四）も同じようなものとして挙げることができるかもしれない。それら「漂流もの」のなかでも『ジョン万次郎漂流記』（河出書房、一九三七・一一）は直木賞を受賞したこともあり、最も有名な作品と言えるだろう。

だが先行研究において、『ジョン万次郎漂流記』はどうも井伏の作品史に明確に位置づけられていないようなのだ。井伏研究の泰斗である東郷克美にこの作品を扱った論考がなく、戦前から戦後までの井伏作品の流れを概観した論考[1]においても、この作品は名前が挙げられているのみで具体的な言及がなされていないことは実に象徴的であるように思われる。

要するに、井伏作品を「庶民文学」などという従来の評価で括ろうとすると、『ジョン万次郎漂流記』をはじめとする「漂流もの」はいささか据わりが悪いようなのである。「井伏文学といえば日常性、あるいは平凡人の、庶民の世界といわれる。しかし、その日常性たるや、どうも普通でない方向からの視線がときどき目にとまる」と言う松本鶴雄は、その矛盾を次のように解決してみせる。

> 所で話を「漂流もの」に戻せば、いささか図式的に説明すると「日常→漂流→異郷→幽閉→脱出→回帰」という類型が見られる。最初の〈日常〉から再びもう一度、あるいはもう一つの〈日常〉に回帰するまでの物語である。〔…〕『ジョン万次郎漂流記』は典型的な回帰の円環を描いてみせる。それは波乱万丈の、希有な幸運に富んだ回帰でもあった。『山椒魚』の幽閉からの道は長かったというべきだろう。しかし、逆に言えば『山椒魚』の場合、脱出や回帰を書くことが出来ない、作者側の〔…〕内面的苦渋があったわけだ。だから十数年の歳月を要し、ようやく「幽閉→脱出→回帰」の展望を手に入れたのはジョン万次郎だけでなく、作者自身でもあったろう。[2]

こうして『ジョン万次郎漂流記』は「庶民文学」としての井伏イメージにほどよく回収されるわけだが、しかし、この作品において万次郎たちは日常に「回帰」していると言えるだろうか。「最初の〈日常〉」とはちがう「もう一つの〈日常〉」であったにしても、それは「回帰」と呼べるようなものだったのだろうか。

もし松本の言うごとく、『ジョン万次郎漂流記』が日常への「回帰」を描いた物語なのだとしたら、それは「日本への回帰」という同時期に顕著になりだした現象に呼応したものだと言うことができるだろう。だが、「日本への回帰」という現象と井伏との関わりを考える際には、前章で取り上げた「青ケ島大概記」は見逃せないだろう。その小説において書き手として設定されていたのも、青ヶ島にたまたま漂着して、今では「島方の医師」として暮らしている漂民であった。「無人島長平」や「長平の墓」で井伏が取り上げた無人島長平が、鳥島という無人島に漂着してから十三年目にやっと脱出して辿り着いたのはその青ヶ島であったのであり、近藤富蔵の『八丈実記』にはそのことについてのかなり詳しい記述がある。「青ケ島大概記」の書き手を設定する際、井伏の頭の中にはこの長平の存在があったのかもしれない。そして長平たちが脱出してから約四十年後に、同じ鳥島に漂着したのが万次郎たちなのであった。そのことは、「青ケ島大概記」の延長線上に『ジョン万次郎漂流記』が位置していることを示している。(3) つまり結論を先走っていうならば、この作品もまた「日本への回帰」という現象に寄り添いつつ、実はそれを裏切っている小説に他ならない。

井伏作品を「庶民文学」として高く評価した杉浦明平は、『ジョン万次郎漂流記』などについて次のように述べている。

> 井伏はそのとき何をしたか。われわれは、〔…〕井伏らしく強権によつて迷妄にとじこめられながらも、なお新しい世界をあこがれてやまない鎖国の民たちに、戦時下の日本人民の原型をみとめた。かれのえらんだのは〔…〕少くともわれわれの官製の歴史にはめつたに姿を見せないような漂流せる漁夫たちであつた。「オロシア船《ママ》」「ジヨン万治郎《ママ》漂流記」その他にはそういう常民の自由と解放へのあこがれがかすかにうごいている。そして、その中で泰西の文物に対して子供らしい貪るような関心を示すとともに、さまざまな喰いちがいや滑稽はあるものの、紅毛碧眼のキリシタンバテレンの国人が決して教え込まれて来たごとき畜生、魔物どころか、むしろ日本の役人よりはるかに人間性に富んでいることに驚きの歎声を発せさせている。われわれは、そこに井伏があの暗い季節に生きる国民のゆるぎない聡明さを代表しているのをみとめないわけにはゆかないのである。(4)

だが、「鬼畜米英」などと言われ出したのは『ジョン万次郎漂流記』が刊行された数年後だという時期的な錯誤については措いておくとしても、このような評価は漂民たちを「戦時下の日本人民」や「常民」、あるいは「あの暗い季節に生きる国民」という言葉に押し込めてしまうことによって、この作品が持っている批評性を矮小化してしまうことにつながりかねないのではないか。

「国民文学」を「庶民文学」と言い換えたところで、そうした枠組みが拭いがたく保持している視野狭窄が解消されるわけではない。国内のことにしか目が向かない、あるいは「国家」を単位としてしかものが考えられないというのは、右か左かといった政治的立場に関わらないものであるらしい。

そして、『ジヨン万次郎漂流記』とは、そうした視野狭窄をこそ打破する可能性を秘めている小説なのではないか。「国際化」や「多文化主義」といったかけ声が声高に叫ばれる現在において、この作品を読み直す意味もまた、そこにこそあるに違いない。

二　万次郎はどう表象されてきたか

『東京朝日新聞』（一九三三・五・二六）に「日米交歓／打ち解けた午餐会で大統領の昔話／『漂流の漁夫中浜万次郎を救った余の曾祖父』」という記事がかなり大きく出ている。時のアメリカ大統領ルーズベルトの曾祖父が万次郎を救った船長（実際には船の株主の一人）だと大統領自身が述べたことを伝える記事には「注」がついており、「中浜万次郎とはもと土佐の少年漁夫で出漁して漂流し前記の如く米大統領の曾祖父の船に救はれて米国にともなはれて教育を受け後帰朝し幕末当時の新知識として尊重され、幕府の遣米使節渡航の際は通訳の任務を負ひて勝海舟等と共に咸臨丸で渡米し日米親善に功績あつた人、医学博士中浜東一郎氏（七十七歳）はその息である」とある。この当時、万次郎は新聞においてこのような注釈が必要だと判断されるくらいの知名度であったのだろう。その記事にはまた「『大統領の曾祖父が船長とは初耳だ！』／東一郎翁感激談」というインタビュー記事も付随しているのだが、その中浜東一郎は三年後に『中浜万次郎伝』（富山房、一九三六・四）という父親の伝記を著わすことになる。[5]

吉田精一は、井伏の『ジヨン万次郎漂流記』と『中浜万次郎伝』とを比較して、次のように述べている。

「ジョン万」が出版されたのは昭和十二年の末で、二・二六事件のあとにあたり、国粋主義がさかんで、自由主義が排撃されつつあった時期である。げんに一年前に出た「万次郎伝」には、万次郎と佐久間象山等との交渉などを特筆し、吉田松陰の渡米計画も万次郎の漂流を手本としたものであって、当時の志士を大いに刺激したというようなことをとり立てて述べている。

しかるに井伏はこの種のことに全く興味をもたぬ風で、時勢に迎合するけはいはいささかもなく、もっぱら漂民生活と、漂民に対する幕府のきびしい処理に関心をあつめた。(6)

また、伊藤真一郎は『中浜万次郎伝』について、「開国から維新へと動いてゆく国家の大情勢に多大の貢献をした人物として万次郎の足跡を描く、そうしたところに、本書の主眼がある」が、「詳細かつ実証的な記述がなされて」おり、「万次郎に関する史実を最も詳しく正確に知る上で、本書は、昭和十二年の当時、随一のものであったと言ってよい」と高く評価している。(7)

だが伊藤によれば、井伏が『ジョン万次郎漂流記』を執筆するに際して参看したのは『中浜万次郎伝』ではなく、石井研堂『中浜万次郎』(博文館、一九〇〇・五)であるという。しかしこのことはそもそも、初刊本のなかに「(この顛末は前述の書「ゴールド・ラッシュ」第三章に詳しく書いてある。石井研堂翁編「漂流奇談全集」から引用したといふことであるが、本書の内容もまた研堂翁の著「中浜万次郎」その他によるものである。)」と注記されていたものであった。『ジョン万次郎漂流記』は「記録文学叢書」の一冊として刊行されたものなのだが、同じ叢書の木村毅『ゴールド・ラッシュ』(河出書房、一九三七・七)に言及する箇所で、井伏はちゃんと種明かしをしていたのである。(8)

研堂の『中浜万次郎』は「少年読本」第二三篇として刊行されたものであり、伊藤前掲論文は「日清戦勝から日露戦争へと突き進む明治の国際情勢を背景に、一般庶民の間に海国日本の海外雄飛のロマンティシズムが、盛んに醸成されつつあった時期」にそのような「世情に呼応して執筆されることになった、少年向けの海洋冒険譚の一冊」であるとしている。

実際、研堂の文は「夫れ我国は、屹然として東洋の表に浮み、五畿八道の岸は常に銀濤に噬《か》まれ、遭運漁猟の船は常に四海に旁午《ほうご》す」と書き出され、そのように海に囲まれた国であるにもかかわらず、海上へと繰り出す冒険談が甚だ少ないことを嘆いてみせる。「然らば則ち我国終に海上の一偉人はなきか。曰く有り〳〵、地球上を航海せしこと、手毬に纏へる綵糸《さいし》の如く、両極を比隣と為し、東西二洋を合璧と為し、海若を叱咤し天呉に鞭ち、蒼溟の真空気を呼吸せる世界的大偉人あり、土佐の漂客中浜万次郎その人なり」。だが、「文に詩に之を伝ふる者も亦稀なり。豈これ国民教育の為めに憂ふべき、海国文学上の一大闕点に非ずや。是を以て予首として万次郎伝を紹介し、他日百千の新万次郎が読者中より輩出し、海上に殊勲を立つる者の、陸上の者に減ぜざる偉観を盛粧するに至らんことを期待せんとす」とされたうえで、ようやく万次郎の物語が始められるのである(9)。その啓蒙的な意図は明らかだろう。

ちなみに『中浜万次郎』には、次のような但書が附いている。

本書は、「漂海異聞」、「漂民紀事」、「漂民聞書」、「漂客奇談」、「土佐漂流人口上」等を根拠とし、数種の地図、近世の雑史を参照して編成したれども、中浜東一郎君の貸されたる材料と、戸川残花君が「旧幕府」に書かれし「中浜万次郎君伝《ママ》」とは殊に予に益を与へたり、資料の拠る所

を示し、併せて両君に謝す、

つまり、研堂の『中浜万次郎』もまた数種の資料、なかでも戸川残花「中浜万次郎伝」に多くを負っているのである。残花の文はもともと「中浜万次郎氏の伝―漂流実話―」として『毎日新聞』(一八九六・七・二八～八・二二)に連載されたものであり、若干の加筆訂正を行なったうえで改題して『旧幕府』(一八九七・六、八、一〇)に再録、さらに中浜東一郎の紹介で『海軍』(一八二六・九～一九二七・九)に再々録された。(10) 残花の「中浜万次郎伝」には次のような記述がある。

英国の文豪デフオーが著したる「ロビンソン、クルソー」は架空の人物なれど、英国民の頭脳には実在の人となれり。〔…〕かゝる架空の人物をさへも尊重して敢為剛胆の気象を養ひ得たらんには中浜万次郎氏の如き実在の人の伝記を読む者が敢為強胆の精神を振起せざることなかる可きやは、嗚呼日本は将来に海上の覇権を掌握するの望なくば止まん、好漢もし覇権の望を負はゞ宜しく中浜氏の伝記を読みて海上の鯨波を叱咤する勇猛心を養ふ可きなり。(傍点原文)

このように残花も「日本」が「将来に海上の覇権を掌握する」ために学ぶべき対象として万次郎を顕彰するのである。要するに万次郎とは、「我国」を代表する「世界的大偉人」、国家有為の士として語られる傾向があったのだ。

それは時代が下っても変わらない。橋詰延寿『万次郎漂流記』(大日本雄弁会講談社、一九四〇・六)に附された「序」で池田宣政は、万次郎が「米国で身につけた新知識を日本の文化の進歩に役立たせた」のは「立志小説以上の感銘深い立志伝である」とし、続けて「彼は非常に母親思ひの孝子であり、また長い外国生活の間、祖国日本の姿を一日も忘れたことのない愛国者であつた」とするのだ。橋詰の著作の章題を順に記すと、「大洋に迷ふ」「無人島の生活」「捕鯨船の上」「日本人の誉」「なつかしの日本」「祖国のために」となっており、その目指すところは明らかである。貴司山治《きしやまじ》『ジョン・マン航海記』(国華堂日童社、一九四三・六)に至っては、「昭和の少国民諸君は、わざわざ漂流する必要はないが、一旦海外に出たら、このジョン・マン少年のやうに、勇敢で大胆な日本人の精神を発揮して、大東亜日本の新しい国民たる面目を示さなければならないと思ふ」とされ、万次郎は時局に都合よく利用される存在と成り果ててしまう。貴司の著作は、次のような一文で終わっている。「天皇陛下は中浜万次郎の国家に対する功績をおぼしめされて、昭和三年に正五位の位を追贈あらせられた。まことにかしこいきはみである」。

また、直接万次郎について述べられたものではないが、吉岡永美(福本和夫)『漂流船物語の研究』(白林書房、一九四四・五)では「我が漂流船物語には、そのすべてに、烈々たる日本的自覚の横溢が見られる。垢離を取り身心を清めて、事毎に指針の御示を伊勢宗廟に仰ぎ、漂着地点への上陸に際しては、船頭自ら船神を捧持してあがる。其の崇高きはまりない光景は、恰も敵前上陸する皇軍将兵が、軍旗を捧持して上がるに似たるものがある」としている。吉岡の著作においては、多くの漂流記が「日本精神」の顕彰の材料として流用されることとなったのである。

もちろん太平洋戦争の只中に刊行された貴司や吉岡の著作と、日中戦争開戦の数ヶ月後に刊行された井伏の『ジヨン万次郎漂流記』とを同じ基準で比較することは公平ではないだろう。だが、井伏のその小説は、直接の典拠とした石井研堂の『中浜万次郎』や戸川残花の「中浜万次郎伝」、あるいは中浜東一郎の『中浜万次郎伝』に比べても、国家有為の士として顕彰しようとする意識はかなり稀薄なのだ。その様相については次節以降で典拠との比較を通して具体的に検証していくこととするが、ここではさしあたり井伏の『ジヨン万次郎漂流記』が万次郎を「我国」を代表する「世界的大偉人」などとしている典拠の記述をことごとく採用していないことを強調しておきたい。

三　漂民の「日本」意識

伊藤前掲論文は、研堂の『中浜万次郎』と井伏の『ジヨン万次郎漂流記』の「作品全体を対照して見てゆくと、相違の大きく目立つ箇所の方が実際には多い。しかし、その相違は、典拠の叙述内容の取捨選択・拡大縮小、あるいは新たな内容の付加によって生じたものであって、井伏作品の、研堂作品への依拠関係を些かでも疑わせるものではない」としている。[11] 以下では、「典拠の叙述内容の取捨選択・拡大縮小、あるいは新たな内容の付加」の具体的な様相を見ていくこととしたい。そうすることによって、『ジヨン万次郎漂流記』において、実際には何が描かれているのかということも明らかになるはずである。

まずは無人島漂着の場面について見ていこう。研堂の『中浜万次郎』では次のように描かれている。

さて、此島といふは、周廻一里に過ぎざる①突兀たる嶤确の孤島にして、嶙峋たる巌石争ひ起り、②剣の山といふものゝ如し。近年我国の領属たることを明にせし、鳥島ならんかといふ。③一同は、先づ水を得んとして、手を分けてこゝかしこに攀ぢ登り、人家をさがしたれども、小屋一とつの影だになく、④唯僅に小さき茅篠などの、さひしげに自生するあるのみなり。さては無人島なるかと、尚ほ東岸の方を探りしに、⑤磯岸に、二間四方内外の巌窟あり、其中をのそき見けるに、曾て人の棲みしと思はるゝ痕跡もありたれば、⑥これ屈強の棲み場所なりと、何れもこゝに居を定め、飲料水を索め歩きしに、とある巌石の凹める面に、僅かばかり雨水の溜りありけるを得たれば、顔を石面に当てゝ喉を湿しぬ。⑦此夜の臥処はかの巌窟なり。皆窟内に入りて首を集めしが、⑧寒風料峭として肌寒きに、せめて一枚の褥もなきことなれば、如何にして眠るべき。破船の板の磯に寄りつけるを拾ひ来れるがありければ、それを入口に立てかけしも、素より吹き入る風を防ぐには足らず。⑨皆々衣物を脱き集めて、一枚の夜具となし、互に手を組み肌を合せ、一つの肉団となりてまどろみけるが、聞くも浅ましき有様なり。〔…〕

さて、島内には、これぞといふ生類も見当らざれども、鴻《ひしくひ》ほどの大さの、⑩信天翁《あはうとり》と呼ぶ大鳥夥しく群れ居て、⑪雪の積りしかと疑はるゝばかりなり。⑫昨日も捕りしことなるが、万次郎、岩間を攀ぢて近つけども、飛び去りもせず卵を抱く。礫をなげて之を殺せば、其捕るゝこと拾ふよりも猶易し。⑬一刻にも満たざるに、数羽を獲てければ、之を提げて岩屋に至る。皆々これ天の与ふる所なりとて、⑭船釘の尖などにて肉をむしり、舌鼓うちて啖ひけり。〔…〕

これよりは、夜は常に巌窟の中に宿し、昼は鳥を啖ひ水を飲み、⑮日和よき日には、磯を伝へて貝を拾ひ、或は⑯鳥肉を石にて舂《つ》き爛らし、之を石上に干し乾かしたるを石焼と唱へ、僅かに飢渇を凌ぎしが〔…〕

それが井伏の『ジョン万次郎漂流記』では次のように描かれる。

この島は周囲一里ばかりと思はれる無人島であつた。①突兀たる盤石が争つてそそり立ち、④草木といつてはわづかに茅が生えてゐるだけで、地獄絵に見る②剣の山といふのはこれを見て創案したのではないかとさへ思はれた。③漂着した五人のものは先づ飲料水を見つけるため、それぞれ手分けして岩間の清水をさがしまはつた。すると⑤磯を見おろす岩根のかたはらに、二間四方もある岩窟が見つかつた。その入口には貝殻がいつぱい散らばつて、かつて人の生棲した跡ではないかとも思はれた。岩窟のなかには朽ちた一本の丸太が恰も枕をして寝てゐるやうに、枕の型をした石を枕にしてころがつてゐた。⑥五人のものはとりあへずこの岩屋のなかを掃除して、ここを当座の棲み家とすることにした。彼等は再び手分けしてそこかしこさがしまはつた挙句、漸く岩の窪みに溜つてゐる雨水を見つけた。彼等にとつてはその水溜りが唯一無二の井戸にほかならなかつた。彼等は唇をその水溜りに押しあてて喉をうるほした。しかし食物にする草根木皮はどこをさがしても見つからなかつたので、⑩岩山におびただしく舞ひおりてゐる藤九郎(信天翁のこと)を手摑みにしてその肉を鱈腹たべた。

⑦その夜、彼等は岩屋のなかに寝た。⑧入口から冷たい風が吹き込んで、それに敷物もないので肌寒くて眠ることが出来なかつた。それで月明りをたよりに磯に出て、流れ着いてゐる破船の板や帆布など拾つて来て岩屋の入口を塞ぎ、⑨五人の著物を脱ぎ集め一枚の夜具と見立て、お互に素裸と素裸を組み合せ一つの塊りとなつて寝た。しかし肌寒いといふよりもお互に淋しくて、何か話し合つてゐなくてはぢつとしてゐられなかつた。

伝蔵は云つた。

——この島は何といふ名前の島だらう？〔…〕海に慣れてゐる伝蔵にさえもわからないことは、他の四人のものにわかる筈がない。寅右衛門は云つた。

——この島は日本の領地だらうか？〔…〕

伝蔵は云つた。

——世界のはては東西南北みな同じやうに、行くところまで行けば東西南北みな世界のはてにきまつてゐる。〔…〕今日この島に着いたが最後、この島で朽ちはてるよりほかはないだらう。しかしながら考へやうによつては、今日この島に着いたのが天地初発とも考へられぬでもない。みんな気を大きくして、さういふことにしたらどんなものだらう？

他の四人のものは、ではさういふことにしようと答へ衆議一決した。つまり現代の言葉で云ひなほせば、当日をもつて無人島紀元元年の第一日と定め、おのおのその生命を慈しみ人生に対する懐疑を棄てようといふ説である。

翌日は即ち無人島紀元元年一月十四日であつた。

五人のものは日がさめると、食べものを捜しに打ち連れて岩屋を出た。この日は⑮前日から引続いての荒れ模様で、磯の貝を漁ることは危険に見えたので、⑫前日と同様に藤九郎を捉へた。この鳥の肉は貝の肉よりも味が劣るのである。
⑪藤九郎の群れは岩山が真白に見えるほど無数に舞ひ降りて、この鳥は人が近づいて行つても逃げようとしなかつた。それで捉まへては捻り捉まへては捻り、⑬一と時もたたない間に背負ひきれないほどたくさん捻り殺し、それを岩屋に運んで来た。さうして磯に打ち上げられた⑭船板の釘で鳥の肉を割き、⑯食べ残りの肉は石で舂きほぐし乾肉にした。彼等はこの乾肉を「石焼

き」と名づけ、また趣好を変へ塩づけなどにして貯蔵することにした。

対応する箇所に番号と傍線を附したが、比べてみればわかるように、後者は前者の叙述に大きな流れとしては従いつつも、しかし細かいところではかなり順序を入れ替えていることがわかる。目につく相違点としては、前者の「近年我国の属領たることを明にせし、鳥島ならんかといふ」という文がなくなっており、代わりに漂民たちの会話を具体的に描写し、そのなかに「この島は日本の領地だらうか？」という科白を入れている点が挙げられるだろう。外国との境界に身を置くことになってはじめて「日本」が意識される。ここでの「日本」意識というのが漂民たちの身体感覚に基づいているという点に注意したい。それは前者のごとく境界が確定した地点から記す態度とは似て非なるものである。前者で出ていた「鳥島」という固有名は後者では登場しない。ここでは、万次郎たちが漂着した無人島は、あくまで国家の帰属が不明確な場所に留められている。

しかもその際に漂民たちは、無人島に漂着した日を「無人島紀元元年の第一日と定め」るのだ。これは明らかに、執筆時の三年後に迫った「皇紀二千六百年」を意識したものだろう。新居格《にいいたる》「一九四〇年」（『読売新聞』一九三六・八・一）は次のように述べている。

一九四〇年。その年につながれた我々の心には明るい親和性が感じられる。二、三年この方我々は「非常時」の声に依つて常に間断なき緊張を要請されて来た。今日の日本が文字通り内外多事であるのはいふ迄もない。その意味では、依然として「非常時」であり、益す「非常時」であると云つてよからう。しかし、沈着に現実と取組むやうになつて居る国民に対しては、掛声はもう要らない。

　さうした時勢の切迫感の中にあつて、一九四〇年と呼べば、明朗が答《ママ》へるものが生じて来た。即ち皇紀二千六百年記念の万国博覧会が東京に開かれるのを始めとし、種々の国際的催しが日本を中心に行はれる予定になつてゐる。〔…〕以上のことを考へると、一九四〇年は我々の心境を爽やかな海闊に向つて披く感がある。一九四〇年のもつ時代的意義は考察に値すると思ふ。


一九三〇年代の前半から「非常時」が盛んに叫ばれていたのだが、そうした不安感を払拭するものとして「一九四〇年」=「皇紀二千六百年」が待ち望まれているのだ。同時期に「日本への回帰」が顕著になったことと同じ現象だと捉えてよいだろう。その後、同年に東京オリンピックが開催されることも決定し、「皇紀二千六百年」に向ける気運はますます盛り上がりを見せた。『東京朝日新聞』（一九三七・四・二五）には「皇紀二千六百年記念／愈々輝かしき第一歩／財団法人『奉祝会』生まる」という記事が出ており、財団法人紀元二千六百年奉祝会の設立を「かくて三年後の皇紀二千六百年を慶祝する挙国的祝典は朝野一致の協力によつて輝かしき第一歩を踏出すことになつた」と報じている。

　そうした雰囲気のなかで右に引用した『ジヨン万次郎漂流記』の場面が書かれたのであり、それは「皇紀二千六百年」へ向けての盛り上がりをほとんど茶化すようなものとなっている。紀元を定めるという壮大な国家的行事が、たった五人の漂民のものとして横領されるのだから。国家が存在しない場所において、時間は国家のものであることをやめる。そこでは、国家が領する時間というものが基本的にいかがわしいものであるということまでもが示唆されていると言えるだろう。

　次に、万次郎たちが米国の船に助け出され、その船長に会う場面を見てみよう。研堂の『中浜万次郎』では次のように描かれる。

や、ありて、五人は船長の前に伴はれぬ。左右には、三十余人の乗組人堂々と居並びて、威儀を繕ひぬ。船長は先づ何か問ひけれども、元より言語の通ずる筈なく、唯双方手真似と手真似、唖の対話に異らざれとも、日本人といふことのみは了解せる様にて、懇切にいたはり、左右の者を呼びて、薬を与へ、筒袖の衣類を着せ、介抱至らざるなければ、先には怖ろしく思ひし五人も、真に大船に乗りたる心地せり。

この部分に対応した『ジヨン万次郎漂流記』の場面は、以下の通りである。

〔…〕万次郎等は船長ホイットフィールドの前に呼び出された。左右には三十余人の乗組員が棒立ちの姿勢でいかめしく立ち並びその厳めしく堂々たる有様に威圧された万次郎等は船長の前に膝まづいた。すると船長は何やら鴃舌の声を発しながら、自由自在な手真似をしてみせた。それは次のやうに命じる手真似であらうと思はれた。

——いや、其方等は膝まづくには及ばぬ、立ちあがれ。拙者は胸に十字架を吊るす坊主ではない。其方等、さあ立て立て。

それで万次郎等が立ちあがると、船長は筒袖衣の懐中から小さな帳面と木筆を取り出して、その帳面に船の絵を描いた。そしてその船に帆柱を一本描き足して、万次郎等の顔とその船の絵を交るがはる指差した。それは次のやうに問ひただしてゐるのだらうと思はれた。

——かくのごとくこの船には帆柱が一本ある。其方等にたづねるが、其方等の乗る船はかくのごとく一本帆柱の船であるか？

万次郎等は「左様で御座います」といふやうに頷いた。船長は「おお、ジッパンニゼ、ジッパンニゼ」と嬉しさうに口走つて、やはり鴃舌と手真似でもつて問ひかけた。〔…〕

船長をはじめ乗組員一同は、まことに懇切な人たちであるやうに思はれた。万次郎等は舳の方の縄束のかげに退いて、みんなで重助の足の布を巻きかへてやつた。重助の足痛は打ち身から来た筋の引きつりで、筋が骨からはづれてゐるやうに見えた。重助は痛い痛いと顔をしかめてゐたが、あの船長は代官くらゐの見識があるかもしれないと云つた。さつき船長の前に立つてゐたとき、我慢できないほど痛みだしたが我慢してゐたといふのである。

前者の「日本人といふことのみは了解せる様にて」といふ記述が、後者では船長の科白として具体的に表現されていることがわかる。船長は万次郎たちの船が一本帆柱であることから、彼らが日本人であるということを理解するのだ。一本帆柱のことは研堂の『中浜万次郎』には出てこないから、おそらく井伏が大槻玄沢『環海異聞』を参照して記述したものだろう。[12] さらにここで注目すべきは「ジッパンニゼ」という船長の発音そのままを写しとったかのような表記が用いられていることである。『ジヨン万次郎漂流記』において何よりも顕著なのは、こうした音への敏感さとでもいえる感覚の表出なのだ。

そしてそれは典拠である『中浜万次郎』にも部分的ながら見られるものでもある。たとえば万次郎が米国の船で捕鯨に活躍した頃、たまたま日本の漁船と遭遇する場面を見てみよう。

〔…〕同年八月ころ日本奥州の沖八十里程の海上にて、二十余艘の日本漁船に邂逅せり。こゝにて帆を巻き、二百余尾の松魚を釣り上けしが、かの漁船よりは、恠《あや》しき船と思ひし様にて、其中二艘は、此方の船近く漕ぎ寄せたり。ジヨン万は、得たりと勇み立ち、兼ねて作りおける日本風のドンザを着、日本風に鉢巻きし、大声あげて、何国の船ぞと問ひたるに、センテイ〳〵と応へにき。

ここで「センテイ」という、表意文字（漢字）ではなく表音文字（カタカナ）による表記がなされていることに注目しよう。この表記は吉田正誉『漂客談奇』の「いづかたの船ぞと申し候所、センテイ〔仙台〕と申し候」とあるのに拠るものだろうが(13)、この科白は戸川残花『中浜万次郎伝』では「大声にて何国の船ぞと問ふに、仙台々々と答へたり」とあり、中浜東一郎『中浜万次郎伝』では「万次郎は甲板より声を張上げて、「此處は何といふ處なりや」と問ふに「陸奥国仙台なり」と答へたれば」となっている。意味というよりも音自体に注目させる研堂『中浜万次郎』の表記は際立っているのであり、井伏が研堂の著作に惹きつけられた理由もおそらくこの辺りにあるに違いない。

この場面は『ジヨン万次郎漂流記』では次のように描かれている。

そして二百尾あまりも釣り上げたとき、日本の漁船は漁場を荒らされるとでも思つたのか或ひは胡散くさい船がゐるとでも思つたのか、そのうちの二艘の船がフランクリン号の方に漕ぎ寄せて来た。ジヨン万はこのときとばかりに急いで日本風の衣服に着換え日本風に鉢巻きをして、舷から大きな声でその漁船に呼びかけた。

「その船はどこの船か！　日本の船と思はるるが、日本はどこの国の船か！」

ジョン万は久しぶりに日本語を発音した。しかも夢のなかでなく正気で日本人を相手に、存分に大きな声で日本語を発音したのである。

「その船は日本の何処の国の船か！　その船は土佐の国の船か！」

すると漁船では、

「センテイ、センテイ。」

と答へた。たぶん仙台といふのを訛つて云つたのであらう。


ここで「日本」という言葉が繰り返されているのは、万次郎の「日本」への思いの強さを表わしている。境界にいるからこそ自らが「日本人」であるということが強く意識され、「日本」を激しく恋い慕うことになる。異国においては「日本」という場所が抽象的に思い描かれ、日本人に出会った場合には、その「日本」の中の土佐か仙台かという「国」の違いも問題にされるわけである。

池内敏は、漂民の「日本」意識について次のように述べている。

石見と長州といった国の境も、日本と異国の国境も、それを何度か越えた経験があり、山の形や海の色で区別できる者にこそわかるものではあるまいか。そこでは厳密に線引きされた複数の領域が区別されるのではなく、幅をもった帯状の境界領域をまたいで区別される。人は点や線を見ることはできないからである。〔…〕そうした曖昧な領域の隅々にまで人の手が及んで計測され、未知で曖昧な領域が狭められていったときに、境界は人為的な線へと変化する。その段階にあっては、人は肌で感じることのできないものを無理矢理に意識させられてしまうのである。[14]

この池内の指摘を踏まえつつ、小林茂文は漂民の「日本」意識と漂流記編者の「日本」意識とにズレがあるかもしれないことに注意を喚起している。[15] 前節で引用した吉岡の著作などは、その差異を無視して自らの「日本」意識に塗り固めてしまった最悪の例だと思われるが、『ジヨン万次郎漂流記』においても、この漂民たちの「日本」意識がどう描かれているのかが問題となってくるはずだ。異国での漂民たちの姿を追ってみよう。

四　異種混交的なアイデンティティ

異国船に助け出された万次郎たちはハワイのホノルルに到着する。『ジヨン万次郎漂流記』では次のように描かれている。

> 万次郎等は殆んど一年ぶりに陸地らしい陸地を目のあたりに見て、とにかくここに一と先づ上陸させてもらひたかつた。しかし船長は彼等を呼んで次のやうに手真似で云ひふくめた。
> 「拙者は其方等に告げる。拙者は只今より上陸して奉行所に出頭する。さうして手続きをする。その手続きは、其方等が一日も早く上陸できるやうにと願ひ出る手続きである。尚ほ、拙者は其方等の宿所を定めて参る考へである。其方等は上陸することを暫く待て。」

五人の代表として伝蔵が手真似で答へた。〔…〕

万次郎等五人は船のなかにとり残され、船長から呼び出しが来るのを待つてゐた。彼等は寄り寄り協議して、もし上陸を許されるにしても、何をして身を立てて行かうかと今後の方針について語り合つた。しかしいずれにしても異人の言葉を覚えなくてはいけないと腹を定め、宿直の水夫たちを師匠にして口のききかたを教はつた。年のせいか伝蔵が一ばん物覚えが悪く、万次郎は一人とびぬけてよく覚えた。

水夫たちは交代で上陸し、船に帰るとき酒気を帯びてゐるものもあつた。船長は陸地で何かいろいろの用務があつたと見え、一箇月あまりたつてから漸く呼び出しに来てくれた。万次郎等は船長に連れられて上陸し奉行所に出頭した。

奉行はドクトル・ジョーヂといふ五十歳あまりの米国人であつた。この人はもと米国の医師であつたといふことだが、この島へ出稼ぎに来てゐるうちに次第に庶民の人望を得て、奉行に推挙されたといふことである。

奉行ドクトル・ジョーヂは万次郎等のまだ見たこともない万国地図を持つて来て、それを彼等の面前に繰り拡げた。そして図面のそこかしこを指で突きながら、簡単な言葉で万次郎等に問ひただした。

「ここか、それともまたここか? 其方等の生国は、しからばここか? それともまたここか、それともまた、ここであるか?」

万次郎は片ことながら幾らか異人語がわかるやうになつてゐた。それで五人のものを代表して万次郎が云つた。

傍線を附した部分は典拠の『中浜万次郎』での記述と直接対応する部分だが、しかしそこでは船長は「拙者」などと言いはしない。「船長いひけるは、われ上陸して事を計らひ、宿泊所をも定めたる上にて上陸さすべければ、それ迄は在船すべしとなり」（石井研堂『中浜万次郎』）。さらに、万次郎らが出頭するのも「奉行所」ではないし、ドクトル・ジョーヂの肩書も「奉行」などではない。「五人は船長に随ひて上陸し、役所に出頭しけるに、ドクトルジヨーヂといふ五十五六歳の官吏出て、ヽ対面す」（同）。『ジヨン万次郎漂流記』においては、近世日本に生きる漂民たちの意識にそった〈翻訳〉が行なわれていると言うべきだろう。

また、ここで注目すべきなのは、ホノルルに到着したばかりの頃は伝蔵が代表して「手真似で」船長と応対していたのに対し、わずか一ヶ月のちには万次郎が代表して「片こと」の「異人語」でドクトル・ジョーヂと応対していることである。もちろんそれは万次郎が五人のなかで最も「異人語」の習得に秀でていたことに拠るものだ。

典拠の『中浜万次郎』にも「中にも万次郎は、立働くこと利発敏捷にて、言葉も他の者よりは早く熟し、漸く片言交りに用を弁ずる程にもなりたれば」と書かれていたところだが、『ジヨン万次郎漂流記』では、それに「年のせいか伝蔵が一ばん物覚えがわるく」という叙述を付け加える。そのことによって、海の知識では五人のなかの誰にも負けなかった伝蔵から新たな場所で有用な言語を習得した万次郎へという、漂民のなかでの主役の交代を印象づけるのである。それまで異人たちの言葉は「鴃舌の声」などと表記されていたのが、「簡単な言葉で」と表記されるようになるのも少しだけ「異人語」がわかってきた万次郎の意識にそったものだろう。

そして「奉行」のどこの出身かという問いに対して万次郎は「私どもはジッパンニゼで御座います」と答えるのだ。「ジッパンニゼ」という他者の言葉を、自分たちのものとして引き受けたとき、万次郎のなかで確実に何かが変化していたはずだ。その後、万次郎は捕鯨で活躍するが、その船において「ジョン万」と呼ばれるようになるのも自然な流れであった。以後、語り手によっても彼は「ジョン万」と表記されるようになる。「ジョン」という西洋人風の名前と、「万」という日本人名の一部が組み合わさることによってつくられたその愛称は、異国の地で形成された彼の異種混淆的《ハイブリッド》なアイデンティティを実によく象徴していると言える。

もちろん万次郎以外の漂民たちも徐々に「異人語」を習得していった。万次郎は捕鯨で活躍した後、ハワイに戻り、寅右衛門に再会する。


寅右衛門はジョン万の顔を見ると大いに驚いて、

「お丶、万次郎ぬし!」

と云つたかと思ふと次ぎは亜米利加語で、

「何といふ珍らしいことか、これは珍らしい再会である。お前はこの地にいつ来たか?」

と云つた。ジョン万も、

「お丶、寅ぬし。」

と云つたが次ぎは亜米利加語で云つた。

「珍らしい再会である。〔…〕」

万次郎と寅右衛門は日本語と「亜米利加語」の両方で語る。「手真似で」、「簡単な言葉で」、「亜米利加語で」、……。『ジョン万次郎漂流記』ではコミュニケーションの手段がその都度くどいほどに明示される。漂民たちは帰国の相談をする際には、「話が秘密に属するので、日本語で相談」するのだ。二つの言語を持つことによって、漂民たちは場面に応じてそれを使い分けるようになる。もちろんそれは彼らが帰国した際にも利用されることになるだろう。

異国の地において、一方で万次郎たちは自身が「日本人」であることを強く意識し、「日本」へ帰ることを切望する。しかし、他方で彼らは異国の地で確実に変化していたのだ。先述した仙台の船と遭遇した場面で万次郎は「皆様方の船は土佐に帰らるる船か?」と呼びかける。しかし仙台の船の船頭は「土佐訛りの言葉が通じなかつたのか合点が行かないやうな顔を」する。語り手は「或ひは彼等は後日のかかりあひをおそれ、言葉の通じないやうな真似をしてゐたのかもしれない」と注釈しており、ディスコミュニケーションの理由は不分明なものとなっているが、ともかく「ジョン万は言葉が通じないものと諦め」ざるをえないのだ。

もっと後に万次郎は「日本」に帰る手段を必死に探している頃、ホノルルに入港した船に乗っている漂民たちに出会った際にも「その日本人の日本語はジョン万にはすこしもわからなかつた」とされている。この時は「使ひを出して伝蔵を呼んで対談させてみると、新来の日本人は紀州日高の蜜柑船天寿丸の船頭寅吉外五人の日本人」であるということがわかるのだから、万次郎の日本語能力に問題があったということだろう。新しい言語を最も早く習得した万次郎は古い言語を忘れ、反対に新しい言語をなかなか習得できなかった伝蔵は古い言語を最もよく覚えていたのであった。

万次郎が日本人と意志疎通ができないという右に引いた二つのエピソードは典拠の研堂『中浜万次

郎』にも出てくるものだが、『ジョン万次郎漂流記』では「日本人」や「日本語」という言葉を繰り返し使うことによって、逆に「日本人」や「日本語」といったものの内実を読む者に問いかける。そこで起きていることは、「日本人」と「日本語」のつながりが当然とされる考え方を揺るがしかねない事態だと言えるだろう。何よりも「日本」に帰りたいと願っているにもかかわらず「日本人」と言葉が通じない「日本人」。仙台の漁師の「日本語」と、土佐の漂民が話す「日本語」との間の越えられない懸隔。言い換えれば、この作品においては、「日本人」も「日本語」も決して同質的なひとまとまりの存在としては示されていないのである。

それは万次郎と一緒に異国へとやってきた仲間であるはずの漂民たちにおいても例外ではない。万次郎が捕鯨船で活躍している間、伝蔵と五右衛門はコーカンの船で日本へ帰国しようとするが、寅右衛門は「其ロヽデ号の船長といへるは、無頼の輩なりと聞きければ、海上にて、又如何なる憂目を見るべきか測りがたきを思ひ、遂に同乗を断りしなり」（石井研堂『中浜万次郎』）。しかし、伝蔵と五右衛門は帰国に失敗した結果ハワイへと帰ってきて、やはりちょうどハワイに帰ってきていた万次郎や寅右衛門と再会して、その経緯を語る。典拠の『中浜万次郎』では、「一伍一汁を物語り、互に慰められつ、話の絶ゆることなきは、骨肉の親みにも劣らざりき」としてそのエピソードは終わっているのだが、『ジョン万次郎漂流記』では、次のような漂民たちのやり取りが描写されるのだ。

伝蔵の物語りをきいてゐたジョン万は、
「しかしコーカンは寅ぬしの云ふやうに腹黒い男とは思はれない。」
と云つた。寅右衛門は、

「いや、腹黒い男である。」

と云つて自説を曲げなかつた。結果から云へばコーカンは初め寅右衛門の警戒してゐたやうに、伝蔵等をだましてロロレデ号に乗船さしたことになる。そして無賃で捕鯨の労役に服務さしたことになる。しかしコーカンは日本の鎖国方針を知つてゐた。危険を冒して自ら松前の地続きに上陸し、人家を捜したり丘の上で野火をたいたりしてくれた。やはり先輩ホイットフイールドに対する気がねから、伝蔵等を置き去りにしなかつたと見るのが妥当であらう。

さらに、その後万次郎はホイットフィールドに会った際に、伝蔵や五右衛門が帰国に失敗した経緯を伝えると、ホイットフィールドは「伝蔵等の上陸した松前の地続きといふ土地はおそらく地続きではないだらう」と言い、「コーカンの処置は反つて妥当であつた」とする。寅右衛門の見方とは違う見方を示すことによって、視点が複数化されているのだ。寅右衛門と万次郎は同じ「日本人」であっても、同じような考え方をするわけではないのである。

万次郎たちは紀州の寅吉たちと出会い、彼らと一緒の船で帰国することにする。

伝蔵等は旅の道連れが出来たので喜んでゐた。ところが寅右衛門はまたもや変心して自分だけはここに居残ると云ひだした。最早やこの町には馴染みの人もたくさんゐる。土佐で暮らすのもどこで暮らすのも同じことだといふのである。伝蔵やジョン万は驚いて、寅ぬし一人を残すわけには行かないと極力勧誘に努め、お前一人をここに残して郷里の人たちに何と云つて申し開き出来ようかと諫めたが、寅右衛門は頑としてきかなかつた。この前の伝蔵等の帰国の企てが失敗に終つたので、今度も不安だといふのである。彼はホノルルで桶職人として可成りの暮らしをしてゐたので、もすこし年をとらなくてはそんなにまで切実に望郷の念が込み上げて来なかつたのだらう。

典拠の『中浜万次郎』では、寅右衛門を「皆百方説諭」するものの「然らば已を得ぬことなりとて、寅右衛門を除き、三人の便乗を請ひたるに漸く許されて上船せり」とされているのだが、『ジヨン万次郎漂流記』では、「三人は寅右衛門に対してすこし気拙い心持になつて、三人だけ帰国することにした」とされている。漂民たちの間の亀裂、ディスコミュニケーションが典拠よりも強調されているのだ。

『ジヨン万次郎漂流記』においては、漂民たちもまた決して同質的なひとまとまりの存在として描かれてはいない。言葉を変えていえば、そこでは漂民たち皆がそれぞれに特色をもって描かれているのである。万次郎や伝蔵、寅右衛門については既述の通りだが、残る一人である五右衛門についても井伏は典拠をもとにしながらも独特の性格づけを施している。研堂の『中浜万次郎』の漂流中の記述に「たゞ五右衛門のみは、手足しびれて働き得ず」と一行だけある箇所から、井伏の『ジヨン万次郎漂流記』では、かなり詳細に五右衛門の病気を描写してみせる。

伝蔵親分は熱病で打ち伏してゐる五右衛門に、早くあの藤九郎を見ないかと云つて白鳥の群れ飛ぶのを五右衛門に教へた。五右衛門は半ば身を起し薄目をあけて白鳥の行方を眺めたが、やがてまた打ち伏したかと思ふと声をあげて泣きだした。五右衛門は万次郎と同年の十五歳になる少年で、亥年生れの男にしては気が弱かつた。

このように五右衛門の性格を描写しておいたからこそ、米国で結婚した五右衛門が日本に帰国するか妻との生活をとるか悩むという後に出てくるエピソードが活きてくるのだ。[16]「己に睦む彼の妻を、振り棄て往くは情なし、寧ろ此地に留りて、今の楽しき家を楽しむべきか。されども、父の帰る上は、誰を力に世を送らんと、心は二つ身は一つ、思は東西洋に迷ひける。されども、遂に帰朝に決し、後ち妻に告げずして乗船」(『中浜万次郎』)することになるのだが、『ジヨン万次郎漂流記』ではそれに以下のような趣深い場面を付け加えている。万次郎の喧嘩のせいで紀州の寅吉たちと同乗していた船から万次郎たちは降りざるをえなくなり、伝蔵と五右衛門はいったん家に帰ることにする。

両人はびくびくもので自分の家のなかに足を踏み入れたが、見れば五右衛門の嫁は壁に掛けてあるキリストの絵姿の前に膝まづいて一心に祈りをあげてゐた。彼女は人の気配に気がつくと驚いてとび上り、さうして五右衛門がそこに立つてゐるのを見ると、蛮声を発し突進して来て五右衛門の肩にしがみついた。しかし彼女は何も騒動を演じたのではない。歓喜のあまり五右衛門の肩にかぢりつき、彼女の唇を五右衛門の唇に押しあてたのであつた。伝蔵は従来かういふ種類の彼女の所作をしばしば見厭きてゐたが、そのときばかりは席をはづし土間の鍬を持つてそのまま畑へ耕作に出た。

五　「ジョン万」から「中ノ浜の万次郎」へ

「文学にとっての「国境越え」とは、むしろ、文学の表現にとっての「国境」の意味を、たえず画定しなおすことを通してしか現われてこないだろう」と言う黒川創は、「井伏の作品のなかの漂民は、それ自体がクロスカルチュラル（cross-cultural）な存在である。つまり、漂民たちが移動する先ざき、そこがつねに、彼ら自身にとっての「国境」なのだ。「故国」を見るにも、そこには、「異国」を見ているような自分のまなざしが混じる。それが、「国境」に生きるということの意味である」と述べている。[17]「故国」をあたかも「異国」のように見てしまうこと。それは帰国後の万次郎たちにおいて最もよくあてはまるだろう。

万次郎たちの帰国の道のりを追ってみよう。万次郎たちはまず、当時薩摩藩の実質的な支配下にあった琉球へと辿り着く。

〔…〕先づ伝蔵は偵察の意味で単身上陸した。三人のうちで伝蔵が一ばん日本語をよく覚えてゐた筈である。しかし彼が一軒の民家を訪れてこの部落の地名をたづねると、その蛮服を見て驚いた土人の家族たちは、正月三日の朝の団欒を台なしにされた。彼等は何やらしやべりながら立ち騒ぎ、いまにも逃げ出しかねない様子であつた。伝蔵は決して怪しいものではないと釈明につとめたが、彼の土佐弁は土人たちに通じなかつた。土人たちの言葉も伝蔵に通じなかつた。伝蔵はその場を逃げ出して短艇に引返し、ジョン万に報告した。

「さっぱり言葉が通じない。永らく海外にゐる間に、日本語を忘れたかもしれぬ。」
ジョン万は短艇を磯につなぎ、護身用のピストルを持つて人家のある方に進んで行つた。伝蔵と五右衛門はその後からついて来た。途中、一人の土人に逢つたが矢張り言葉が通じなかつたので、手で水を飲む真似をして見せると水のあるところに案内してくれた。〔…〕その間に村役人に注進したものと見え役人が数人の吏員を連れて取調べに来た。役人の云ふ言語は、土人の言葉とちがつてすこしは通じるところがあつた。

「一ばん日本語をよく覚えてゐた筈」の伝蔵の「土佐弁」も「土人」たちには通じない。言葉が通じない万次郎たちは手真似で「土人」たちとコミュニケーションを取るのである。これは典拠の研堂『中浜万次郎』に「言語の相通ぜざることは同しかりしも、手にて水飲む様を真似しければ、土人も其意を悟り、水ある処に案内せり」とあるのとおおよそ同じであると言っていい。だが、中浜東一郎の『中浜万次郎伝』では同じ場面が次のように描写されている。

かく万次郎は伝蔵と共に家ある方を尋ね行く間に、端なく先方より四、五人の島人の来るに会ひたれば、伝蔵は足早に近づき、今一度談話を試みんものと思ひ、先刻と同じ言葉を繰返して先づ此地の名を問ふに、其中より一人の青年進み出で、日本語にて「此処は琉球国摩文仁間切《マブニマギリ》といふ処にて、これより二丁ばかり行けば三十戸ばかりの人家あり」と答へし後「君達はいづくの人にて如何なる理由にて此地に来りしや」と問ひかけたり。これを聞きて伝蔵も漸く安心し、自分等の漂流したる顛末をざつと物語れば、青年は始終を聞きて「日本人とある上は、疎略には取計らふまじければ、決して心を労したまふな」と親切にいたはりつゝ、「なほこれより一丁余り船を北へ廻したまはばよき埠頭《はとば》あり、彼地に行きて上陸せらるべし」と教へて立去りたり。

『中浜万次郎』と『中浜万次郎伝』のどちらが事実か、と問うことには、おそらくあまり意味がない。後者は河田小龍『漂巽紀略』に「万次郎を携さへ引返し人家を探り行けるに、又四、五輩も来りけるより伝蔵急ぎ近づき、此地何と名つくる所なるやと尋れは、中ニ一名若冠左右《わかくてそふおふ》の人あり。日本詞を以て琉球国麻文仁間切と云所なりと云。人家有やと問へば、此より二丁計り行、人家三十戸有りと答たへ、又子等《そなたら》ハ何の国何の為に此容貌となりしと尋ぬる故、最初本州啓帆より漂流して久しく洋外に在りし事ども約略《たいりやく》語りければ、彼人首諾《えとく》して伝蔵の疲れたるを憐れミ、且伝蔵が肩を撫吾等見得し事なれは、子等の身体《みのうへ》宜しくこれを謀らふべし。必す心を労し賜わるへからずとて、一丁許北へ乗回せは海瀬埠頭と為に宜しき処ありと教へくれ帰りける」とあるのを基にして書かれたものだと思われるが、この記述と「島人」の一人が「日本人とある上は、疎略には取計らふまじければ」と喋り出す『中浜万次郎伝』の記述との間には、やはり飛躍があると言わざるをえない。(18)

重要なのは、一九〇〇年に出た書物においては琉球の「土人」は万次郎らと「言語」が通じなかったのが、一九三〇年代の半ばに出た書物においては流暢な「日本語」によって万次郎らとコミュニケーションするようになるということの意味だろう。それは帝国日本の言語編成と決して無縁ではないはずだ(19)。後者において「日本語」を使用する「琉球国」の「島人」は、「日本人」と同質的な存在とみなされているのである。

そして、前者を典拠とする『ジョン万次郎漂流記』が「土人」への差別的な視線を内包してしまっていることは否定できまいが、それはアナクロニズムそのものと言える記述によって、一九三〇年代における帝国日本の要請からは明らかに逸脱している。そこでは、同質なものよりも異質なものが、差異こそが際立たせられるのだ。

万次郎らは琉球の役人たちに連日取調べを受けた後、薩摩藩に護送される。そこでも万次郎たちは連日の取調べを受けることとなる。

一応の取調べが終ると十一月二十一日に絵踏みの取調べがあつた。ジョン万と伝蔵は切支丹の帰依者ではなかつたが、五右衛門はホノルルの宣教師シンハレカの宅に奉公してゐたことがある。もちろん彼は切支丹の説教も拝聴し、十字を切つてアーメンを称へ祈願した経験もある。しかし彼は何くはぬ顔をして、しかもいそいそとしてクリストの像を踏んだ。五右衛門もジョン万も、吟味の役人の気に入るやうにどつしりと踏絵に足を載せた。吟味の役人が伝蔵に、

「絵を踏むときの気持はどうであつたか?」

とたづねると伝蔵は答へた。

「冷めたう御座りました。」

永年にわたつて靴をはき馴れた素足には、青銅で出来てゐるその踏絵は足のうらに冷たく感じられたであらう。

絵踏みの取調べがすむと今度は城下佐倉町の揚り屋に入れられた。直ぐに放免されると思つてゐたところ牢屋に入れられたので、ジョン万は立腹して反抗の気配を示した。それを見た伝蔵は亜米利加語で、「辛抱が大事、辛抱が大事」とジョン万をなだめた。

「切支丹の帰依者」であるはずの五右衛門もまた「いそいそとして」絵踏を行なう。また、「切支丹の帰依者」かどうかを調べるために「絵を踏むときの気持」を尋ねる役人に対して、伝蔵は「冷めた う御座りました」とトンチンカンな回答をする。絵踏が「切支丹の帰依者」かどうか判断できる重要なものだと考えている役人と、そうは全く考えていない漂民たちとの間には限りない懸隔があり、そのギャップがここでのユーモラスな雰囲気を形成していると言えるだろう。また、漂民たちの「永年にわたつて靴をはき慣れた素足」が踏絵を冷たく感じるというのは、漂民たちの身体感覚がここは「異国」だと告げているということだ。そして、異国で秘密の話をする際に「日本語」を使用していた漂民たちは、ここでは「亜米利加語で」秘密の話をすることになる。異国の地において、あんなにも「日本」へ帰ることを切望していた漂民たちだったが、帰国してみるとそこもまた彼らにとって「異国」に他ならなかったのであった。

漂民たちは土佐藩においても連日の取調べを受ける。そしてその過程で「ジョン万は最早や自ら誇りにしてゐた名前の「ジョン万」ではなく、役人たちは「中ノ浜の万次郎」と呼んだ」とされるのだ。典拠の『中浜万次郎』においては、土佐藩の「徒士格」になった際に「故郷中ノ浜の地名に取り、中浜の姓を称しき」としており、「中浜万次郎」と名乗るようになったのは万次郎の自発的な行為だとされている。それに対して、『ジヨン万次郎漂流記』では、役人たちによって押しつけられた名前だとするのである。この作品において「ジョン万」という名前は異国の地で形成された彼の異種混淆的なアイデンティティを象徴しているものだと言ってよいが、それは役人たちには認められない。役人たちはあくまで「日本人」としての名前を彼に押しつけるのだ。

その後でやっと万次郎たちは故郷へと帰ることになる。典拠の『中浜万次郎』では、万次郎が家に帰る場面は次のように描かれる。

故園の賑ひは如何なりしか。既に海上に死せるものと諦めて出船の日を命日とし、石碑さへ建て丶年忌々々を祭り居し、我が子の、唯に恙《つつが》なきのみか、立派の偉丈夫となりて帰国せしことなれば、母の喜びは中々筆に尽すべきに非ず。万次郎も天涯万里に漂泊し、とても再会は得られまじと思ひし母に、愛《め》でたく顔を合せしこととて、唯幻の如くにて、喜び極りて言葉も出でず、暫しは母子相抱きて、嬉し泣きに泣きけるが、三日三夜はひた語りに語り明かせしとなん。

もし『ジヨン万次郎漂流記』が万次郎の「回帰」を描く物語であるとするならば、この母子の再会こそは最も盛り上げるべき場面であるに違いない。だが、そこでは次のように簡単に描写されるのみなのである。「万次郎は十月五日に生れ在所の中ノ浜に帰つて来た。家を出てから十二年目である。彼の母はまだ健在であつた」。これだけなのだ。そのことは何よりもこの作品が「回帰」を描いたものなどではないということを示しているだろう。

六　叶えられない「青春の夢」

『ジヨン万次郎漂流記』の最後の二章は、万次郎が幕府の旗本に取り立てられた後の話である。万次郎が通訳として加わった米国派遣使節の様子は典拠の『中浜万次郎』だけではなく、当時のアメリカの新聞が豊富に引用されている河村幽仙『カリホルニヤ開化小史』（公人書房、一九三三・一一）を引くことによって、「日本人」の一行に対する異国の視線を導入しながら語られている。その旅のなかで万次郎は「重宝な訳官として上役からも乗組一同からもその存在を認められ」るが、「しかし彼は幕府の官吏となるよりも捕鯨船を仕立て遠洋に出漁したいといふ宿望を持つてゐた」とされる。一般的には「立身出世」とされることが、万次郎にとっては何の意味もないのだ。そのような記述は、この作品が典拠の『中浜万次郎』とは全く違う志向を有していることを示しているだろう。『ジョン万次郎漂流記』では、典拠にない、おそらく歴史書などを参照して書かれた幕末の日本が置かれていた状況についてのかなり詳細な記述が挿入されているが[20]、それは万次郎が捕鯨に行けない理由を説明するためでしかない。『中浜万次郎』では、万次郎の最後は次のように語られる。

捕鯨の快戦は常に之を忘れざりしも、明治五年の頃一たび大患に罹りてよりは、一向療養を事として世事に関せず、児孫の教養を楽みて、優悠閑日月を送り、或は鎌倉の別荘に遊び、或は東京の幽棲に帰り、行雲野鶴の身を以て任じ、人生の幸福を極め居しが、天命限りあるか、明治三十一年十一月十二日といふに、卒中症にて死去し、此大偉人も歳七十二にて万事止みぬ。墓は谷中仏心寺の境内に在り。法号を英良院寿道日義居士といふ。母シヲ子はこれより先明治十二年五月廿七日に歿しにき。

『ジョン万次郎漂流記』の最後は、以下の通りである。

明治五年また再び病ひを発し、以来幽居して専らその志を養つた。ただ一つ思ひ出しても胸の高鳴る慾望は、捕鯨船を仕立て遠洋に乗り出して鯨を追ひまはしたいといふ青春の夢であつた。
明治三十一年十一月十二日死亡、享年七十二歳。その墓は谷中仏心寺の境内にある。

万次郎の「青春の夢」は遂に叶えられることはなかったのである。井伏は『ジョン万次郎漂流記』の序文で、この作品が一般の漂流譚と同じように「めでたしめでたしで終つてゐる」と述べているが、この作家一流の韜晦と考える他ないだろう。典拠からの改変の跡を見れば、『ジョン万次郎漂流記』が「めでたしめでたし」の物語などではないことは明らかなのだから。

何年もの異国生活を経て日本へと帰ってくる漂民たちの物語は、「日本への回帰」を描くには極めて適した題材であるはずだ。だが、『ジョン万次郎漂流記』においては、いかなる意味でも「回帰」は回避されている。漂民たちは異国においては「日本」を切望するのだが、帰ってくればそこもまた「異国」に他ならなかった。万次郎にとっての「慾望」は、日常に「回帰」することでも「立身出世」でもなく「捕鯨船を仕立て遠洋に乗り出して鯨を追ひまはしたいといふ青春の夢」であった。あるいは万次郎が追い求めていたのは、再び「ジョン万」と呼ばれることなのではなかったか。

念のために言っておけば、『ジョン万次郎漂流記』に描かれているのは、日本よりも異国のほうがいいなどということでは全くない。異国において万次郎を奴隷のように扱う人間がいたことは典拠の『中浜万次郎』と同じく『ジョン万次郎漂流記』のなかにも描かれている。この作品が読者を魅了してやまないとすれば——少なくとも私においてはそうなのだが——、それはこの作品に描かれているのが、日本か異国かという二項対立を越えた〈あいだ〉の空間であるからに他ならない。

そこにおいては、万次郎は「日本人」であるとともに「ジッパンニゼ」なのであり、「中ノ浜の万次郎」であるとともに「ジョン万」でもあるのだ。同じ国の人間であるからといって同じ考え方をするわけではなく、むしろ異国の人間とのほうがコミュニケーションが取れたりもする。いわばそこでは、国境は初めから確定しているわけではなく、その都度引き直されるのである。[21] 第二章で述べた境界性——「ちぐはぐ」さ——が抑圧されることもなく、同一性へと駆り立てられる「不安」とも無縁な空間。しかし、そうした幸福な空間は長く続くものではない。むしろそれは一瞬のなかにしかないと言える。異国にずっと留まっていたならば、万次郎は「日本」を切望するだけだったろう。

戸川残花の「中浜万次郎伝」でも中浜東一郎の『中浜万次郎伝』でも、地の文では一貫して「万次郎」とされているのに対して、石井研堂の『中浜万次郎』では、異国にいる間は地の文でも「ジョン万」と表記される。研堂の著作には、そのようなおそらく研堂の意図とは多少違ったものが現出する萌芽がまま見られるのだが、『ジヨン万次郎漂流記』はそうした萌芽を最大限に解放してみせるのだ。その一方で、万次郎を「我国」を代表する「世界的大偉人」などとする典拠の記述をことごとく採用しないことによって、この作品は戦前の「万次郎」表象において、かなり特異な位置を占めることとなった。

『ジヨン万次郎漂流記』の批評性とは、万次郎を「日本人」や「日本国民」の代表として見るような見方をこそ撃つものである。万次郎にとって、故国も故郷もどこにもなかったのだ。彼は〈あいだ〉で漂い続ける。万次郎とは何者か。おそらくその答えはどこにもないだろう。もしかしたらそれは、彼自身にとっても答えられない問いだったのかもしれない。

第六章　歴史＝物語への抗い――『さざなみ軍記』

一　「成長」という観点

井伏鱒二ほど時代と独特な関わり方をした作家はいないだろう。これまでこの作家の作品は「庶民文学」などと位置づけられてきたが、そのような把握によってはこの作家の持つ多彩な側面が見落とされてしまうに違いない。これまでの章で見てきたように、その時々の時代状況と鋭く対峙しながら井伏の文学的活動は続けられていったのであり、同時代コンテクストとの関わりから井伏作品を見直していくことは不可欠だと考えられる。その際、『さざなみ軍記』（河出書房、一九三八・四）はきわめて興味深い作品として私たちの前に立ち現われてくるはずだ。

この作品は一九三〇年に冒頭部分が発表されてから完成までに約八年もの歳月がかけられている。さして長いとも言えない、せいぜい中編というべき作品にしては異例の執筆期間と言っていいが、それについて作者自身は次のように弁明している。「これは私がこの作品に対して情熱がなかつたからではない。この小説の主人公――平家の或る公達が戦乱に際し周囲の荒涼たる有様によつて急速度に心が大人びてゆく姿を書き、有為転変の激しさを現はさうと思つたからである。しかし私の力量ではそれが現せないと思ったので、自分自身が少しでも経験をつむのを利用して、戦乱で急激に大人びてゆく主人公の姿を出す計画であった」[1]というのだ。このような作者の言を踏まえつつ、東郷克美は次のように言う。

> かくて、主人公は作者の計画通り「急激に大人びてゆく」のであるが、その急速な成長は井伏自身の成熟とどう重なっていたのだろうか。〔…〕後半になると表現には抑制が加えられていっそう的確さをまし、かわりに青春特有のみずみずしい叙情は失なわれる。いわば青春の感受性とひきかえに成熟を手に入れた作者は、同時に少年とともに一種の堕落もしたのではなかったか。[2]

つまり、井伏が自身の「成熟」を利用しつつ主人公の「成長」を描いたと言っているのに対して、東郷はその「成熟」および「成長」の内実を問うたのである。それは佐伯彰一による「敗北というデッド・エンドを行く手に見すえながら、着実な成長をかさねてゆく教養小説[3]」という位置づけなどより遙かに示唆に富む指摘であったことは間違いないとしても、果たして『さざなみ軍記』という作品を「成長」という観点で論じることが適切かどうか、いささか疑問なしとしない。東郷の論以降、先行研究は結局のところ主人公の「成長」をめぐるものに終始してしまっているようだ。[4]だが先走っていうならば、「成長」という観点を採用してしまうことは『さざなみ軍記』の特質をむしろ見えにくくしてしまうことにつながりはしないだろうか。

本章は『さざなみ軍記』を論じるにあたり、「成長」とは違う観点を提出することを目指す。そもそも先行研究ではほとんど触れられないこの作品の同時代評を検討してみれば、「庶民文学」などという井伏作品に対する従来のイメージとは著しく背馳する現象が見出せるだろう。この作品は数年間にわたって書き継がれていくなかでさまざまな同時代の要素が取り入れられていったのであり、本章の試みはその様相を明らかにしていくことでもある。そして、そのように同時代コンテクストとの関わりから見直してみることで、この作品が含み持っているアクチュアルな要素もまた明瞭となるに違いない。

佐伯前掲論文はこの作品を「教養小説」として賞賛しつつも、ふと「この長篇には、たしかにいくつかの層が重なっており、その重なり具合に整序、また有機的な成長とはいい切れぬものが感じられて、やや目ざわりになる」と不満を漏らしている。これは佐伯の思惑を超えて重要な指摘ではないか。本章が先行研究を乗り越えるために注目するのも、まさにこの作品にある「整序、また有機的な成長とはいい切れぬもの」に他ならない。

二　書き継がれていく経緯とその受容

『さざなみ軍記』が約八年にわたって断続的に発表された経緯については既に先行研究で整理されているものの、便宜上、ここでも初出を表にして掲げておくこととしよう。

①「逃げて行く記録」寿永二年七月十五日〜二十八日（『文學』一九三〇・三）
②「逃亡記」同年八月十六日〜二十二日（『作品』一九三一・六〜一〇）
③「西海日記」同年九月二十四日〜二十九日夜（『文藝』一九三七・六）

④「早春日記」寿永三年正月二十九日～三月四日（『文學界』一九三八・一～四）

このうち、①が『なつかしき現実』（改造社、一九三〇・七）に、②が『逃亡記』（改造社、一九三四・四）に、③が『火木土』（版画荘、一九三八・一）にそれぞれの標題によって収録されている。そして一九三八年になってようやく①～④の全体が『さざなみ軍記』（河出書房、一九三八・四）という一つの作品として提示されたわけだ。

単行本の前書きには、「寿永二年七月、平家一門の人々は兵乱に追はれて帝都を逃亡した。次に示す記録は、そのとき平家某の一人の少年が書き残した逃亡記である。ただいま私はその記録の一部分を現代語に訳してみる」とある。だが、①の初出では、これは「私は史実といふものにあまり興味をもつてゐない筈であつたが、兵乱に追はれて帝都を逃亡した文学少年（?）の日記は、私も愛読することができた。その日記を現代語に訳述してみよう。次の如くである」と書かれていた。

初出時に主人公が「文学少年」とされていたことは、①や②の中に「階級」という語が頻出していることと考え合わせてみる必要があるだろう。平家はもともと武士ではあるけれども、栄華を謳歌する過程でほとんど公家と同じ「階級」になっていた。武士という新しい「階級」である源氏に追われて帝都を逃亡する主人公の公達が「文学少年」であるとされていたことは、少なくとも当初においてこの作品が当時の文壇状況のアナロジーとして構想されたことを示している。一九二〇年代後半におけるプロレタリア文学の勢いは凄まじいものがあり、井伏自身も同人雑誌の仲間たちが左傾し、一人取り残されるという経験を有している。①②においてはそのようなプロレタリア文学に追われる既成文壇という状況が反映されていたと考えていいだろう。(5)

だが、前掲の表を見ればわかるように、②と③の間には、約五年にもわたる執筆の空白期間がある。その間、プロレタリア文学は失速を余儀なくされ、いわゆる文芸復興も起こっている。③が発表された数ヶ月後には日中戦争も始まっている。もはや状況は激変しているのであり、①②と③④を一貫した構想のもとに捉えることは無理だろう。作者は初めから「急激に大人びてゆく主人公の姿」を描くのが目的だったかのように述べているが、それについても疑ってみたほうがいいのではないか。

その際、興味深くみえてくるのが中村地平「文藝時評」（『日本浪曼派』一九三七・七）である。中村は「素材の面白さと文章の巧妙さ」や「「歴史物」の場合でも、注目すべきは氏が決して英雄を描かない、といふこと」を指摘しつつ、次のように述べている。

この「西海日記」と、これが序文に相当する旧作「逃亡記」と比較すれば、後者が主情的・詠嘆的であつたのに較べて、遥かに主知的・記録的である。これは、素材に扱はれた主人公の心理の成長が表現に影響したものとも考へられるが、更らに、作者自身の発展に、負ふところが多いであらう。

ここで中村は、②から③への変化に絡めて、「主人公の心理の成長」と「作者自身の発展」とを重ねて語っている。しかもこれは先の作者自身の発言に先行するものなのだ。中村は井伏の弟子であり、直接このようなことを井伏から聞いていたということも考えられるが、むしろ井伏の発言のほうが中村の指摘に影響されて事後的・遡及的に形成されたものである可能性を考慮すべきだろう。

掲載誌が同人雑誌でない『文藝』であった③については、他にも幾つかの文藝時評が取り上げている。たとえば杉山平助「文藝時評(4)」(『東京朝日新聞』一九三七・五・三一)は、皮肉な調子で次のように述べる。

井伏鱒二もまた「西海日記」(文藝)で彼の永遠の夢を夢みつゞけてゐる。西海に流浪する平家の落武者のその日暮しのみじめさや感情の陰翳をいぢくりまはすことは、作者に一種の変態的慰安を与へることであらう。そして、それがこの作品のモオチイヴでなからうかと思はれる。さうして、同じやうな、心の情態にある読者にとつて、この作品は芳烈なジンのやうに腸にしみる魅力を与へるのかも知れない。

「同じやうな、心の情態にある読者」とは何か、杉山は具体的な説明をしていないが、中村地平「二月の文藝時評(D)」(『信濃毎日新聞』一九三八・二・二)はそれを「現代のインテリゲンチヤ」つまり「僕たち」のことであると注釈している。中村が『日本浪曼派』に所属していたことを考え合わせれば、ここで想定されている「僕たち」というものをより具体的に思い浮かべることも可能だろう(6)。しかもそうした想像を裏付けるように、『日本浪曼派』の代表的な論客である保田與重郎が単行本『さざなみ軍記』の書評(『東京朝日新聞』一九三八・六・六)において、それを絶賛しているのだ。保田は「滑稽を叙して切に人間の至情にふれ、へういつを描いて限りない哀愁をたゞよはすところは、当代に類ひない一人者である」と井伏を賞賛し、「人あつて新しき平家物語といつたとすれば、私も亦その表現の手法と精神に於て、こゝにあらはれたわが国風を尊ぶのである」などと讃辞を惜しまない。それは谷川徹三「長篇批評(5)」(『東京朝日新聞』一九三八・八・二三)における『さざなみ軍記』評とは実に対照的である。そこで谷川は「井伏氏は元来特色あるスタイルをもつ人である」が、この作品はそれが「成功してゐない」。その理由の一つは「中世の国民的叙事詩的文学の美しさを見くびつた」からであると手厳しい批判を投げつけている。

保田は『さざなみ軍記』の書評を書く前年、③が発表された数ヶ月後に「木曽冠者」(『コギト』一九三七・一〇)という文章を書いている。そこで保田は『平家物語』について、「我々の今日に於てもつとも深刻な現代の問題を担つた作品である」と言い、「平家物語など過去のものだといつた説をなす輩は、現代世相に切実の関心ないものであるか、もしくは平家物語をよんでゐないものである」と断言する。そこにはまた「西海に落ちてゆく平家の逃亡を記述した、逃走記の構成ははるかにすぐれたものであらう、恐らく世界文学の中にあつても最高に美しい出来栄えの不安の文学」だという記述もあるのだが、ここから先の『さざなみ軍記』評へとまっすぐにつながっていることは見やすい。保田が『平家物語』と同じく『さざなみ軍記』をも「現代の問題を担つた」「不安の文学」として評価しているのは確実である。それが「現代のインテリゲンチヤ」にとって重要な作品であるとする中村地平の評価と通底するものであることは言うまでもないだろう。

そして保田の評言に端的に見られるごとく、『さざなみ軍記』は「日本への回帰」という現象とも重なって受容された。「シェストフ的不安」や「不安の文学」という現象が文壇で注目されたのは一九三四年から三五年にかけての時期であり、「三〇年代後半に入ると、一部のリベラル抵抗派を別にすれば、〔…〕いわゆる「日本への回帰」現象が顕著となった」[7]。その原因を、「不安の文学」を流行らせるきっかけとなったシェストフ『悲劇の哲学』(芝書店、一九三四・一)の訳者でもある河上徹太郎は「新日本主義文学の精神的基盤」(『中央公論』一九三八・五)のなかで次のように主張している。

「左翼的リアリズムの没落」の後に、「小説の社会化や本格的長編小説への翹望」と「広義のヒューマニズムの唱導」が起こったが、それは「標識としては一応格好が整つてゐるが、さて之を現実に辿らうとすると、足場がないといつた風なものであつた」。

私の個人的経験を語つてよければ、日本的なるものへの関心は此の時起つたのである。つまりそれは必ずしも「日本」でなくてもよい。「自己に還れ」でもよい。ともあれ現実に徹する心である。自分に最も身近なもの、中にある特殊性を見詰めることである。かういふ関心は、やがてどうしても我々が西欧十九世紀のリアリズムでは割り切れぬものを持つてゐることを自覚せしめる。

つまり、「ヒューマニズム」などという空虚な標語に代わるものを人々は求めていたのだ。言い換えれば、人々が求めていたのは自身の空虚を埋めてくれる何かであった。「それは必ずしも「日本」でなくてもよい」。「不安」に漂う人々にとって「日本」は、自身の空虚を埋めてくれる便利な記号であったわけだ。(8) そしてそうした人々に響くものを、「国民文学」たる『平家物語』(9)をもとに書かれた『さざなみ軍記』は間違いなく持っていたのだと言えるだろう。一九二〇年代から三〇年代にかけてのプロレタリア文学の隆盛を背景に書き出されたこの作品は、文藝復興期を挟んだ三〇年代後半に、「不安」に漂い自身の空虚を埋めるものを希求してやまない人々を惹きつける「不安の文学」として受容されたのである。(10)

だが、ここで疑問が起こる。『さざなみ軍記』とは、そのような文脈にそってのみ読まれるべき作品であるのだろうか。そこで次節からは、作品自体を読むという作業を通して、両者の差異を探っていくこととしよう。

三　日記という形式と「寿永記」

前節で確認したように、この作品は約八年という長期にわたる期間に、複数の媒体において発表されたものによって成り立っている。そしてそれらが単行本『さざなみ軍記』に収録される際には、先の①〜④のような区分が撤廃され、一まとまりのものとして提示された。

だが、そうであるが故にかえってそこには断層が露わになっていると言ってよい。先行研究においては②と③の間にある執筆期間の空白を重要視し、前半（①②）と後半（③④）の変化から主人公の「成長」を見出してきた。しかし、作品内の時間に注目してみれば、むしろ③と④の間にある約三ヶ月間の空白のほうが重要ではないか。③の終わりでは本隊から離れて行動していたはずの主人公たちは④においては既に本隊に復帰しており、しかもそれに何の注記も付されていないのである。また、①と②、そして②と③の間にもそれぞれ約一ヶ月の空白の期間がある。もちろん日記をその期間つけることを怠っていたとか、その暇がなかったとかいう理由はいくらでも付けられるだろう。しかしそれらの空白期間以外には、日記がほぼ毎日つけられ、しかも同じ日に二度書くことまでしばしばあることからすれば、何の注記も付けられずにこれらの空白期間がただ置かれていることはいかにも奇妙なことに思われる。

さらに日記の内容に目を向けてみれば、そこには矛盾としか言いようのないものが散見される。たとえば、「左中将」(平清経)が死んだという噂が二度書き込まれているのだが、それは字義通りに取れば「左中将」が二人いると考えるほかないようなものだ。寿永二年八月二十一日夜(②)に配下の宮地小太郎から「左中将は帝都をなつかしむのあまり入水された」という噂を聞いた主人公は、約一ヶ月後の九月二十九日(③)にも、「十三夜の名月の夜、左中将は小舟に乗り念仏を唱へながら入水された」と書いている。この一ヶ月のタイムラグをどう考えればいいのか。小太郎がもたらした噂が間違いだったということだろうか。だが、主人公は以前に自分が書いたはずの日記の記述にはまるで触れないのだ。

あるいは、主人公の父親像も一貫しているとは言いがたい。①に出てくる父親は、主人公が「私には昨日の父の態度が了解できない。〔…〕そして父の勇敢でなかつたことは父のために気の毒であつたと思ふ」(寿永二年七月十八日)と批判するような存在なのだが、④になると主人公の父親は「帝都急襲を主張する」(寿永三年正月三十一日)ような勇敢な人物として現われるのである。これはいったいどういうことなのだろうか。父親もまた「成長」したとでも考えるべきなのか。[11] しかし主人公は、前年における「勇敢でなかつた」父親についてはもはや何も触れようとはしない。あたかも初めから主人公の父親は勇敢であったかのようなのである。

『さざなみ軍記』には、このように断層や矛盾がいたるところに散見されるのだが、そもそも日記という形式自体がそれらを呼び込んでしまうとも言えるだろう。たとえば過去の出来事を後の時点から回想する形式をとった場合、そこでは出来事が「現在」の視点から事後的・遡及的に整序された形で語られることになる。だが日記の場合、一日一日の出来事しか書かないために、そうした整序の志向はそれほど強くは働かない。そこでは何らかの断層が生まれるのは自然なことであるだろう。もちろん日記という形式をとった場合でも、そうした断層をできるだけ目立たなくさせるような書き方はできるに違いない。だが『さざなみ軍記』においては、主人公は過去の記述を振り返ろうともしないし、③と④との間の空白についても触れようとしない。むしろここでは矛盾や断層が積極的に肯定されているのではないか。

そのような『さざなみ軍記』のあり方は、作中に出てくる「寿永記」という書物のあり方とは実に対照的であろう。泉寺の覚丹によって書かれたそれを読んだ主人公は次のように書いている。

覚丹は私たち一門の亡び行くのは止むを得ぬ時勢の流れであると断定し、入道相国の専横は未完成の武家政治の姿であつたと云つてゐる。そしてこの次に来るべき完成された武家政治は、源九郎の手によつて確立されるだらうと云つてゐる。覚丹自らは時勢と共に押しながされ自然の流れにしたがつて世をのがれるため、私たち一門に加はつてゐるにすぎないといふ口吻である。私は恰も絶望の書を読んでゐるやうな気持におそはれて、半ばまで読んで巻を閉ぢその「寿永記」を覚丹の具足櫃に収めた。（寿永三年二月二十日）

この「寿永記」とは、原『平家物語』のようなものだと考えられる。言うまでもなく『平家物語』は、平家が滅亡していく姿を、滅亡した後の時点から「盛者必衰の理」として語っている。そこでは〝平家の滅亡〟という結末が既に設定されており、その結末に向けてプロットは着々と進行していく。『平家物語』は増補を繰り返した結果、サブプロットがいたるところに張りめぐらされ錯雑とした印象を与えているが、そのような増補がなされる前の原『平家物語』は、もっとすっきりとした構成のものだっただろう。[12] 覚丹が執筆している「寿永記」とは、まさにそのような滅亡という結末に向かって直線的に進んでいく物語ではないだろうか。

先行研究において、覚丹はしばしば井伏の「理想」を体現した人物とされてきた。たとえば中村光夫は「教養と実行力を備へた一種のニヒリストである覚丹は、御曹子とは別の意味で氏の理想であり、英雄を斥けることを原則とした氏の戦前の作品のなかで、唯一の例外をなす人物です[13]」と言うが、果たして覚丹は、そんなにも「理想」として描かれているだろうか。

たとえば、覚丹が宮地小太郎と「保元平治の合戦談」をする場面（寿永二年九月二四日）がある。特に覚丹は「筑紫の八郎」（源為朝）の鏑矢の凄さについて熱弁を振るう。

覚丹はさう云つて、そこだそこだといふかのやうに軍扇で彼自身の膝を打つた。ところが宮地小太郎は、新院の御所の戦ひに筑紫の八郎のその鏑矢の響きをきいたと云つた。覚丹は「ふうむ」と呻いたきり黙つてゐたが、どこで彼はさういふことを調べたのかやがてその鏑矢について説明した。八郎の鏑矢は、目柱に角をたて風かへしを厚くくくらせ、鏑から上が十五束あつたといふのである。しかし小太郎は、その鏑は馬の太腹を突きぬけたとき砕けて散つた筈であると云つた。覚丹はまた「ふうむ」と呻いて黙り込んでしまつた。八郎の矢風の激しさが、覚丹にはよくせき肝に銘じたのであらうと思はれる。

小太郎がその現場に居合わせなければわからない話をすると、覚丹は「ふうむ」と黙り込むしかない。「古今の学に通暁し」ているはずの覚丹は、経験の人である小太郎には敵わないのである。

主人公は覚丹が執筆した「寿永記」を読んで「絶望の書を読んでゐるやうな気持」になるものの、そうした「寿永記」の記述に必ずしも納得しているわけではなさそうだ。少なくとも、自らが滅びるのは必然であるとして悟りの境地を開いたりはしていない。覚丹が正しいかどうかは、そこではあくまで留保されている。実際、「寿永記」では武家政治の確立が「源九郎」（源義経）によってなされるとされているが、それは私たちが知っている歴史とは違うものだ。

もっとも、『さざなみ軍記』という作品自体、途中から明らかに私たちの知っている歴史、あるいは『平家物語』からは乖離していく。(14)ということは、この作品の進行は、必ずしも『平家物語』や私たちの知っている歴史どおりに進むとは限らないということである。この作品の主人公は平知章がモデルだが、『平家物語』における平知章と『さざなみ軍記』の主人公との間には、著しい違いがある。前者は源氏との戦いのなかで死ぬ（巻第九「知章最期」）が、後者は生き続けるのだ。

しかもそれが『さざなみ軍記』のなかで充分に意識されているのは、「しからば崖下の陣において は、武蔵の守（平知章）どのが討死されたといふのはまことであるか」と自軍の兵から聞かれる場面（寿永三年二月七日）や、討ち取られた平家の人々の首が道にさらされた際、「どういふ間違ひか首につけた赤札にこの私の名前が記されたものがあつた」という噂が記されている（同年二月二十一日）ことからも明らかだろう。

『さざなみ軍記』のなかには、主人公の死という噂の他にもさまざまな噂が書き込まれている。たとえば、木曾義仲が死ぬ場面や源九郎の評定の場面などだが、それらはまた原『平家物語』である「寿永記」の執筆にも取り入れられたに違いない。おそらく覚丹は、聞こえてくる噂や情報によってその都度修正しつつ、実際には未だ訪れていない仮想の未来へと直線的に続く歴史＝物語を執筆していくのだろう。つまりここでは歴史＝物語の成立過程が語られているわけだ。しかし、この小説における噂あるいは情報とは、どのようなものとして描かれているだろうか。

たとえば寿永二年八月二十二日には、偵察のために上陸した覚丹と小太郎のあとを追った配下の徒卒たちから、二人が「娼婦たちの集まる家」の「部屋のなかで具足を着けたまま胡座をかき、そこに二名の女子も同席して飲食してゐられる最中であ」り、「泉寺の覚丹殿はすでに酩酊されてゐた」という報告を受けた主人公は、「覚丹と小太郎は軍事を怠つてゐたと断定してもさしつかへない」と述べる。

だが結局このような徒卒たちの報告は、間違ってはいないにしても正しくはなかったことが後に明らかとなる。帰ってきた覚丹は、次のように簡単に報告した。

——われ等は甚だ手間どつた。或る民家に於て、われ等はわれわれ一門の女子二名に遭遇した。われわれ一門が一夜この地に駐屯した際、くだんの女子二名は脱走して娼婦となつてゐたものである。すでに何ものも言ふべきことはない。

つまり、覚丹と小太郎は「軍事を怠つてゐた」のではなく、「われわれ一門の女子二名」が「脱走して娼婦となつてゐた」ことに衝撃を受け、「酩酊」するしかなかったのである。

また、同年九月二十八日には、山の頂で見張りをしていた配下の治郎治が「覚丹どのの船と小太郎どのの船」の後から「六艘の敵の船が追跡してゐた」のを見たと注進する。

味方は無勢に敵は多勢である。豪勇覚丹どのも老練小太郎どのも、或ひは涙を呑んで敵の鋭鋒を避けられたのかもしれない。或ひはまた一合戦するにしても、策略をもつて広々とした海上に敵をおびき出さうとされたのかもしれない。確かに二艘の船は味方の船であつた。この十町ひと飛びの治郎治は、遠見のきくことにかけては自信がある。この治郎治の見た目には断じて狂ひがない。

さう云つて治郎治はひと息ついた。

だが、やはりこれも正しい情報とは言えなかったのだ。覚丹と小太郎の船は六艘の船に追われていたのではなく、逆に「敵の糧船六艘を分捕」って帰ってきたところだったことが後に明らかとなる。この小説においては、さまざまな噂や情報が描かれるが、それらは必ずしも正しいわけではない。というよりも、この小説では噂や情報が間違っていたということが繰り返し語られているのだ。右に挙げた例はどちらも、報告者自身は間違った情報を伝えようという意図はない。にもかかわらず、断片的な情報だけで判断したために間違った情報となってしまうのである。

寿永三年二月三日には「けふ敵軍の来襲するといふ噂は流言であつた。源九郎の故意に放つた流言であらうといふことである」という記述がある。これは意図的に間違った情報を送る例であり、そのせいで翌日に「東軍は明後日まで三日間は攻め寄せて来ないといふ噂がつたはつた」際にも、「しかしこの噂も源九郎が故意にはなつた流言かもしれない」と、その情報が正しいのか間違っているのか判断することができなくなってしまっている。二月二十一日には、治郎治が院宣の写を手に入れてくるのだが、覚丹はそれについて「文章の格式から見て誰か偽作して巷間に流布されたものに違ひない」と言う。

もはやその情報を誰が送ったのかさえ定かではないのだ。それは「誰か」なのであり、そうした無数の「誰か」によってさまざまな噂や情報が流されていくだろう。したがって、そうした噂や情報を取り込むことによって成立した歴史＝物語もまた、間違った情報を抱え込まざるをえなくなるはずだ。もしかしたら『平家物語』は、あるいは私たちが知っている歴史は、そうした無数の間違った情報によって成り立っているのかもしれない。『さざなみ軍記』は、歴史＝物語に対する根源的な疑念までをも喚起するのである。

四　歴史＝物語への抗い

『さざなみ軍記』を「成長」という観点で論じることの陥穽はもはや明らかだろう。それはこの作品が持っている重要な特質を見えなくしまう恐れがある。つまり「成長」という観点をとった場合、この作品にある齟齬や矛盾や断層を見えなくさせ、過去から未来へと延びる直線的な時間を自明の前提としてしまいかねない。その時、人は『さざなみ軍記』が持っているラディカルさを完全に取り逃がしてしまうだろう。

ここで同時代の「歴史」の捉え方を見ておくことは無駄なことではあるまい。成田龍一は「一九三〇年代の歴史学が、出来事の絶対性から離れて、「解釈としての歴史」を提起した」[15]と指摘している。当時は羽仁五郎など、マルクス主義の影響を受けた歴史学者たちによって唯物史観による歴史解釈が試みられていた。彼らが描き出す歴史というのは、当然のことながら皇国史観による歴史学者たちが描き出す歴史とはまったく対立するものであった。だが実は、歴史が「解釈」によってつくり出されるものだという認識を持っていたという点においては、唯物史観の側も皇国史観の側も共通していたのである。大原祐治が言うように、「「歴史学」・「歴史哲学」の言説がイデオロギー的な問題＝史観の問題を除けばほぼ一律に、「現代」を生きるわれわれの位置に向かって一筋に伸びる、〈一つの歴史〉の物語を構築しようと構築主義的に語ることを志向していた」[16]のであった。これは「歴史」の相対化につながるかに見えるが、そうではない。複数の「歴史」が併存することは認められないのであり、それぞれの陣営が自らの「一つの歴史」の正統性を主張し合っていたのである。

『さざなみ軍記』がそれらの議論と共鳴しつつも、しかし決定的に立場を違えていることは言うまでもないだろう。そこでは私たちが知っている歴史とは違う歴史が描かれるが、「一つの歴史」が主張されているわけではない。歴史＝物語が生成する過程のなかに不可避的に間違った情報や嘘が紛れ込んでいくことが暴露されるのであり、あらゆる歴史＝物語が相対化されているのだ。しかも私たちが読んでいるのは、平家の公達が書いた文章そのままではない。序文にある通り、この日記は作者を思わせる「私」が「平家某の一人の少年が書き遺した逃亡記」の「一部分を現代語に訳し」たものだとされている。つまり、読者が目にしているものは平家の公達が書いた原文ではなく「私」が翻訳したものなのであり、しかもそれは全部ではなく「一部分」とされることによって「私」による編集の可能性までもが仄めかされているのだ。③と④の間にある約三ヶ月の空白は、もともとの日記にあったものなのか、それとも「私」の編集による結果なのか。注記が少しもないため、読者の判断は宙づりにされるしかない。それどころか、読者はここに示されているものが本当に平家の公達によって書かれたものかどうかさえはっきりとした確信を持つことができないのだ。したがって、書き手の自己同一性までもが疑わしくなってしまうだろう。[17]

『さざなみ軍記』から見えてくるのは、歴史を自分たちの「現在」に都合のいいように利用しようとする者たちに対する徹底的な揶揄であり、批判である。もちろんそうした揶揄や批判は、この作品を「現代のインテリゲンチヤ」に通じるものだとする中村地平や「現代の問題を担った」「不安の文学」として読む保田與重郎にも向けられているはずだ。中村や保田はつまりは『さざなみ軍記』を「現代」に直結させて読んでいるわけだが、『さざなみ軍記』がそのような読み方とは相容れないものであることはこれまで述べてきたことから明らかだろう。[18] まずそれは、日記という形式を採用することで、過去から未来へと直線的に続く時間を断ち切り、断片化した。前田貞昭は『さざなみ軍記』には「日記を書きつつある「現在」に固定された書き手の意識を越える要素が完全に欠如している」[19]と批判しており、指摘自体には全く同意するものの、むしろそれはこの作品のラディカルさを証明するものだと言える。主人公は過去に自分が書いた記述を振り返ろうとさえしない。過去から未来へと続く直線的な時間として全体を統括する視座は、ここには全く見出すことができないのである。それは作中に出てくる「寿永記」とは激しく対立するスタイルであり、歴史＝物語に対する優れた批評となっている。[20] しかもそれを「私」が現代語に翻訳したものだとすることで、二重の意味で歴史に対する直接性・透明性が妨げられているのだ。

しかしそれにしても、当初はプロレタリア文学に追われる既成文壇のアナロジーとして構想されたはずのこの作品が、このように歴史＝物語に対する根源的な疑義を呈するような展開を見せるなどと、いったい誰が予測しえただろうか。それはおそらく作者自身にとっても意外なことだったに違いない。もちろんそれは、その時々の状況に対して井伏が積極的に対峙していった結果としてあるはずだ。一九三〇年から三八年へ。社会においても文壇においても激しく変化した時代のなかで、『さざなみ軍記』もまた大きく変質していった。しかも単行本としてまとめる際に統一的な視点からの統御を行なわず、その時々の状況に応じた部分をそのままに残すことによって、この作品は私たちの前にラディカルな相貌を現わすこととなったのである。

第七章　「純文学」作家の直木賞受賞
――『ジョン万次郎漂流記』から『多甚古村』へ

一　「純文学」と大衆性

なぜ井伏鱒二は直木賞を受賞したのか。この単純な疑問に対して、現在まで明確な答えは出されていない。相馬正一は一九三八年に井伏が『ジョン万次郎漂流記』（河出書房、一九三七・一一）などによって直木賞を受賞したことに触れて、「昭和十年以降の井伏の中・長編には善かれ悪しかれ通俗的な娯楽性が内蔵されて」[1]いることを指摘しているが、重要なのはそれを同時代の歴史的状況のなかで考えることなのではないだろうか。「昭和十年以降」において「通俗的な娯楽性」が見出されるのは何も井伏のみに限らないのであり、複数の作家において認められる事態なのだから。同時代における文学場の変容という事態を視野に入れて初めて、井伏鱒二という作家が占めていた特異な位置を考察することが可能になるはずである。

ここでその問題を考える手がかりを得るために、二つの文章を瞥見しておきたい。小田嶽夫「ラヂオ小説論」（『放送』一九三四・四）は、現在ラジオでは「脚本朗読と物語り放送の二つ」が行なわれているが、「藝術性」を持った「「小説」となると色々複雑な問題が起つて来て簡単には行きかねるものがある」と指摘する。そしてその例の一つとして井伏鱒二「谷間」(『文藝都市』一九二九・一〜四)を挙げ、「一見不自然らしくさへ見える言葉の使ひ方に、この作品独特の剽軽なとぼけた味が出てゐるのであるが、これらも音声で朗読されては却々出にくい味である」とその困難の理由を説明するのだ。つまり小田は、井伏作品は「藝術性」を持った「小説」であり、ラジオという大衆的な装置にはなじまないと主張しているのだ。(2)

だがそれから数年後、「短篇小説のラヂオ化/文章も文学形式も井伏味を露出/ラヂオ藝術に新分野を開拓」(『読売新聞』一九三七・三・二九)という記事は井伏鱒二「丹下氏邸」(『改造』一九三一・二)のラジオ化を伝えている。

長篇小説のラヂオ化は昨秋夏目漱石の「三四郎」を三夜連続放送して好評を博したので今度は短篇小説のラヂオ化を試みることにし試射放送として中堅作家井伏鱒二氏の「鯉」「朽助のゐる谷間」と並称される代表作「丹下氏邸」を演出に新工夫を凝して放送する

創案者AK文藝部では「〔…〕若しこの試みが或る程度の成功を得たら毎月文藝雑誌に発表されるこの種文藝作品をその月にラヂオ化しラヂオ藝術に新分野を開拓するつもりである」と非常に意気込んでゐる

脚色演出を担当した木村荘十二は同じ記事の中で「私は敢て、あの井伏さん味を積極的に生かして見たい考へから、出来るだけ原作の文学的形式は勿論文章の調子も変へず、そのまゝ科白に移して見た、これはラヂオドラマその他今までの概念からいふと、ねれてゐない、生な文学的なものとして非難されるかも知れない」などとコメントしているのだが、ここで考えてみたいのは短編小説のラジオ化の第一弾として選ばれたのが他ならぬ井伏の作品であったことの意味についてである。「丹下氏邸」は「ラヂオ藝術に新分野を開拓するつもり」で選ばれた「文藝作品」だと言うのだから、いわゆる大衆文学や通俗小説ではないものだということが前提になっているのだろう。だが同時に、ラジオの向こうに存在する不特定多数の人々にアピールできるような大衆性を備えていると考えられたからこそ「丹下氏邸」がラジオ化の「試射放送」に選ばれたに違いない。つまり井伏作品は、「純文学」でありながら一定の大衆性を備えたものとして認識されるようになっていたということである。翌年の直木賞受賞という出来事の背景にも、そのような認識があったことは疑えない。

右に引いた二つの文章の間には、「もし文藝復興といふべきことがあるものなら、純文学にして通俗小説、このこと以外に、文藝復興は絶対に有り得ない」とする横光利一「純粋小説論」（『改造』一九三五・四）の存在がある。中村光夫『風俗小説論』（河出書房、一九五〇・六）が「今日の小説の支配的形式とも云ふべき風俗小説がこの小説通俗化の運動から生れたものであり、いはゆる「文藝復興」の結論であつた」とするような流れのなかに井伏の直木賞受賞という出来事も位置づけられるのであり、その先にあるのが『多甚古村』（河出書房、一九三九・七）という「ベストセラー」[3]に他ならない。本章は文藝復興期以降に起きた文学場の変容という事態を井伏鱒二という作家を通して考察することを目的とするが、しかしそのためにはまず、文藝復興期において何が起きていたのかを振り返ってみなければならない。

二 「文藝復興」とは何だったのか

『文學界』が創刊されたのは一九三三年一〇月のことであり、その編集後記に川端康成は「時あたかも、文藝復興の萌あり」と書いた。翌月の『文藝春秋』では「文藝復興座談会」が組まれ、そこで菊池寛は「最近純文学が勃興しかけたやうな様子がありますから、それに付て是からの純文学と云ふものは、どう云ふ傾向をとらなければいけないかと云ふことに就ての御観察なり、御希望なりを話して戴きたい」と趣旨を説明している。

この時期以降盛んに言われるようになった「文藝復興」については、「つまりは転向のなだれが起こり、プロレタリア文学が退潮を余儀なくされ、呉越同舟のかたちで「文学界」が発足したあたりに興った呼び声、売り声」だったという保昌正夫の指摘(4)あたりがおそらく一般的な評価だろう。実際、同時代において既にその内実の不明さについては幾つも批判が出ているのだ。たとえば新居格「昭和九年の評論壇」(『新潮』一九三四・一二)は、それを「言葉が先行してそれに対する解釈が追随した形だ」とし、「わたしは果して文藝復興の社会的乃至文学的事由が客観的に見てあつたかどうかを疑ふものである。しかも昭和九年も殆ど尽きぬとして文藝復興の実体として何が挙げらるべきかを惑ふものである」と切り捨てている。ここまで批判的ではなくとも、「文藝復興」という言葉に内実が伴っていないということは広い論者に共有されていたと言っていいだろう。

では実体のない「文藝復興」という言葉がなぜここまで流通したのか。プロレタリア文学の退潮という要因もたしかにあるには違いないだろうが、はたしてそれだけなのか。座談会「文藝界の諸問題を批判する」（『新潮』一九三四・七）で、青野季吉は「従来のプロレタリア文学の是正とか、或はジヤアナリズムの圧迫にたいする反発とかその意気込があつて、さういふ事から漠然と文藝復興といふことを言ひ現はして」いると述べている。「ジヤアナリズムの圧迫」とは、「大衆文学」の隆盛を指しているのだろう。曾根博義が的確に指摘するように、「文藝復興」は「大衆文学と大衆文学優先のジャーナリズムに対する防衛と挑戦のための純文学者の大同団結という性格をもっていた」[5]のだ。中村武羅夫「大衆文学と通俗小説」（『新潮』一九三三・一二）が言うように、一九三三年とは「従来、真面目な文学上の論議の対象としては、全く閑却されてゐた大衆文学や、通俗小説が、文壇的に、種々問題となり出した」年でもあった。

「文藝復興」に先駆けて、『新潮』が特集「純文学は何処へ行くか」（一九三二・七）、座談会「純文学の危機に就いて語る」（一九三二・一〇）を掲載しているのは見逃せないだろう。中村武羅夫「果して文藝復興か」（『行動』一九三四・二）が「純文学は滅亡するなど、、叫ばれてゐたのは、つい一年前のことだつたやうに記憶してゐるのに、それが最近では、純文学の復興といふ叫び声に代つてゐる。滅亡が叫ばれ、復興が問題となるのは、その間が、半年も経たないのだから、いくらテンポの早いのが喜ばれる時代であるとは云へ、ちよつと異様な気がする」と皮肉ぎみに記しているように、「大衆文学」の隆盛による「純文学」の危機についての議論から「文藝復興」へと移行していったことは銘記されてよい。広津和郎「文藝雑感」（『改造』一九三五・一）は「純文藝長篇小説の発表機関として、新聞の連載小説欄を獲得する事」こそが「純文学」の「陣地回復」であると主張しているが、この時期、多くの論者の間に長編小説の必要性が注目されるようになっていたことも重要だ。前田貞昭は、「旧来の〈純文学〉的方法によっては閉塞的な作品世界しか生まれえず、小説が同時代全体を領略するためには、そうした〈純文学〉的枠組みを打ち破らなければならないとする危機感がこの長編小説論議の背景には控えていた」と指摘している。(6) このような動向から先述した横光の「純粋小説論」が出てくるのであり、それによってますます「純文学」の大衆化＝通俗化の動きが促進されることともなったのである。(7)

また、この時期は「歴史小説」についての議論も盛んになされた。もちろんそれは検閲が次第に厳しくなっていくなかで比較的安全な題材として歴史が選ばれたということが大きいが、それが「大衆文学と純文学との領域の交錯現象(8)」のなかで行なわれたということに注意すべきだろう。たとえば、菊池寛「話の屑籠」（『文藝春秋』一九三六・七）は「大衆文学が、歴史的題材丈で、あれ丈の人気を蒐めてゐるのを考へれば、純文学の人達も、鷗外、潤一郎、龍之介などが試みた如く、歴史小説を試みてい丶と思ふのである」と、「大衆文学」との関係のなかで「純文学」の作家に「歴史小説」を書くことを呼びかけているし、藤森成吉「わが歴史小説観」（『文藝』一九三六・七）も「歴史小説」に注目が集まっている原因として、「現代物を書くうへに異常な不便乃至不自由を感じてゐる」ことなどとともに、それが「所謂マゲモノ大衆文学に対する闘争として現れてゐる」ことを挙げていた。つまり、この時期における「歴史小説」の理想型とは、一方で従来の「純文学」の殻を打ち破るものでありながら他方で従来の「大衆文学」に留まるものであってもならなかった。貴司山治などによる「実録文学」の提唱も、大衆性と社会性をともに備えた新たな「歴史小説」を志向していたのであり、貴司は「実録小説とは、一口にいへば書き改められた大衆文学である」（「文藝時評」『文藝』一九三五・一一）などとも言っている。また、片岡貢「歴史小説と大衆文学の接線」（『新潮』一九三七・三）が「主として進歩的文学者の側から主張されだした歴史文学的要求が、必然的にか偶然的にか、大衆作家にも心理的影響を与へ、それへの意欲を著しくかき立ててゐる」と述べているように、そのような動きは既成の「大衆文学」の書き手にも影響を与えたようだ。

三　「純文学」作家の直木賞受賞

ではこの時期、井伏鱒二という作家はどのように見られていたのだろうか。一九三〇年前後に文壇で注目されるようになった井伏は当初、「ナンセンス」や「白痴美」の作家と評されたのだが、一九三二年頃から早くも「マンネリズム」が指摘されるようになる。それに対して井伏も、「記録」という手法を用いた「青ケ島大概記」（『中央公論』一九三四・三）やSF的な設定の「頓生菩提」（『改造』一九三四・一二、のち「冷凍人間」と改題）を書くなど、さまざまな試行錯誤を行なっていく。だが、それが不十分であるとする評は少なくなかった。たとえば小山東一「文藝時評（三）」（『中外商業新報』一九三五・七・三〇）は「井伏氏のスタイルが他の作者のもの、中にも摂取されること多く、作品についてもよく人の知る現在となつては飽き易き読者にはもつと要求したいものが出て来るのである。この作者位、読者を楽しませて来た作者はそんなにないであらう。人は楽しませてくれるのなら、もつともつといひたいのである。この作者の「頓生菩薩《ママ》」に示したやうな「青ケ島大概記」のやうな、ともかくも一歩打開した境地が望まれるし、作者もそこに来てゐるやうである」と、さらなる転身を期待している。また室生犀星「文藝時評」（『文藝春秋』一九三六・八）も「このねばりあるごとくして然らざる井伏氏を一つどやし付けたいくらゐである。何となく黙然としてどやし付けたいくらゐである。何故ならば自分好みのそと側に出ようとしないのが、そしてその事が作品を次第に旨くはしてゆくが変つた活発なものにしないのである」と井伏の「旨さ」を認めつつも、もっと広い世界へと出ていくことを説いている。井伏が自身の枠を乗り越えることが複数の評者の間で期待されていたのだ。

このような井伏作品に対する期待感と、前節で見た文学大衆化の動きとが重なっていったことに注意しよう。上司小剣「文藝時評(三)」(『都新聞』一九三六・一〇・二七)は、「一軒家」(『文藝』一九三六・一二)を取り上げて「短くて読みやすく〔…〕ほツとして安易な心もちになつた。酸いも甘いも噛みわけ、舐めつくした老大作家にも劣らぬこの作者のうまさ」と賞賛しつつも、「いはゆる大衆作家の一歩手前のところで踏みとどまつた、といふ危なツかしさ」を指摘し、「もちろんその間に越ゆることのできない深い溝があるにしても、溝があるだけに、よけい危険で、その溝へ落ちたが最期、どツちの石崖へも這ひ上がれない、といふ気もするのである」と危惧する。一方、永井龍男は井伏鱒二『集金旅行』(版画荘、一九三七・四)の書評(『文學界』一九三七・七)で「面白い小説と云つて、近頃純文藝作品中、之ほど一般的に通用する面白さを持つた小説は他にはないだらうと思ふ」と述べている。つまり、「純文藝作品」でありながら「一般的に通用する面白さ」を具えていることに注目しているのであり、新城郁夫が的確に指摘するように「他ならぬ横光の「純粋小説論」の誘引する問題意識の領域の中において提示しえる評価基準が働いている」[9]と言えるだろう。しかし永井は同じ文章のなかで、「同氏の創作集は従来その悉くが、少数の「井伏鱒二党」を僅かに慰めに足る趣味的な形式で、出版されてゐる点」について疑問を述べ、「私は井伏鱒二の作品は、決して一部人の趣味に依つて温室に育つものだとは思はない」とし、「井伏鱒二氏は、多数の読者と執筆契約とを持つべき作者である」と激励するのである。

そして、こうした流れのなかに、井伏鱒二という「純文学」の作家が直木賞を受賞したという出来事も位置づけられる必要があるのだ。永井龍男は「また直木賞の方では、純文学を志向する井伏鱒二が、同賞を受けるか否か、危惧する委員が二三に止まらなかった[10]」ことを証言しており、当時においても井伏に直木賞を授与することがやはり奇異なものと思われていたことがわかる。にもかかわらずそれが行なわれたのは何故か。

『文藝春秋』（一九三八・三）に掲載されている選評によれば、初めに井伏を推挙したのは大佛次郎だったという。その大佛は選評で井伏の『ジョン万次郎漂流記』について「ヒユマンな点で我々を打つ」としつつ、「史実を素朴に貫きながら、終始、人生に対する作家の瞳が行間に輝いてゐるのである。甚だ単純のことのやうだが、実は現在、人の理解してゐる所謂大衆文藝の本流とは背中合せの特徴である」と述べている。また吉川英治は「或は、氏を擬して直木賞へ当てたことを意外に思ふ人もあらうが、それは井伏君のつゝましやかな作風と良心的な仕事の態度をもつて、直に非大衆作家型となすもので、氏の作品全体を通じて脈流してゐるものゝ中には、現在の大衆文学が持たない特異な大衆文学性がある」と述べ、久米正雄も「「ジョン万」は、前に書いた「青ケ島」などゝ共に、井伏君が純文学として書いたものであるが、其時代小説としての興味も、大衆性を含んでゐるばかりでなく、此の位の名文は、当然此の大衆文学の世界に、持ち込まれなくてはならぬものである」と井伏作品の特異な「大衆性」を高く評価する。その他、佐々木茂索は「味のある作家井伏君は、今後大衆作家に何事かを教へるかも知れない」と言い、白井喬二も「「ジョン万次郎漂流記」を推挙することは、直木賞の範囲を一層広めた事にならう」と述べる。また菊池寛も「話の屑籠」（『文藝春秋』一九三八・三）のなかで、「直木賞も、井伏君を得て、新生命を開き得たと思ふ。井伏君を大衆文学だと認めたのではなく、井伏君の文学に、我々は好ましき大衆性を見出したのである」と述べており、総じて『ジョン万次郎漂流記』のなかに従来の「大衆文学」とは異なった「大衆性」を見出し、それに直木賞を授与することで従来の「大衆文学」の側にも変革を期待するというスタンスが見出される。中島健蔵「文藝時評」(『中外商業新報』一九三八・二・二七)は同時期の新潮社賞に触れながら、次のように述べている。

直木賞に対して、新潮社賞の第二部は、浜本浩氏が獲得したが、大衆文学の新生面を担はされた純文学畑の井伏氏と、大衆文学畑の文学者浜本氏とは、期せずして両方から歩みよつた形で(文学賞によつてさういふ形が出来たのだが)純文学とか大衆文学とかいふ区別が遠からず消滅する前徴のやうな気がして愉快であつた。知識階級と大衆とがかけはなれてゐるといふが、純文学と大衆文学との区別がかうはつきりしてゐては、益々その弊を助長するやうなものである。現在の純文学は、決して難解ではない。純文学の凡作に水を割つて味をつけなほしたやうな大衆文学も、このまゝでは仕方がない。さういふ意味で、先づ手はじめに、文学賞の方で区別を消してゆき、しばらくたつうちには、日本画と洋画の区別のやうに区分けの性質が違つて来ればよいと思ふ。

まさしく「大衆文学」と「純文学」の境界が再定位され始めていたこの時期、「大衆文学の新生面」を待望する動きの一環として、井伏の直木賞受賞という出来事はあったのである。ただし、白井が「記録文学と銘打つたこの作品に、とりわけ積極性は無いが」と言い、吉川が「僕は井伏君の人間と素質のはうを、この作品以上に思つてゐるので、これを以て、井伏君の代表的作品と見なす事は不満である」と書いているように、幾人かの選考委員においては『ジヨン万次郎漂流記』という作品が特に受賞に価すると考えられていたわけではなく、むしろ井伏作品全体に共通して見られる「大衆性」に主眼があったことがわかる。受賞対象として『ジヨン万次郎漂流記』だけでなく「其他ユーモア小説」が付け加えられているのも、その辺りに関係があるに違いない。

永井龍男は井伏の直木賞受賞について、「杉並辺り——井伏鱒二への手紙」(『文藝』一九三八・四)で「君の受賞は、近来にない新鮮な感銘を、文壇にもたらした」とし、直木賞選評の言葉を引きつつ、あらためて自身の「大衆性」をもっと伸ばすべきことを説いている。そして、「聡明な君は、すでにこの点に就て考へをまとめてゐるかも知れない。たゞこの問題は、要は君の覚悟にあると信じてゐるので、却つて君の聡明さが僕には不安に思はれるだけである」と付け加えるのだ。以降の井伏の軌跡を考えたとき、この永井の言はなかなかに意味深いものに思われる。そして『多甚古村』こそは、こうした永井たちの期待にまさしく応え得たものだったのだ。それは多くの読者に歓迎され、井伏の名を広く知らしめていくことになるが、そのように好評だった理由および背景を探るには、文藝復興期以降の文学大衆化の動きがどのように帰結したのかを見ておかねばならない。

四　文学大衆化と総力戦体制

純文学の読者は極めて小範囲である、このまゝ放置すれば、純文学は通俗文学の洪水に押し流されて了ひ、純文学の作家は陋屋の中でひぼしにでもなるより他はないであらう、何とかして純文学に大衆性を持たせ、通俗大衆文学の読者をこちらに再び奪還し、所謂大衆作家に対して自分等の生活権を擁護すると同時に、文藝復興の実を挙げたいものであるといふ、甚だお目出度い、しかも甚だ無理からぬ考へが、所謂大衆文藝の繁栄に身の危険を感じ出した所の、純文学の陣営に属する作家や批評家達によつて思ひ附かれてから、既に何年になるであらうか。

このように皮肉な書き出しで始まる小口優「風俗小説論」（『三田文学』一九三七・五）は「この数年間に於ける文壇の唯一の真剣な問題が純文学大衆化の問題であつたといふことは、流そのものを注意してゐた者は直ぐ理解される。他の色々な問題は殆んどすべてこの問題から派生した副次的な文壇話柄に過ぎない」と喝破する。そして「現時に於ける風俗小説の氾濫は実にこの純文学より通俗文学へ至る一階梯であり、純文学衰亡の前兆である」とし、「風俗小説は屢々社会小説といふ商標を附されて売り出される」が、「外彼《ママ》の部の現実に倒圧《ママ》されない程に内的真実をたゝへた理想をうちに持つてゐる作家でなければ、風刺的な社会小説は書けない」のであり、「社会小説は文学作品であつて、単なる娯楽乃至慰安の手段でないことが風俗小説と違ふ点である」と「風俗小説」を厳しく批判している。

「風俗小説」、それこそはまさにこの時期における文学場の変容が生み出したものであった。それに対する最も積極的・持続的な批判者として谷崎精二の名を挙げないわけにはいかないだろう。谷崎の「風俗小説雑感」（『早稲田文学』一九三七・一〇）は次のように述べる。

『小説は面白くなくてはいけない。』『筋がなくつてはいけない。』『偶然をもつと取入れなくつてはいけない。』等、等、等の意見が文壇に行はれ出したのは暫く前からであるが、是等は恰かも新風俗小説の出現を準備するための掛声であつたかとも思はれる。新風俗小説は読者の要求によつたのでもなく、作者自身の文学精神の必然から生れたものでもなく、一部の文壇的掛声に釣られて姿を現したのだと見られない事もない。それは小説の本道に於ける何等の進歩でも、革新でもなく、作品に外部的拡がりを持たせようとして、却つて内部的真実を失はんとする危険が多分にある。

この谷崎の文章は「自己小説・風俗小説・社会小説の交流」という特集の一つとして発表されたものだが、特集名にある三種の小説は決してただ並列されているわけではない。「自己小説」＝私小説はもはや捨て去られるべき対象であり、「風俗小説」も乗り越えるべき否定的な対象とされ、真の「社会小説」こそが目指されるべき目標として設定されるのである。そこで「風俗小説」は「内部的真実」の欠如という点において否定的に捉えられており、それは小口の見解とも一致している。

約一年後の『早稲田文学』（一九三八・九）の特集「風俗小説の再検討」においては、谷崎は「風俗以上の物」というタイトルで、「風俗小説」とは「事変の影響によつて作家の個人的、社会的真実を求めようとする熱意に或る種の制約が加へられ、進むべき方向に迷つた文人が作品の内部的真実を捨て、外部的拡がりを求めようとした結果だ」として、「此の種の作家に必要な物は唯技術だけになつたらしい」と皮肉に書きつけている。この谷崎の文と並んで掲載された岡沢秀虎「ブルジョア文藝の過渡形態」は、「元来ブルジョア文藝家でない素質の作家は、一見風俗現象を描いてゐるやうに見えても、それは決して単なる風俗小説ではなく、その根底に社会性（社会的批判）が有機的に溶け込んでゐる。だからそれは単なる「風俗小説」ではなく、「社会小説」の第一歩である。最近の伊藤永之介氏の力作「鶯」「燕」などがその実例である」として、「風俗小説は飽くまでブルジョア文藝の必然的な一過渡形態として、正当な発展に導かれなければならない」とする。佐藤民宝「風俗文学の問題」(『新農民文学論』日本公論社、一九三九・四)は、島木健作『生活の探求』(河出書房、一九三七・一〇)を「わが国の農民文学の方向を暗示してゐるもの」として高く評価しつつ、「わが国の農民文学は、このやうな苦汁の世界を通過しなければならなかつたのだ。このやうな段階を私は風俗文学と理解するのである。やがてこれは、バルザックの作品に見られるやうな社会小説にまで進展して行くものであらう」と述べている。岡沢や佐藤においては、「風俗小説」は「社会小説」そのものではないものの、それへと至る発展的段階の一つであるとされているのだ。

あるいは、戦後に「風俗小説」を厳しく批判することとなる中村光夫は、「新しい常識文学」(『文藝』一九三七・六)において「風俗小説」の肯定的な面を指して「常識文学」なる語を使用している。そこで中村は「横光氏の「純粋小説論」は結果において小説の通俗化、常識化の議論であつた」のであり、「小説の通俗化または常識化が現代文学の蔽ひがたい趨勢である」と指摘する。そして林房雄や島木健作の名を挙げつつ、「これらの作家の常識的な人間観察は時として浅薄を免れない」が、「形骸化した文学の像の破れた地点に、人間性に関する新たな思想を、自己の感受性を通じて強く育てあげる」という「今日の作家にとつて何よりの急務」につく「端緒を把んでゐる」として、限定を附しつつも「常識文学」の可能性に期待をかけている。

このように、論者によって用いる語とそれが指す対象が違っていることには注意が必要であり、違う語によって同じ対象を指している場合もあれば、同じ語で違う対象を指している場合もある。だが重要なのは、そうした個々の違いを含み込みつつ形成されているこの時代のモードを捉えることなのではないか。たとえば、高倉テル「日本国民文学の確立」(『思想』一九三六・八〜九)を読めば、そこで言われる「中間文学」を「風俗小説」に、「国民文学」を「社会小説」に読み替えることも可能であろう。[11] そこで高倉は「封建的身分層が、いかに日本の藝術お分裂させ、混乱させ、国民文学の確立お妨げて、文学大衆化の為のいかに大きな障害となったものであるか」と問いつつ、「日本国民文学の確立わ、大衆の立場からの標準日本語の統一とゆう国語の問題と、それお書き現す手段としての国字の問題と、この二つの問題と固く結びついて居り、その解決おキソとして、その上に初めて成り立つものだ」と宣するに至るのだが、ここで「国民文学」という語は「文学大衆化」の(一つの)目標として捉えられているのであり、その点で「風俗小説」(および「社会小説」)と同じ問題圏に属する語であることは見やすい。[12]

戦前における国民文学論議は、浅野晃などによる「日本への回帰」現象をあからさまに体現している主張の一方で、平野謙「太平洋戦争下の国民文学論」(『文学』一九五五・二)が言う「もうひとつのポール」があったことを見逃すべきではないのだ。そこで平野が挙げるのは「国民文学の建設といふことが現代文学の主要な課題となつてゐる」とする岩上順一「国民文学論」(佐藤春夫・宇野浩二編『昭和文学作家論　下巻』小学館、一九四三・六)だが、その結論部分で「ただひとり、昭和文学に於て最も高い藝術的な水準をたもちながら、国民文学と呼ばれるに値する作品を形成し得たのは島崎藤村であつた」とされ、『夜明け前』(新潮社、一九三二〜一九三五)が顕彰されているのを見るならば、この「もうひとつのポール」もまたある種の危険性と無縁でなかったことは明らかだろう。[13] たとえば高倉や岩上と、文学もまた「国民精神総動員の線に添ふて、前進しなければならない」が、「日本文学が、この役割を果すためには、どうしても従来の純文学といふやうなもの、既成の殻を打ち破つて、更に大きな拡がりと、機構を持つことが必要である」と述べる中村武羅夫「文学と国民思想」（『日本評論』一九三八・二）のような立場との間にある違いを見ることにどれほどの意味があるのだろうか。むしろ政治的立場の違いを超えて成立している強固な共通性をこそ見据えるべきなのだ。(14)

「風俗小説」「農民文学」「国民文学」――これらはお互いに重なりつつ、この時代の大きな流れを形成している。文学大衆化の動きのなかから「風俗小説」が出てきたのであり、それはやがて「農民文学」や「歴史小説」を含みこみつつ「国民文学」論議へと流れ込んでいく。そうした大きな流れが含み持っていた危険性は、「風俗小説」および「農民文学」の代表的な存在として複数の論者に名前を挙げられていた島木健作の軌跡が象徴的に示しているだろう。(15) 文学大衆化の動きは、〈われわれ〉＝「国民」という共同体を立ち上げることに寄与し、総力戦体制へと組み込まれていくこととなるのである。(16)

五　『多甚古村』という成功／陥穽

同時代のそのような動きを見たとき、『多甚古村』という作品が好評だったのは当然のことであったと言える。甲田という一巡査の日記の形をとりながら、戦時下農村のさまざまな事件や騒動を描いたこの作品は、最も上質な「風俗小説」として歓迎されたのだ。たとえば、宇野浩二「文藝好著三種」（『読売新聞』一九三九・八・一八）は、「言葉どほり、私が近頃で最も愛読した本の一つである」とし、「私が「可なり骨を折つてゐるだらう」と云つたのは『多甚古村』を差すと共に、数年前の優作『集金旅行』から井伏がこゝまで進まないやうに見えて進んで来たことをも意味するのである」と述べているし、菊池寛「話の屑籠」(『文藝春秋』一九三九・九)は「井伏鱒二君の「多甚古村」という本を面白くよんだ。読後二、三日楽しかつた」と述べ、K・F(中島健蔵)「文学的人物論・井伏鱒二」(『文藝』一九三九・一一)は「『多甚古村』は、再び民衆の知恵の明るさを、前よりもしつかりした腰つきで我々に示すことになつた」として「井伏の再起」をそこに認めている。更には青野季吉「長篇小説評3」(『都新聞』一九三九・一一・二三)は「ほのぼのとした悦びをあたへる長篇」と評し、「私のやうに創作を日常のこゝろの糧として生きてゐる人間には、ときどき創作の形で与へられるレクリエーションが必要であるが、さういふ作品を恵んでくれる作家は滅多に無く、井伏氏などは希有な存在である」と称賛を惜しまない。

それは『多甚古村』の新聞広告によっても確認できるだろう。「読者は此を手にするとき余りの面白可笑しさに己を失ふであらうが、全篇を織りなす綾の中に、作者の人生への誠実さに胸打たれることであらう。そして甲田巡査・多甚古村の住民たちの営む日々こそ、如何なる現代の英雄の生活よりも美しく我々の生活の拠り所となるやうな気がせずにはゐられない」(『東京朝日新聞』一九三九・九・二六)、「味はひながら、考へながら、おもはずも笑ひながらよむのが、井伏文学の特徴である。本篇はそ《ママ》うした井伏文学の一系列の中特に作家の不思議な魅力が強く全面的に彫上げられた傑作――舞台は温国の海ぞひの閑村、登場人は甲田君と云ふ独身者の人情巡査、そして様々な癖をもつてゐる村人多勢と、さうした素材の個々は思はずも「ああ、あの人に似てゐる」とつぶやかずにはゐられない程、我々の身近かなそれであつて、読者の心をしらずしらずの中に温かくしてくれる。／最近文学読物の中の最高ヒツトが本篇である」(『東京朝日新聞』一九四〇・四・一九)とあり、「作者の人生への誠実さ」、「作家の不思議な魅力」が担保されつつも、「面白可笑しさ」や「笑ひ」、そして「我々の生活」「我々の身近かな」素材といったものが前面に押し出されているのである。

「最高ヒット」に結びついた要因としては、出版された年の暮れに新国劇によって劇化され、翌一九四〇年には映画化されたことも大きいと思われるが、[17] 河上徹太郎「最近の長篇小説（完）完璧の仮構」（『帝国大学新聞』一九三九・一一・六）は「井伏氏の「多甚古村」が、東宝で映画化されるといふ。矢張り映画人が眼をつけさうな代物だ、とうなづける作品である」と述べ、「「多甚古村」は、確に此の作者の近来の傑作であり、その文学的資性の最も厭味のない現れ」であるとしている。その言葉には、『多甚古村』は翻訳調が目立った初期の作品に比べて「一見不自然らしくさへ見える言葉の使ひ方」（小田前掲「ラヂオ小説論」）が少なくなり、文体が平明なものになっているという意味が含まれているのであろう。戦後に小林秀雄が「井伏君の初期作品には、極く普通の意味で叙情詩の味ひを持つたものが多かつたが、恐らく、彼は、人知れぬ工夫に工夫を重ねて、「貸間あり」の薄汚い世界を得るに至つた[18]」と述べているような変化の途上において、『多甚古村』が一つのターニング・ポイントだったことは間違いない。河上徹太郎が『多甚古村』を「最も成功した、しかも井伏の持味のよく出た長篇」と評しつつ、「こゝでとにかく井伏の文学がめつきり幅が広くなり、心境的な世界から抜けてロマンの体を整へて来たといへよう[19]」と評価している所以でもある。

だがそうした変化を井伏個人のものとして考える限り、それが含み持っている問題性を捉えることはできないだろう。さまざまな試行錯誤を重ねていくなかで、井伏は『多甚古村』によって時代のモードに乗り、「流行作家[20]」と呼ばれるようになった。そして重要なことは、井伏もまた文学大衆化から「風俗小説」へという同時代の大きな流れのなかに位置していることであり、その限りで総力戦体制に適合的に見えることなのである。先行研究においてしばしば井伏作品には「庶民文学」という呼称が附されるが、その呼称もまた、前節で見た「国民文学」論議と無縁ではないことは明らかだろう。杉浦明平がプロレタリア文学と柳田国男の民俗学が交錯する地点で井伏を「庶民文学」として称揚している(21)のは実に象徴的である。畢竟、「庶民文学」とは「国民文学」の一変種に他ならないのだ。

文藝復興期以降における文学場の変容において、井伏鱒二という作家が占めていた位置はきわめて興味深い。それを単に「庶民文学」と称揚して済ませるのではなく、「庶民文学」と受け止められる下地がこの時代に成立したことを批判的に検討し直していくことがこれから必要となっていくだろう。その際、村人たちが「大日本帝国万歳と多甚古村万歳を三唱して解散」する場面で終わる『多甚古村』評価こそが大きな試金石となるはずである。

第八章　戦時下における「世相と良識」――『多甚古村』

一　戦時下のベストセラー

井伏鱒二の「盗作」疑惑をセンセーショナルに煽り立てた書物に、[1]『多甚古村』（河出書房、一九三九・七）への言及がないのは如何にも不思議なことに思われる。何故なら、この作品こそが『黒い雨』（新潮社、一九六六・一〇）に先だって一般の人物が書いた日記をもとに作られた小説に他ならないのだから。しかも、『多甚古村』は東郷克美が「おそらく戦前における井伏鱒二の唯一のベストセラーである」[2]と言うように、井伏の名を世間に広く浸透させた役割としては、直木賞を受賞した『ジョン万次郎漂流記』（河出書房、一九三七・一一）などよりもむしろ大きかったと考えられるのだ。

前章でも述べたように、『多甚古村』の出版は大きな好評のうちに迎えられた。たとえば、河上徹太郎「最近の長編小説・完璧の仮構」（『帝国大学新聞』一九三九・一一・六）は、次のように称賛する。

「多甚古村」は、確かに此の作者の近来の傑作であり、その文学的資性の最も厭味のない現れであり、氏の生来の想像力が邪まな誘惑に乗ることなく健やかに働き続けてゐることのいゝ証拠である。材を一寒村の若い巡査の駐在日記にとり、その村の老若男女あらゆる種類の人々の行状を為すことによつて、世相と良識と詩情を表さうとしたものであり、殊に警察沙汰の面から描いたことは、作者が所謂世の苦労人であることから見ても、うつてつけの形式なのである。

ここで河上が『多甚古村』を「世相と良識と詩情を表さうとしたもの」と捉えていることに注目したい。「詩情」はともかくとして、戦時下における「世相と良識」とは、如何なるものだったのだろうか。たしかにそうしたものを含んでいるからこそ、この作品は同時代において多くの読者に迎えられたのだろうが、同時にそれは、今日から見た場合に単純に評価できない要素を含んでいると言わざるをえないのではないか。

戦後において『多甚古村』への批判が噴出するのも、おそらくそのあたりの事情と関係しているはずだ。だが『多甚古村』は、一九五〇年代には各種の文庫から刊行されていることからも一般的な人気には根強いものがあったと推測される。そして、それらに附された解説はなかなか興味深い。

たとえば、伊藤整による「解説」(『多甚古村』新潮文庫、一九五〇・一)は『多甚古村』にはほとんど触れようとせず、若い頃に井伏の「谷間」を初めて読んだときの思い出話などを長々と書いた揚句に、付け足しのようにして次のように述べる。「『多甚古村』もなかなか面白いが、私としてはその続編の方が好きである。続編は正編よりものびのびとして小説らしい展開を持つてゐる」。『多甚古村』とその続編である「多甚古村補遺」(『鸚鵡』河出書房、一九四〇・五)との間に、差異を見出しているわけだ。伊藤が『多甚古村』に言及しているのはこの箇所のみであり、「正編」と「続編」の差異を具体的に分析しているわけではないが、重要な指摘と言っていいだろう。

また、佐々木基一による「解説」(『多甚古村』岩波文庫、一九五六・八)は、戦後において行なわれた『多甚古村』への批判を暗に踏まえつつも、次のように一定の評価を与えている。

作者は戦時下の、ものを書くことが多分に窮屈になりはじめた時期に、権力の代行者たる駐在巡査に自らを仮託し、国家非常時という大義名分をかかげることでかえって、これら名もなき民衆の悲惨と愚行の数々にあくなき興味をそそぐ自由をかちえたかの如くである。〔…〕それは窮余のはてに考えついた苦肉の策、一種の韜晦戦術であったと思われる。

佐々木は「国家非常時という大義名分」によって「民衆の悲惨と愚行の数々」を描くことができたのだと評価しているのであり、他の論者たちよりも「風俗」に積極的な意味を見出していると言える。また佐々木は続く箇所で、「戦時下の作品には、多かれ少なかれ、こういう苦肉の策が用いられているので、どこまでが作者の本心で、どこまでがみせかけの戦術であるかを見きわめるのは大へんむずかしい」と述べており、厳しい検閲という外的条件下に書かれた作品を読む際には一定の配慮が必要となることに注意を促している。(3) そして佐々木は、「また、苦肉の策として用いられた手段が、逆に作家に向かってはねかえり、作家の手足を縛りつける場合もないではない」と続けるのだ。このことは論理的に、「本心」と「みせかけ」とは外部から見て見分けづらいのみならず、作者の内部においても分かちがたいものとなっている可能性を示唆するものともいえよう。ただし、佐々木はそのような「限界」を指摘しつつも、基本的にはこの作品に戦時体制への「批判」を見出そうとしているようだ。

しかし、作者の眼はこの作品においても、決して冴えを失っていないし、反語的精神も鈍磨していない。たとえば、出征兵士を見送る妻が別れをおしんで泣くと、「幾ら亭主を見送るとはいへ泣くとは不都合だ」とその父親が叱っている。そのあとで甲田巡査をして「私も挙手の礼をした。しかし私はどうもまだ挙手の礼がへたくそで、てきぱきとした格好が出来ないのである。」と云わせている。

このようにして佐々木は『多甚古村』に「批判」を見出していくわけだが、しかし率直にいって、ここで述べられている場面を「批判」と言うことは現在、十分には納得しがたいのではないか。個々の場面を切り取って断章取義的に論じてしまえば、いくらでも恣意的な解釈が可能となるに違いない。個々の場面を解釈するにあたっては、それがどのように他の場面と結びついているか、どのような文脈の下に置かれているかを測定することが最低限必要となってくるはずだ。管見の限りでは先行研究において、そのような作品の構造をも含めて考察の対象としえているのは、前田貞昭による論考(4)を措いて他にはない。

前田は先述した伊藤整と同じく『多甚古村』と「多甚古村補遺」との間にある差異に注目し、後者に「権力批判の萌芽」を見出している。本章においても、前田の指摘を踏まえつつ『多甚古村』の構造を捉えることを目的とする。そして、それが同時代においてどのような意味を持っていたのかについても考えてみたい。

権錫永《クォン・ソクヨン》は、戦争への協力か抵抗か、というような評価軸は「すべての言説を両者のうちのいずれかに割り切ることを強いてしまう」のであり、「言説というものが必ずしも統一体とは限らないという認識の下で、矛盾する要素・亀裂――あるいは不連続性――を、素直に矛盾として亀裂として読む」必要性を喚起している。権によれば、「戦争期の規格化の視線にさらされながら、逸脱＝批評の欲望が言説として結実したときに、〈矛盾・亀裂＝逸脱の言説〉となる」のである。(5)『多甚古村』および「多甚古村補遺」を読む際にも、協力か抵抗か、に性急に割り振る前に、そのなかにある〈矛盾・亀裂〉を読みこんでいくことが必要となってくるだろう。

また、この作品が一読者の日記をもとにしているという事実も重要な要素として注目される。何故なら、成田龍一が言うように「出来事と出来事が生起する「現場」を描く方法が、一九三〇年代に焦点として浮上してきている(6)」のであり、井伏の『多甚古村』もまた、そのような同時代の動向のなかで見ていく必要があるのだから。そして一九三〇年代の後半とは「出版統制の画期(7)」であるとともに、出版界が「未曾有の好況(8)」を呈していた時期でもあった。そうしたなかで、井伏もまた「流行作家」となっていくのである。(9)それは井伏にとって一方ではたしかに「成功」であっただろうが、他方ではまた「陥穽」でもあったに違いない。

二　「文学」の変容

前章でも述べたように、『多甚古村』は発表当時、新国劇によって劇化されており、東京や名古屋で上演されている。名古屋公演の際のパンフレットに掲載された井伏の文章中には、「『多甚古村』の駐在巡査のモデル、某巡査」への言及がある。(10)この「某巡査」こそが『多甚古村』のもとになる日記を著わした人物に他ならない。川野一というその人物は後年、一連の経緯を次のように語っている。[11]

その頃新進作家だった井伏鱒二の小説が特に好きで、井伏さんにファンレターを出したりしていました。駐在所の勤務は暇だったから、それこそつれづれなるままに日記を書き続け、駐在所巡査の生活というものを知ってもらうために、井伏さんのもとへ送ったんです。〔…〕井伏さんに送ってしばらくすると、井伏さんから『これは小説の題材として使えるから、そっくりくれないか』という手紙がきました。

そこで川野は「差し上げてもよいが、それには条件がある。お礼はいただかない。そのかわりなるべくカットしたりいじくったりせず、元の文章を生かしてほしい」と返事を出すと、井伏から「承知した。前後の入れかえや継ぎはぎはするが、できる限り元の文章を生かす」という返事が折り返し来た。だが、「途中から井伏さんの空想がはいって原文と違ってきたのを、わたしとしては残念に思い、井伏の作品からも遠ざかっていったと言う。一方で川野は「井伏さんは当時『東京へ出てきたら歓待する』という手紙をくれたし、いまはわたしも別にこだわりは持っていません」とも述べているのだが、当時『多甚古村』に対して複雑な思いを抱いていたことは間違いないだろう。

この経緯に関して、井伏の側も「徳島の町外れの街道沿いにあった駐在所の巡査が、会ったこともないのに、どういう積りか、毎月、五、六十枚宛自分のことを書いた日記を送り届けてきた。それが何年間かのうちに二尺くらいの高さになった。時々眼を通してみたが、そのうちに書いてみようかという気になった。駐在所の巡査に独身者はいないのだが、そういうことは無視して書いたし、終りのほうは大分ウソがまじっている」[12]と発言しており、基本的な事実関係は一致していると言ってよい。

ところで、堀部功夫[13]が指摘している事実はもっと注目されてよいのではないのだろうか。すなわち、『多甚古村』の出版後、川野自身が本を出版していることである。しかもそれは一冊ではない。『交番』（新光閣、一九四一・三）、『交番風景』（鶴書房、一九四一・八）、『恒安町の朝』（作家社、一九四三・九）と数年の間に三冊も出版しているのだ。その売り出しに『多甚古村』がおおいに利用されたことは、その帯文を見れば明らかだろう。

『交番』の帯には、「多甚古村の主人公登場／問題の書」と大きな字で書かれており、「「多甚古村」の主人公、甲田巡査は本書の著者川野一氏であります／これは巡査の描いた警察の世界である――／これは一警察官の大胆なる生活記録である――」とある。また、『交番風景』の帯には「街へ出タ「多甚古村」ノ甲田巡査」と大きくあり、「又も巨弾‼／実相文学の最高峰／新鮮全裸の解剖報告／戦時下国民生活の種々相を、総ゆる角度を変へて／一交番巡査が冷静、真摯、素朴、公平なる活眼を以て／むき出しに語る一大職場快著／ひたむきに貫く全日本人の心臓／これぞ我等の座右銘」と書かれている。それまで単なる一巡査であった川野が三冊も著書を出版することができた理由として、『多甚古村』の存在が大きかったのは間違いないが、先述したように、一九三〇年代において「現場」を描く方法が多様に試みられるという状況があったことも影響していると思われる。

板垣直子『事変下の文学』（第一書房、一九四一・五）は、豊田正子『綴方教室』（中央公論社、一九三七・八）、小川正子『小島の春』（長崎書店、一九三八・一一）、野澤富美子『煉瓦女工』（第一公論社、一九四〇・五）など、さまざまな職場や境遇にいる女性たちが執筆した「素人の文学」が「非常な売行をみせた」ことについて、次のように述べている。

それらは勿論、文学性よりも題材につながる興味に於いて存在したものである。従来の文学が取扱つたやうな或ひは取扱はないやうな貧困した生活の描写と生な感情を持つてゐるところに、社会が吸ひついたとみるべきであらう。〔…〕これらの大きな大衆性は、勿論高い読者層の減つたことを意味するものでもないし、読者の興味の下つたことにもならない。高級な読者は前のやうに残り且つ一方でふえてゐる半面に、新読者の急造されてゐる事実を語るものである。つまり、大ざつぱにいつて、「文学」の概念が広くなり、その意味での興味が普及したといつてよいであらう。

それら「素人の文学」の流行はまた、火野葦平『麦と兵隊』(改造社、一九三八・九)などの戦争文学の流行や、島木健作『生活の探求』(河出書房、一九三七・一〇)などの農民文学の隆盛ともつながっている。内地と戦地とにかかわらず、それぞれの「現場」を報告するルポルタージュ的作品がこの時期多く書かれ、しかもそれが「新読者」を多く獲得したのである。そして「新読者」とは、従来の「文学」を愛好する読者とは異なる読者なのであり、この時期、文学場自体が大きな変容を遂げていたのだと言える。谷崎精二「現文壇の常識主義」(『早稲田文学』一九三八・四)は、そのような動向を次のように批判している。

最近の文壇で新しい傾向として注目されてゐる風俗小説及びルポルタージユ文学も、或る意味で常識主義の現れだと見做してい丶だらう。社会的批判と思想的展開を阻まれた現代の文壇で、せめて時代の「感覚」か、時代の「問題」かを掴み出して忠実に描かうとした試みが、前者は風俗小説となり、後者はルポルタージユとなったのだと解釈される。社会を全的に描き、全的に批判する自由を失つた作家が、せめて部分的に見た人生の描写乃至報告である。其処には際立つて新しい批判や展望はない。題材の新鮮性、若しくは重要性と云ふ事が此の二種の文学の特徴である。

ここで谷崎は「風俗小説」と「ルポルタージユ」を同じ現象の二つの側面であると述べている。それは「全的に批判する自由を失つた作家」による「常識主義」の現われに過ぎないとするのだ。この谷崎の批判は、いわゆる素材派・芸術派論争に先駆けて「素材派」への批判を行なったものだと捉えることも可能だと思われる。

その論争の発端となったとされる上林暁「文藝時評」(『文藝』一九三九・一)は、「外的世界の影響力の強い時代の止むを得ない現象かも知れないが、作家の内的風景の見えないのが寂しい」と言い、「この変転期に臨んで、僕達は時代の子となるために、焦慮したり、飛躍したり、心の秩序を失つたりしてはならない。もう少しじつくりと、内面的に、時間をかけて、成熟的な変化を遂げるべきである」と述べており、先の谷崎の批判と重なるものであることは明らかだ。「風俗小説」も「ルポルタージユ」も「外的世界」ばかりを描いて「内的風景」をなおざりにする(とされる)点で「素材派」の内に含められるのである。

第四章で述べたように、一九三〇年前後からプロレタリア文学内において注目されていた「報告文学」や「記録文学」は、一九三三年の「転向」後の時代状況においては、直接的な批判に代わる「プロテスト」の方法として再び注目を集めることとなる。だが一九三七年の日中戦争の勃発によって、戦線ルポルタージュが数多く書かれ、従来は左派による「プロテスト」のためのものだった「報告文学」は急速にその性格を変えていくのである。

そうしたなかで、「報告文学」あるいはルポルタージュについての論議も巻き起こった。たとえば、徳永直「報告文学と記録文学」(『新潮』一九三七・一二)は、「ルポルタアジユ(報告文学)とは、ソ文壇などでは非常に広汎で、記録的小説などもそのうちに含まれるといふし、世界的にも今日ではこの見解によつてゐるといふ。この傾向の本質的には、現実的なものが非常な勢ひで文学領域にそのまま接近しつつ、また尊重されつつあることを意味してゐる。書斎の奥で神秘的に出来上りつつあつた文学道場が、現実の道路へ投げ出されたやうな一つの世界的傾向をもつた文学革命なのである」と述べ、「報告文学」の革新性を積極的に評価している。(14)

また、中野重治「ルポルタージユについて」(『文藝春秋』一九三七・一二)は、「もしレポ《ママ》ルタージユ文学が、一つの文学ジヤンルとして文学的批判を受けるに値しないとすれば、〔…〕国民生活の変動期が生み出す無数のレポルタージユ文学について、いゝものと悪いものとの判別はなくなり、扇情的レポルタージユの氾濫と戦はうとする作家たちの努力も、相手の扇情性に自己の扇情性を対置するといふ危険へ堕落せねばならぬ」として、ルポルタージュのうちに質的な差異を見出す必要性を喚起している。だが、ルポルタージュをはじめとした「素材派」の文学、特に戦争文学や農民文学は「国策文学」などと呼ばれるような傾向を強めていくのだった。右で述べた上林の主張には、そのような背景があったのである。

「新潮評論」(『新潮』一九三九・六)は、「素材派」と「藝術派」との対立について、「文学的伝統を尊重し、文学的郷愁の精神をうたふ所謂保守派の、純粋真率な声が近頃しきりに起つてゐる。時代の勢に捻じまげられた邪道を、もとの正道にたちかへらせようとする自然の運動であるとたしかに認められる」としつつも、次のように述べる。

しかし、それはたしかに、文学の一つの正道ではあるが、唯一の正道ではない。こんにち邪道であるかに見えても、将来は正道とならぬとも限らないような、さういふ道もある。さういふ道をもいとはず、文学の新道を開拓しようとするのが、藝術派のなかの、保守派と対立する所謂進歩派である。

ここでの「進歩派」が具体的に何を指しているかは不明瞭と言わざるをえないが、従来の「文学」の枠に留まらないような傾向に期待がかけられていることだけは確かだろう。注意すべきは、「国策文学」に対して一定の歯止めをかけようとしているかに見える上林暁や「新潮評論」の筆者にとっても、「文学」に社会性が必要だとする点では「国策文学」と立場を異にしているわけではないということだ。清水幾太郎「文藝時評(3)」(『読売新聞』一九三九・六・二)は、「古い純粋を守る人々と新しい広さに生きようとする人々との対立は、往々信ぜられてゐるやうに、その何れかがこのまま他を支配して行くべきではなく、両者が共に否定されることに依って解決さるべき問題であり、日本の文学の今後は恐らくこの対立の真の意義を正しく把握し且つこれを最も賢明に解くところに決せられるのであらう」とする。松本和也が指摘するように、「一連の素材派・芸術派論争を形成する言表を通して、同時代文学の理念は問い直され、対立図式を乗り超えた地点に、事変下の理想の文学が思い描かれ始めていく[15]」と言えようが、問題はその帰結である。

一言でいえば、それは「国民文学」と言うことになるだろう。前章でも述べたように、この時期、「文学」は旧来の枠を超えて社会的な広がりを持つことを求められていたのであり、それはあからさまなイデオロギー性とは関わりなく、総力戦体制に適合的なものだったと言える。そこで求められていたのは、〈われわれ〉＝「国民」にとって必要な「文学」なのであり、同時にそれこそが〈われわれ〉＝「国民」をつくり出していく。

北河賢三は「都市の上・中流の抑圧・抑制と地方生活者、下層生活者の持ちあげによる、イデオロギー的平準化傾向は一九四〇年の「新体制」の時期からいっそう強められるのであるが、その点で農民文学は先導的役割を果たした[16]」と述べているが、その他の「素材派」についても同様の事態が指摘できるだろう。成田前掲書が適切に指摘するように、「衛生や貧困、教育をめぐるさまざまな問題に直面した一九三〇年代の「現場」の報告が、「同情」にもとづく共感の共同体を形成していった」のである。

たとえば大木顕一郎・清水幸治『綴方教室』（中央公論社、一九三七・八）は、そこに綴方が多数収録された豊田正子をスターに押し上げ、一大ブームを巻き起こした[17]。そうした現象について中谷いずみは「〈豊田正子〉の対極に「遊情に流れる上流中流子女」が想定され、そのような人々への「警鐘」という役割が期待されている」と指摘している[18]。貧しい生活のなかでけなげに生きる存在として豊田正子が称揚される一方で、「上流中流子女」が批判されることによって、階層や境遇を超えた均質的な〈われわれ〉＝「国民」が思い描かれていくのだ。

『多甚古村』が各誌に分載されている時点の同時代評において、『綴方教室』に言及しているものがあるのは興味深い。武田麟太郎「文藝時評」(『読売新聞』一九三九・二・五)も次のように述べている。

同じく改造の「多甚古村駐在記」も、作者井伏鱒二氏のお家芸に接する愉しさと気楽さを感じる。駐在所巡査の日記の抄録めかしてあるが、これは井伏鱒二の「綴方教室」とでもたとへようか、とにかくこの人はいつも自由作文または綴方を書いて読者に、さうしたものが自然に持つ皮肉な批判を聞かせてゐる。

つまり、『多甚古村』もまた「現場」を記述するという同時代における多様な方法のうちの一つとして考えることができるのであり、農村を舞台とした「風俗」を描くこの作品が農民文学やその他「素材派」の文学と共通した部分を多く含み持っていることは間違いない。だが重要なのは、武田が『多甚古村』のなかに「皮肉な批判」を読み取っていることだろう。また大井広介「長編中編　時評」(『槐』一九三九・六)も、「益々井伏文学の妙味を発揮してゐるが、観照者である駐在所巡査が、井伏調の余裕のうちに、素朴な正義観を蔵し、時おり意外に辛辣な批判精神を発散し、従来の井伏文学の『そらとぼけ』や『あはれ』の境地から一歩進み出てゐる。／事大主義な非文学の横行の中に超然として、一種の清涼剤たるを失はない」と、やはり「批判精神」を見出していることから見ても、『多甚古村』に何らかの批評性を見出すことは可能なように思われる。そこで次節からは『多甚古村』自体を実際に読んでいくこととしたい。

三　屈折する言葉

『多甚古村』は「歳末非常警戒」「狂人と狸と家計簿」「新年早々の捕物」など全部で一四の章に分かれている[19]。最初の日付が十二月八日で、終わりが六月八日となっているから、描かれているのは一九三八年の年末から翌年の初夏までだと考えてよいだろう。

それに対して、『交番』以下の川野一の著作は明らかに一九四〇年以降のことを描いている。それは『多甚古村』のもととなった日記そのものではなく、その後に川野が村から町へと配属が変わってからの時期を扱ったものなのだ。だが、それを通じてある程度は『多甚古村』のもととなった日記がどのように書かれていたか推測することも可能だろうから、両者の違いを見ておくことにも意味があるだろう。

川野の『交番』の「私」は「自己の職場にあつて、御国を愛する信念は、人後に落ちぬつもりだ」と述べ、「英霊をポカンとして見送るものがあつて困る。〔…〕民衆は事変の長期と共に初めの感謝と感激が薄れたのではないか、と私は心配して居た。銃後にあつて、日常楽しく心配できるのも、第一線将兵のこの偉大な御奉公の御蔭である。国家の柱石に対して、涙と共に感謝し、拝するのが日本人だと、私は有志に叫んだ」というのである（「八月一日　奉公日」）。

また、新聞記事で中学時代の同級生が死んだことを知り、「彼は死んで永久に御国の柱となつたのだ」と感激する。そのこともあってか、町会において「私」は「新体制云ふのは新しい形やと思ふと良えのや。旧体制ではお国が危くなつたのや、難かしく云ふと、自由主義の旧政治、経済、文化では日本の国は危いのや、新秩序、全体主義、国家主義、天皇中心の皇道精神に還れと云ふ事や」と熱弁を振るうのである（「九月十一日　町会」）。その結果、「一部の代表等の反感」を買うことになるのだが、特高主任からは「いや君が悪いわけではないが、徐々に行く事だ。会長は、やゝ不満でも町総代の大部分は君に好感を持つて居て残留方を懇請に来たと聞いたが、気を落さずと、やつてくれ」と励まされるのである（「九月十九日　失敗の日」）。周囲から誤解されることはあるものの、「私」の国家に対する忠誠心は基本的に肯定されていると言えるだろう。

二番目の著作である『交番風景』には「交番風景の弁」という前書きがついており、そこには「私は、曩に、多甚古村にて、作家井伏先生により、街に飛出した甲田巡査そのものであるが、多甚古村の甲田巡査程に私は人間が出来ては居ないのである。要するに未だ青臭い文学巡査で、平凡な、場末交番巡査である。然し有難い事には、毎日激しい勤務のお蔭で、一般民衆の動向なり世相の一端を知るを得て、これではならぬとか、かくありたいものであるとか、さう云ふ事を、何時か筆に表現したいと思うてゐたが、たまたま郷土出身の鶴書房主田中貫行氏の好意で、こゝに長年の念願が実現し、交番風景となつた訳である」と成立事情が述べられており、「警察とは、冷たい、怖い所ではなく、親しみ易い、頼りになる所だし、警察は又民衆のよりよき理解と協力と同情があつて、初めて銃後治安を完遂さるべきであり、官自体も、反省、努力、研究、陛下の警官として恥ぢざるものとして、仁愛の心を持し、健全なる赤子養成に、砕身奉公せねばならぬ秋が来てゐるのを、貧しい筆で代弁させて貰うた」とされている。この前書きに対応するように、本文自体も「後で、両陛下万歳、住吉町万歳を三唱して解散になつた」という一文で終わっていることからも、この書が一貫した意図によって書かれていることは明らかだ。

概して川野の著作における「私」は正義感と愛国心に溢れ、さまざまな事件に振り回されつつも自身の職責を全うすることに意欲を燃やしている。もちろん時期的な違いがある以上、『交番』などの著作と『多甚古村』のもととなった日記とを同一視することはできないが、全く違う態度が描かれているとも考えにくいことから、「おそらく川野日記の駐在もまた同様、率先して時局に順応する態度だったろうと類推する」（堀部前掲論文）ことも許されるであろう。そして『多甚古村』の甲田巡査とは、そうした『交番』などの「私」に比べた場合、かなり誠実さに欠けると言わざるをえないようだ。

たとえば、甲田は教習生だった時、教官から「若い諸君の生命を自分にあづけてもらひたい。犯人に出会つたとき、決して卑怯な真似をしないやうに。人間は生きたいと思へば際限がない。死ぬときを得たら、すなはち死を生かすことだ」と訓示を受けた思い出を記す際には、次のように言うのである。「そのとき私は何だか物悲しい気持に近い興奮を覚え思はず武者震ひをしたものだが、もう今ではさういふ興奮を覚えなくなつてゐる。むしろ大手柄をたて、新聞にでも書きたててもらつたら、お袋が喜んでくれるだらうなどと不図そんなことを考へたりする」（一月二日）。もちろん甲田とて、国家のための職責を感じていないわけではない。だがそれは、次のように独特の屈折を伴って表現される。

私は自分のこの物品消費の状況を見て、国家から金銭をもらつてゐる私は、これだけの物品を消費して果してそれに値するだけの人間奉仕をしてゐるだらうかと熟考した。それに値する代物かどうかとつくづく考へたが、自分で軽々に判定を下すことは差しひかへることにした。それでも私は月四十三円と手当てをもらひ、年末のボーナスをもらふので、実家に毎月十五円づつ為送

りをして母と弟にも小遣をすこし送れるといふものだ。(十二月三十一日)

ここで甲田は「国家から金銭をもらつてゐる」ことに「値するだけの人間奉仕をしてゐるだらうか」と自問するのだが、それは結局「実家に毎月十五円づつ為送りをして母と弟にも小遣をすこし送れる」という日常的な次元に回収されてしまう。実は川野の著作においては「私」は結婚しているし、母親も再婚している。だが『多甚古村』の甲田は独身であるし、母親も再婚していない。甲田は母子家庭の長男として、母と弟を養っていかなければならないのだ。甲田はある大学生に対して、「私は貧乏人の子に生れたおかげで、世の中の辛酸をなめました。九つのとき父親に死なれ、親子喧嘩をしたいにも相手がないですわ」と語っている(三月二十日)。しかも甲田の場合、いわゆる立身出世意識もかなり稀薄なのである。甲田は実家に仕送りができるくらいの収入があればいいのだし、たまに新聞に載って母親を喜ばすことができれば十分すぎるほどなのだ。

同僚からある歌詞について「学者君、この意味、何かね」(一月二十九日)と尋ねられもする甲田は、警官のなかでは比較的教養のある人物とされているようだ。十二月三十一日の記事中にある家計簿には「コサツク従軍記」や「レ・ミゼラブル」といった書名も見える。とはいえ、ある親子喧嘩の仲裁に出かけて息子の大学生に「一言半句も口がきけなくなるほど」言い負かされた経験があり、「インテリの親子喧嘩は私には苦手だ」(三月二十日)と述べる甲田は、やはり「インテリ」そのものではない。たとえば、捕物で活躍した刈込君が「庭の松の下に立つて静かに莨をすつてゐた」姿を見て、甲田は「樹下将軍のやうだなあ」と言う。刈込君から「樹下将軍とは何のことや」と尋ねられると、「勲功があつても、謙遜して木の下に引きさがつてゐる偉い将軍のことやないか」と答えたものの、

「或ひは私の記憶ちがひで樹下将軍といふ熟語ではなかつたかも知れない」と書いている（一月二日）。そのような熟語を知っているという点で甲田は周囲の人物たちから「学者君」と呼ばれるような存在となると同時に、「大樹将軍」という名称を正しく思い出せないという点で「インテリ」からはほど遠いのである。

また、駐在所が寒く隣の役場が暖かいところから、甲田と役場の小使さんはお互いのことを「寒帯さん」「温帯さん」と呼び合うようになったのだが、二人が会話する場面は次のように描かれる。

支那はいつまで戦ひますか。英国、ロシヤ、フランスは戦ひますか。伊太利と独逸は、欧州の平和を維持させますか。いつもさういふ話をするのがおきまりで、その日その日の新聞にある通りのことをお互に云ふだけである。私たちには定見があるわけでなし、新聞に書いてない話になると双方とも意見はない。しかし日本が強い、世界一だといふ結論で最後の意見は合致する。そのうち煎餅がなくなつて帰つて来る。（十二月九日）

東郷前掲論文が指摘しているように、「しかし日本が強い、世界一だといふ結論で最後の意見は合致する」という一文は戦後において削除されているが、しかしこの言葉が前後の文脈に置かれたとき、やはり一種の屈折を伴っていることは明らかだろう。「定見があるわけでな」い「私たち」にとって、その「最後の意見」もまた「新聞にある通りのこと」以上のものではないはずなのだから。

また、違う日の会話では、甲田は「温帯さん」に向かって次のように言う。

「いや、この寒帯さんも、もうすこし健康で才能があると大陸行きを思ひますが、何の取りえもないのでこの道で終らうと思ひます。それに寒帯さんは田舎に引籠つてしまつたので、田舎の景色のやうにのんびりとして覇気をなくしました」と私が云ふと「この節は時局柄、酒のみがすくなく乱暴者もなく、違反者もすくないのでお暇で困るでせう」と温帯さんが云つた。私は何よりもこの退屈な心持が身にしみこむことを怖れますと云つて家のなかにはいつた。閑居して不善をなすやうになつても困りものだと考へるが、いまは悠々と英気を養つてゐるといふ逃げ口上もある。英気といふよりも、志を養つてゐるといふ方が大人らしいやうだ。（十二月十五日）

要するに、甲田にとって多甚古村への赴任は「田舎へ引き籠つてしまつた」と表現されるようなものであり、「閑居」だったのだ。そこで甲田は「英気を養つてゐる」、あるいは「志を養つてゐる」という「逃げ口上」もある、と言っているわけだが、しかし、この「寒帯さん」にとっての「志」とは何か、甲田は少しも具体的に示そうとはしない。というよりも、そもそも甲田に「志」なるものが本当にあるのかどうか。甚だ疑問であると言わざるをえないだろう。甲田にとって警察の仕事はあくまで母と弟を養うためのものなのだし、他にやりたいことがあるとも思えないのだ。

また、ここで「温帯さん」が「この節は時局柄、酒のみがすくなく乱暴者もなく、違反者もすくないのでお暇で困るでせう」と言っているが、少なくとも甲田の日記を読む限りそんな印象を持つことは難しい。この村では「殺人未遂、賭博、夫婦喧嘩、親子喧嘩、水喧嘩、決闘、強盗、狂言強盗、傷害、寄付金持逃げ、恋愛、恐喝、自殺、自殺未遂、心中、心中未遂などさまざまな事件」（東郷前掲論文）が起こっているのであり、甲田も「或いは人心が荒んで来てゐるのではないかと憂慮されるふしがある」（一月二十九日）などと書かざるをえなくなる始末なのだから。『多甚古村』のなかに出てくる言葉はどれも屈折を伴っているのであり、一つの言葉は他の言葉と結び付けられることで一義的な意味とは違う意味を産出する。もちろんどのような作品にも程度の差はあれ、そのような性質は見受けられるだろうが、川野の著作に比べた場合、『多甚古村』の言葉ははるかに屈折の度合いが強いように思われるのである。

四　逸脱の要素と「非常時」への回収

『多甚古村』のなかには、たしかに当時の「風俗」が多彩に織り込まれている。その一つに「学生狩り」が挙げられよう。北河前掲論文が指摘するように、「学生の風俗に対する取締りも以前から実施されていたが、日中戦争に入ってから格段に強化された。その端的な表現が一九三八年二月以来の数次にわたる大規模な「学生狩」であった[20]」のである。

学校当局は勿論のこと警察当局でも由々しき問題として、本署の命令で私は町へ不良中学生狩りに出張した。元来、私は学生狩りといふ言葉を好かないが、謂はゆる不良中学生は東京の大学生の真似をして喫茶店に出入し、飲酒喫煙し、女学生と随意の場所で愚行を演じてゐる。〔…〕決闘に関係した学生や、喫煙、飲酒、投宿等の中学生は、みな成績劣等で良家の子弟のものが多かつた。それは良家の主婦は絶えず家を明け、裁縫学校の視察や子供教育の座談会や社交のため、殆んど自宅の子女を善導する余裕がないためだといふ。（一月十八日）

甲田もまた「上流中流子女」の抑圧に加担しているわけだが、その後で甲田は「中学生を大勢検挙したわしは、罪は深いのやらうなあ」と他の登場人物に問いかけたりもしている。このように甲田が時おり当時の支配的な言説からの逸脱を示していることには注意が必要だろう。また、学生とともに風俗取締りの主要な標的となったモダンガールは、次のように描かれる。

町で女給をしてゐた地蔵堂の養女が腹ぼてになつて、この間から帰つて来てゐたのを私は知つてゐた。断髪をちぢらせ赤い羽織に青いぼかしの着物をきて、地蔵堂の庭のお地蔵様の供物台を水で洗つてゐたのを二度か三度か見かけたことがある。せんだつても村会議員の谷岡さんは「あんな軽薄なモダンガールが村に入りよつて、若い衆が大騒ぎするのは心外ぢやよ。全く現代のパーマネントや人絹は、ペンキ画よりもまだ現代の人心を安手にしちよるのや」とこぼしてゐた。しかし私は、パーマネント人絹の女給さんが、養家の庭のお地蔵様を水で洗ひ清めてゐるのを見て、そのとき一概に無風流な風情とはいへないと思つた。村の人の評判では、彼女は町のカフエにゐたところお客と深くなり、腹ぼてになつたのでふらふらと戻つて来たらしいといふことであつた。（二月十五日、傍線引用者）

「断髪をちぢらせ」ているこの女性はたしかに「モダンガール」の特徴を備えていると言ってよいだろう。この時期、こういった女性に対する風当たりはますます強まっていた。たとえば、『読売新聞』（一九三八・八・三〇）には、「非常時文相に聴く女学生〝べからず令〟／女の天性は母にあり／視野を広くたしなみを培へ」」という記事が載っており、「〝学生に与ふる言葉〟——例のサボ学生問題をきっかけに地方長官や学校長会議のある度に青年日本の行くべき道を訓示して学生の品位向上、風俗の刷新いはゆる〝世界的日本人〟作りを始めた非常時文相荒木〔貞夫〕さんが近ごろますます積極的となって放った第一弾があの〝戦時下学生べからず令〟。たとへばサイン狂ひも怪しからん、飲喫煙以つての外、華美な服装また然り、パーマネント・ウエーブも面白からず近ごろ女学生の言葉遣ひキミ・ボクにいたつては言語道断……といつたやうな多分に新女大学的色彩を帯びた比較的女学生に強い風当りである」などとある。したがって、この場面における村会議員の見解のほうがこの時期の一般的な風潮と合致するものであったわけだが、甲田は傍線部にあるように、そうした見解とはやや距離を取っているように見えるのだ。そしてこの「モダンガール」が毒を飲んで瀕死の状態になったことから、甲田はその原因となったと思われる青年を取り調べる。

「それで、出来たのはいつごろだ」ときくと「去年の春です」と云ふ。「私がカフエに行つとるうちに、懇意になりましたんですが、だんだんに深い仲になつたです。母に云ふと、母は不承知だつたです。家を出て二人で愛の巣を持ちましたですが、私に能がなくて食へぬので、私は母のところに帰つたです。女には、君が子を産んでから母に許してもらふつもりだとなだめ、地蔵堂に帰しましたですが、それが去年の暮れでした。女は初め不承知で、嫌やだ嫌やだ、ボク絶対に嫌やだと云つたですが、食へぬので住持のところへ帰つたです」と彼は新様式の生活者が使ふという言葉を用ひた。「しかし、別居しただけで、自殺をはかるのは何故ぢやね」と咎めると「今度、私の母が無理やりに、私に他の縁談を持つて来たです。私は反対しましたが、どうにもならぬので結納をかはしたので、女は恨んでをつたです。私のうちへ三度も怒鳴り込んで、昨夜も私のうちへ来て喉を斬る真似をしたです。母は青くなつて逃げ出しましたが、結局は私がだましたと思ふて死にましたんや」と流石に彼は激情してさめざめと泣いた。

「モダンガール」にふさわしく自身のことを「ボク」と呼ぶ元女給の言動からは、しかし「モダンガール」という表象からは確実にこぼれ落ちていくものを読者に伝えているだろう。この日の日記は、次のように終わっている。

朝がたになつて住持が来て「たうとう駄目でしたわ」と云つたので、地蔵堂へ出かけて行くと、女の顔に白い布をかけ、その部屋に近所の人たちが集まつて念仏をとなへてゐた。住持は部屋から出たりはいつたりしてゐたが、隣りの部屋で私をつかまへて「気の強い娘でしたけになあ。それでも死ななくてもよかりさうに……」と手放しで泣き出して「生れる子が可愛ゆうなかつたか。可愛ゆいから死んだんぢや。それにしても……」と同じことをくり返して泣いた。

ここでは甲田の感想は示されていないが、元女給の養父である住持の落ち着きのない挙動を描くことによって、悲哀が静かに表わされている。『多甚古村』のなかでも最も印象的な場面と言ってよいだろう。

このように甲田は時おり典型的な視線からの逸脱を示すのだが、しかしそれよりも『多甚古村』で特徴的なのは、甲田自身の言動が繰り返し周囲の事象や人物によって相対化されていることである。

たとえば、「戦死した婚約者の後を追ひ、若い女が薬品自殺を遂げた」話を聞いた甲田が「この場合、自殺の可否など問題ではありません。彼女が未来の夫の側に行けると信じ、それを楽しみに死んだ気持に美を感じます。たぶん喜んで死んだのでせうね」と言った際には、同僚の有賀巡査に「でも、若い身でよく思ひつめたものですね。何か他に、別の縁談ばなしでもあつたのと違ひますか」と冷静に返される（十二月二十五日）。また、大阪の警察所に問合わせの手紙を出したのに対して、大阪の大地恵巡査が送ってきた復命書を読んで感激した甲田が「大阪には大地恵巡査といふ現代の真の英雄がある」と吹聴した際には、温帯さんが「そりや署長さんの命令やさかい、丁寧に調べたんやろ。町の巡査は、いろいろさまざまやけになあ」と実に素っ気なく返答している（三月二十二日）。そのようにして、何にでもすぐに感動してしまう甲田の単純さが浮き彫りにされているのだ。

また、女が外から呼ぶ声で目を覚ました甲田が、その女の声によって訪問の用件を推し量る場面でも甲田の予測は見事に外れている。「いきなり「旦那さん」と云つて駐在所に訪ねて来る人は、たいてい何かの事件を持つて来る。その声で、大体の事件の内容もわかる」という有賀巡査の話を思い出して、甲田は「戸をあける前に、もう一度その声に注意して、これは中年の女の夫婦喧嘩だらうと推定」するのだが、戸をあけると「しよんぼり」とした中年の婦人に狂人の息子が暴れて困るので捉まえてほしいと頼まれるのである（十二月三十日）。

他にも、三月二十日の場面を挙げることもできるだろう。甲田はある大学生がカフェ・ルルのハルミという女給と結婚するつもりになっていることを聞く。だがハルミにはハンニャの鉄という刑務所に入っている亭主がいて、その手下である暗闇の福というのが現在ハルミの用心棒をしていることを知っている甲田は、大学生に「たぶん暗闇の福の指しがねで、ハルミに貴方を誘惑さしたのかもしれませんな。これは親御さんの云はれる通り、止した方がよいでせう」と忠告し、「一時も早くハルミを取り締まらねばならぬ」と考える。

だが、甲田がハルミと暗闇の福に話をつけようと出かけていくと、意外な展開が待ち受けているのだ。「儂の村の山田の息子から、手を引いてくれぬか。どんな事情かしらんが、山田の親御さんが心配してをるので、儂は気の毒だと思つた。それとも、手を引かぬと云ふなら、こつちも考へがある」と甲田が言うと、横合から暗闇の福が「え、姐さんが、そんな真似を」、「わつしは兄貴に頼まれて、ハルミさんをあづかつてゐるのに、それぢあ情けねえ」と涙をこぼし、「なあんだ、お前まだ知らぬか」と甲田は呆れてしまう。そして遂には「旦那にそれまで云はれたら云ひますけんど、わたしや、ハンニヤだの暗闇だのといふ世界が嫌やになつたんです。山田さんと一しよに東京に出て足を洗はうと思つたんですが、そんなに云はれりや、わたしやまあ山田さんはやめます」とハルミまで泣き出し、甲田は「大体わかつたから、今日のところは儂に任しといてくれよ」などといいかげんなことを言ってごまかす他ないのである。

そのように『多甚古村』のなかで甲田の予想や判断が間違っているという場面が繰り返し描かれていることは、次のような場面を読む際にも影響してくるはずだ。

甚平さんのうちの畠では、甚平さんとその娘の年ごろになるのが二人で土を掘り返してゐた。馬を徴発されたので鍬でいちいち耕すのだが、その隣りの畠を耕してゐた作二郎といふ青年は、馬をつかつて耕してゐた。甚平さんの畠と作二郎の畠は一本の細い畦路で仕切られてゐて、作二郎は自分のうちの畠を耕して行くついでに馬といつしよに畦路を越え、甚平さんのうちの畠も耕してゐた。かういふ隣人愛の行為は非常時でなくては見ることが出来ないが、もし非常時でなかつたら、他人は作二郎の行為を見て彼が甚平さんの娘に懸想してゐると邪推するだらう。(三月二十二日)

甲田は「非常時」であるということを理由に、作二郎の行為の裏に甚平さんの娘への好意を読み取ることを「邪推」と斥けるが、果してそのように断言できるかどうか。読者が甲田と違う想像をしてみる余地は、おおいに残されていると言っていいだろう。実際のところ、甲田はしばしば「非常時」における警官にふさわしい言葉を述べるが、それらの言葉は常に相対化の可能性にさらされていることに注意する必要があるのである。

『多甚古村』が各誌に分載される過程において、武田麟太郎や大井広介がそのなかに「批判」を見出していたのも、右に述べてきたようなことが関わっているに違いない。しかし、『多甚古村』として出版された際には、そのような評価は見受けられない。その理由は、『多甚古村』の終わり方に問題があると考えられる。『多甚古村』の終わりの三章(「休日を持つ」「多忙多端な日」「水喧嘩の件」)は初出未詳であり、書き下ろしの可能性が高い。そして特に最後の章である「水喧嘩の件」では、それまでバラバラであった村人たちが甲田によって一つにまとまるという「非常時」に実にふさわしい大団円が与えられているのだ。

前田前掲論文は「多甚古村補遺」に比べて『多甚古村』には「事件の手際よい処理者や、人情の機微に通じた巡査としての甲田巡査の面貌」があると述べているが、以上見てきたように『多甚古村』においても甲田は「事件の手際よい処理者」とは言いがたい[21]。しかし、「多忙多端な日」で病気になって二ヶ月ほど仕事を休み「水喧嘩の件」で復活した甲田は、まるで死と再生の儀式を経たかのように別人のような見事な采配ぶりを示すのである。

甲田が休んでいた間、村では水喧嘩が頻発していた。だが、「こちらが仲裁に立つと双方ともお上の沙汰にしたくないので表面は仲なほりしてみせるが、こちらが引きあげると直ぐに掴み合ふ。警察はただ表向きの存在だと考へてゐる傾向がある」と言う。そのような状況の下、甲田は「国家総動員のこの非常時にもし村が乱れたらそれこそ一村だけの問題ではない」と述べ、大々的な仲裁に乗り出すのだ。

村の人々を集めた甲田は、その前で「この国家総動員の非常時に、このやうな不祥事がこの村にもあつたとしたら、それこそ由緒ある村の歴史に傷がつき、祖先のためにも申しわけない。その上に、国家に対して相すまぬ。また出征してゐる息子さんや兄弟たちに対しても何と云ふてお詫びしてよいか」などと演説を打ち、その結果「一ばん上席にゐた村長の指図で一同は端然と座りなほし、大日本帝国万歳と多甚古村万歳を三唱して解散した(22)」という大団円を迎えるわけだが、このような終わり方によって、それまで『多甚古村』のなかにあった種々の齟齬がほとんど解消されてしまうのだ。一つの僻村を舞台に、さまざまな対立がありながらも「非常時」において最終的には一つにまとまるという〈われわれ〉=「国民」の姿が理想的に描き出されていると言える。戦時下において『多甚古村』が多くの読者に歓迎された要因としては、このような終わり方が大きかったのではないだろうか。

そして「多甚古村補遺」が書かれなければならなかった理由もまた、そこにこそあるに違いない。

五　代補としての「多甚古村」

「多甚古村補遺」では、村の内部における村長派と反村長派との争いが前景化して語られる。『多甚古村』の終わりの場面で一つにまとまったかに見えた村は、深刻な対立によって常に揉め事で騒いでいるのであり、甲田も「全く気難しい人の多い村である」（十月三十一日）と述べざるを得ないありさまなのだ。「貸別荘」と呼ばれる「村長や村長派の金まわりのいい人たちが建てた長屋」が村内には幾つか建っており、「夏になるとこの長屋が海水浴客でみんな塞がつてしまう」（十一月二日）と述べられていることからすれば、この二派の抗争には経済的な格差という問題が絡まっているのだろう。[23]また「多甚古村補遺」には、ヘンリーさんというアメリカ人と、マサコという都会の若い女性という村の外部から来た人たちが描かれるが、彼らは否応なしに二派の抗争に巻き込まれていくのである。ヘンリーさんやその家族に対しては、村人たちは次のような行動に出る。

私が戸籍調べに出かけたとき、ヘンリーさんは「コドモイシナゲマス。コノイエニマデオヒカケテキテイシナゲマス」といつた。村の子供が石を投げたのは実際で、これは村の反村長派の人たちが子供たちに寧ろさうするやうに奨励したのである。進取的な村長は、ヘンリーさんをわざわざ訪問して英語の会話を教はつたりトマトを持つて行つたりしてゐたので、反村長派の人たちは村長への面あてにヘンリーさんを排斥したものと思はれる。（十一月二日）

マサコに対しても村人たちの態度は似たようなものだ。

村の人たちは何の根拠があるのか知らないが、彼女を売笑婦のやうに云つてゐる。たぶんヘンリーさんの第二号はんだらうと云ふものもあり、もと大阪の赤玉のダンサーだといふものもあり、心中未遂者だと云ふものもあつた。村の過半数の人たちは、どこか大阪あたりの鉄工場主の思ひもので淫売あがりだらうと云つてゐた。（十一月十四日）

そして「反村長派の元締といはれてゐる老人」が甲田のところへ「ときに旦那、あの松原に村長の建ててをる別荘へ、ちかごろ変な女が来てをるちう噂でしやないか。何でも村の若い者の噂では、先に住んでをつたヘンリーさんの廻し者ちうことだすが、この非常時の際とて儂は一応旦那にお伝へしときますけに」と言いに来たりするのだ（十一月十五日）。ここでは「非常時」を大義名分として、二派の抗争に「他国ものを毛嫌ひする習慣」（十一月十四日）、あるいは外国人やモダンガールといった自分たちとは異質な存在に対する排他性が絡まって陰湿な言動が横行しているのである。

『多甚古村』においては、甲田はそのような言動からは逸脱するものを時おり見せていたのだが、「多甚古村補遺」においては、もはやそのようなことはない。ヘンリーさんに対しては、「初め私は、これこそ毛唐のスパイだと思ひ込み、周到な注意をはらつて監視を怠らなかつたものである」と言うのだし、マサコに対しても村人たちの悪評は否定しつつも、「ただ不当なのはこの非常時に村ぢゆうセンセイシヨンを起すやうな派手な扮装をして、病気のため静養すると称しながら病院の患者を呼び出してダンスなどしてゐる行為である」（十一月十四日）と言うのである。しかも、マサコは明らかに甲田の気をひこうとさまざまに試みているのにもかかわらず、甲田のほうはそれに少しも気づかないばかりか彼女が「危険思想」を蔵していないかどうかを探ろうとする。そして、マサコがアンリ・ルソーの絵やプルーストの小説を持っていることを知ると、「本署の庶務課にゐる木崎君にアンリ・ルソーならびにプルーストなる者の素性を問ひ合せた」（十一月十五日）というのだから、甲田の戯画化は極まっていると言ってよいだろう。川野一が不愉快に思ったというのも無理はないのである。

また、『多甚古村』にあった甲田の無気力な態度は「多甚古村補遺」においても見受けられる。ヘンリーさんのエピソードに付随する形で、甲田は自身が中学生だった頃、牛原先生という英語の先生が教師をやめて「去っていく最後の日のレッスンで「ラストクラス」という英文の一部を翻訳してくれた」思い出を語る。

〔…〕先生はすでに泣き出しさうな声で英文を読み、泣き声でそれを翻訳した。「アルサスの一少年の目に写つた祖国の姿、祖国は今やプロシヤ兵のために蹂躙された。言葉すら奪はれた。アメル先生は、村民に最後の祖国の授業をした。村民は老いも若きも男も女も小学校に集まつて来た。先生は悲痛な声で、最後の稽古をした。フランス語のラストレッスンをした。皆さん、と彼はいつた。皆さん、私は私は。しかし彼は黒板の方に向きなほると、チヨウクを一つ手にとつて、ありつたけの力でしつかりと、出来るだけ大きな字で祖国万歳と書いた。そして頭を黒板に押しあてたまま、そこから動かうとしなかつた。しかし手で合図した。（もうおしまひだ。お帰り。）」といふやうな文章で、牛原先生も翻訳しながら泣いてゐた。私たちも泣いてゐる。全く若き日の感激の瞬間であつた。しかし私は、今は一個の平凡なポリスになつてゐる。ヘンリーさんがお別

れに来て涙を目にためても、最早や私は真底から感動する人間ではなくなつてしまつた。（十一月二日）

「ラストクラス」、すなわちドーデ「最後の授業」は、普仏戦争によってそれまでフランスの領土だったアルザス・ロレーヌ地方がプロシアに割譲され、学校でフランス語を教えることが禁止された際に行なわれたフランス語の最後の授業を少年の視点から描いたものであり、愛国心と国語との結びつきを謳うために日本でも盛んに教材として利用されてきた小説である。[24] ここではその作品がかなり捩れた形で利用されているが、愛国心というよりも普遍的な人と人との別れからくる「感激」に重心を移し変えつつ、そうしたことに甲田はもはや「真底から感動する人間ではなくなつてしまつた」と述べているのである。そんな甲田は「祖国万歳」という言葉にもやはり「感動」を覚えることなどできないのではないか。

しかし、問題はやはり終わり方である。はたして「多甚古村補遺」はどのように終わっているだろうか。それは、村の青年訓練生が甲田のもとを訪れ、寺の釣鐘を自主的に政府に寄付することを提案する場面なのである。それだけ見れば、『多甚古村』のように村全体が一つにまとまるというカタルシスには乏しいものの、国家に進んで奉仕する青年たちを最後に描くことで、やはり齟齬を解消するようなものとなっていると言えるかもしれない。だが、前田貞昭が指摘するように、「多甚古村補遺」の構成が明らかに歪であることに注意する必要があるだろう。[25] この作品は「人命救助の件」「寄付金持逃げの件」「都会の女の件」「村娘有閑」という四つの章で構成されているが、[26] そのうち前の三つが十月から十一月のことを描いているのに対して、最後の章で描かれているのは七月なのだ。つまり、作品に描かれている時期に沿って並べ替えると、「村娘有閑」の章が一番初めに来なければおかしいのである。しかも、初出の発表時期を見てみてもこの章だけ一九三九年に発表されているのに対して、前の三つは一九四〇年になってから発表されたものなのだ。実際のところ、今まで述べてきた「多甚古村補遺」の特徴にあてはまるのは「人命救助の件」以下の三つの章に対してなのであって、「村娘有閑」はむしろ『多甚古村』に含まれたほうが自然なように思われる。

日記の日付の順番がおかしいことに気づいた読者は、一番遅い時期を扱っているのは「都会の女の件」であることもわかるだろう。つまり、本当は「都会の女の件」こそが最後の章であるはずなのである。その章は次のように終わっている。「いまに何か不吉なことが起りさうな気がするが、その不吉なことを予想さすやうに誘ふものは何であらう。あながち別荘の彼女の行為だけとは思はれない」。

六　チェホフを読む井伏

井伏鱒二「十二月一日」（『文學界』一九四〇・二）は、チェホフ『シベリヤの旅』（岩波文庫、一九三四・一〇、神西清訳）に収められた「グーセフ」という短編を読んだ感想を記している。そのなかに出てくるイヴァーヌイチという人物が「ちよつと私たちには手のつけられぬやうな激越な言辞を吐く」と言い、次のように述べている。

〔…〕いま諸事万端を考へてみて私はイヴアーヌイチのやうな言辞を吐く人間を描写する自由がない。またイヴアーヌイチに似た人間を真似て書きたいといふ希望も持ち得ない。書く必要があるかどうかそれさへも知らないが、たぶんチエホフの場合は人間に対する親愛の情から書き得たものにちがひない。

イヴァーヌイチの「激越な言辞」とは、兵士たちの命を虫けらのように扱う社会制度に対する抗議などのことを指しており、たしかに当時の日本でそのようなことを書けば、検閲に抵触する恐れが充分にあっただろう。井伏は「しかし大方針といふものを見失つてゐる私は、自分のせまい間合ひだけで物を云ふよりほかはないのである。人間に対する親愛の情が浮かんだにしても、諸事万端の運転する状態に抵触するやうなことは云ひたくない。つまり大方針のない私は勇猛心に欠けてゐる」と続ける。かなりぼかした言い方だが、当時の読者には「諸事万端の運転する状態」が何を意味しており、それに「抵触」した場合にどうなるかは容易に理解できただろう。島木健作『再建』(中央公論社、一九三七・六)、石川淳「マルスの歌」(『文學界』一九三八・一)、石川達三「生きてゐる兵隊」(『中央公論』一九三八・三)などが立て続けに発禁処分を受けるという状況のなかで作家たちが感じていた重圧は、やはり少なくなかったはずである。

そして右に挙げた井伏の文章が、「多甚古村補遺」中の「人命救助の件」や「都会の女の件」と同じ月に発表されていることはなかなかに意味深いように思われる。先述したように『多甚古村』のなかには、権錫永前掲論文の言う「矛盾・亀裂=逸脱の言説」と言えるような要素もたしかに見受けられる。だが、最後の章「水喧嘩の件」において〈われわれ〉=「国民」の統合が描かれることによって、そうした要素も全て「国家総動員の非常時」に回収されてしまっていると言ってよい。たとえ井伏がどのような意図を持っていたにせよ、『多甚古村』の構造を捉えて読む限り、どのような意味によってもそれを「抵抗」とは言いがたいと思われる。そして、それ故にこそこの作品は当時多くの読者に迎えられ、井伏は「流行作家」と呼ばれるようにまでなったのだ。

もしも井伏が『多甚古村』の成功に満足していたならば、その続編もまた、さまざまな齟齬がありながらも「国家総動員の非常時」には結局一つにまとまるのだという〈われわれ〉＝「国民」の物語となっていただろう。しかし「多甚古村補遺」は、そういうものには全くなっていないことは先述した通りである。それは言ってみれば、「矛盾・亀裂」をあからさまに露呈した作品なのだ。「戦争期の規格化の視線」にさらされながら「都会の女の件」を最後の章にはできず、かといって『多甚古村』のように「国家総動員の非常時」にふさわしい結末を付け加えることもできなかった痕跡が、その歪な構成にはたしかに刻まれている。そして、それが付け加わることによって、『多甚古村』に描かれていた逸脱の諸要素も結末に回収されることをやめ、いきいきと躍動し始めるに違いない。「非常時」によって一つにまとまるかに見えた村は、やはり常に揉め事で騒いでいるのだから。

第九章　占領下の「平和」、交錯する視線――『花の町』

一　徴員・井伏鱒二

かつて「大東亜戦争」と呼ばれた戦争において、幾多の作家や批評家が徴用されて南方へと赴いたことはよく知られている。[1] そのなかに井伏鱒二もいた。一九四一年一一月に徴用され、翌月に出航、香港沖を航行中に開戦の報を受けた井伏が、占領直後のシンガポールに入ったのは翌年の二月。そこで井伏は宣伝班の一員として、『THE SHONAN TIMES』（二号から『THE SYONAN TIMES』）という英字新聞の編集責任者を二ヶ月ほど務めている。

寺横武夫はその新聞の「創刊号を含む出発当初数日間の、布告を満載した紙面構成」[2]に注目しているが、その布告のなかには、華僑を「検証」するために集合を命じるものも含まれていた。そして集合させられた華僑のうち、少しでも「不良」または「敵性」と疑われた者はすべて「粛清」されたのである。短期間の間に相当数の華僑を相手に実施されたこの「検証」において、慎重さが顧慮されることなどほとんどなかったようだ。占領後一ヶ月足らずの間に「粛清」された華僑の数は数千人から数万人にものぼるという。[3]

神保光太郎や中島健蔵など第二次徴員組とは違って、既にシンガポールにいた井伏は「検証」のために集められた華僑の姿を何度も目撃している。[4]しかも、井伏は民間人としてその場にいたわけではなく、陸軍の徴員として、宣伝班の一員としていたのである。「昭南」という名前に変えられたシンガポールにおいて、井伏もまた確実に「加害者」の一人であったことは間違いない。

井伏は一九四二年一一月には徴用解除となり日本に帰国しているのだが、その直前の八月から一〇月まで「花の街」という作品を『東京日日新聞』『大阪毎日新聞』に連載し、翌年に『花の町』（文藝春秋社、一九四三・一二）として刊行している。井伏は新聞連載が始まる前に掲げられた「作者の言葉」（『東京日日新聞』一九四二・八・一三）において、「昭南市はいま非常に平和である。非常によく治まつてゐる。嘘ではないかと思はれるほどに平和である。（これではもつたいないほどの平和ではないか。）」などと書いている。実際、『花の町』は一見したところ、占領地の「平和」な日常を描いた作品であるように思われる。

先行研究においては、『花の町』にあからさまな軍国主義的な記述がないことを評価する意見が大勢を占めてきた。たとえば東郷克美は「戦争のもたらす荒廃の影がまったく落ちていない点で稀有の佳作」[5]だとする。だが、『花の町』に描かれているのが単なる「平和」なのであれば、都築久義のように「占領地の平和と占領民の同化ぶりをこれほどみごとに描写した「花の町」は、軍部当局の期待に最も応えた従軍小説だったのである」[6]と言わざるを得ないだろう。前田貞昭は「シンガポールの「平和」を強調することは、そのまま支配権力の宣伝に一役買うことにほかならない」が、「作品そのものから読み取れるのは、「平和」ではなく、日本軍支配に対する鋭い風刺なのである」[7]と述べる。だが、シンガポールにおける井伏の立場を考えた場合、自身を第三者のごとくにして日本軍を「風刺」するというのは単なる無責任でしかないのではないか。

近年では直接的な「風刺」というよりも、より根底的な批評性を『花の町』に見出す試みがなされてきている。たとえば宮崎靖士は「占領地という非均等な力関係にある発話の場から、話者とは異質な「コード」や「コンテクスト」の存在やその関与を掘り起こそうとする」[8]性質に、また塩野加織は「言語の規範が揺れ、変質し、更新され続けるその動態」[9]が描かれていることに注目している。本章においてもそれら先行研究を参照しつつ『花の町』の批評性について検討していくことになるが、その際には権力関係をあまり固定化して考えないことが重要になるだろう。だが、だからといって、占領地における非対称的な権力関係を軽視してよいということでは決してない。むしろ逆である。そしてそれは、『花の町』における「平和」の内実を探る試みともなるはずだ。

また、『花の町』は初刊本以降かなり長い期間にわたって再刊されず、どの選集類にも収録されなかったのだが、『井伏鱒二全集』(筑摩書房、一九六四〜六五、以下「旧全集」と表記)において戦後初めて収録された。その際、少なくない数の改稿が行なわれており、それについても本章は適宜参照していくこととしたい。もちろん後年に行なわれた改稿によって生じる意味を遡及的に初刊本にあてはめることには慎重であるべきだが、この改稿は作品の性質を変えるというよりは、むしろ作品がもともと持っていた性質を強調するようなものだと考えられる。[10]この点に関しては次節以降の議論によって明らかとなるだろう。

二　同一性という仮構

「日本語の南方進出につれて起つた国語改良問題が、紛糾したのは昨年の夏ごろだつたと思ふが、ちやうどその頃、井伏鱒二氏の「花の街」が新聞に連載されだした。機を同じうして、作中、原住民の日本語の仮名書きに対するまちまちな様子が描かれてゐて、私は興味深く読みだした記憶がある」と、野村尚吾「『花の街』について」（『早稲田文学』一九四三・五）は述べている。ここで言われる「国語改良問題」とは、一九四二年に国語審議会から出された「標準漢字表」や「新字音仮名遣表」によって巻き起こされた議論を指す。もちろんそのような漢字制限や表音式仮名遣という国語簡易化論はそれまでにも繰り返し起こってきたものではあるが、この時期の議論は「大東亜共栄圏」における日本語教育という実際上の問題を伴っていたことで大きな影響力を持つこととなったのだ[11]。

だが結局、「国体」や伝統を重視する人々の激しい抵抗にあって、国語審議会の案は実施には至らなかった。もちろん一方で、日本語を「大東亜共栄圏」に普及させるためには国語の簡易化が必要だとする意見はその後も根強く燻り続けたのだった。両者の議論は平行線を辿り、容易に一致点を見出せる状態にはなかったのだが、その間にも日本の占領政策は実際に行なわれていたのであり、その重要な一つとして日本語教育もあったのである。

井伏がいたシンガポールでは、中島健蔵を中心として「日本語普及運動」が展開され、神保《じんぼ》光太郎が園長を務める昭南日本学園では現地の人々に対して日本語教育が行なわれた。神保光太郎『昭南日本学園』（愛之事業社、一九四三・八）には中島が書いた「日本語普及運動宣言」（『陣中新聞』一九四二・四・二九）が引用されている。一節を抜き出してみよう。

正しく強く美しき日本語を馬来及びスマトラ島に充満せしめよ。之も大切な御奉公の一つである。存住の諸民族をして日本語の下に共同一致せしめよ。勿論我等は、彼等固有の風俗習慣を尊重し、新しき国民として皇軍の保護下にある彼等の幸福を目覚めせしめなければならぬ。そのためには益々日本語を与へて風俗習慣の差を消して行かなければならぬ。

「彼等の幸福」を与えるのは「我等」であるとする認識の傲慢さは否めないが、もちろん中島や神保にそのような自覚は少しもなかっただろう。前田貞昭が的確に指摘しているように、彼らには「民族的優越意識が底流しているにしても、文化的優越者と文化的劣等者という別の枠組みが用意されている」のであり、「教育されるべき対象を見出したかれらにおいては、支配者の立場は〈純粋〉に教育者の立場に擦り替えられる[12]」のだから。彼らに共通して見受けられるのが、「「南方文化」が植民地化によって固有性を失ったという点に、日本または日本語の優位性の根拠を求める[13]」傾向である。もちろん彼らにとっては、「日本人」あるいは「日本語」の固有性は疑うべくもない前提となっている。神保は前掲『昭南日本学園』において「単に語学を教授するのではなくして、日本語を通じて、日本を教へたかつた」と言う。日本語教育は「日本精神」を教えるためのものだとされたのだ。

井伏は中島や神保と親しく、『THE SYONAN TIMES』の編集責任者を二ヶ月ほどでやめた後は昭南日本学園で現地の教員を相手に日本史を講義するなどしていたようだ。『花の町』には、昭南日本学園の園長である神田幸太郎という人物が登場するが、それは明らかに神保がモデルであり、日本の大学でフランス文学を講義していたという築地弁二郎は中島、主人公の木山喜代三は井伏自身であるだろう。もっとも、作品の序盤において木山の名が出てくることはない。彼はあくまで「マルセンの旦那」として描写されるのだ。

「マルセンの旦那」という呼称は、作品の冒頭において次のように説明されている。

この昭南市で一ばん大きな建物をカセイ・ビルといふ。周囲のアパートや民家や商館などに較べ、ばかばかしく大きな図体に見える十四階建の大建築である。以前は敵性に属する各種謀略機関の事務所にふり当てられてゐたといふことだが、今は日本軍の〇〇班の事務所になつてゐる。
正面入口の両側に〇〇班の目じるしを染めた巨大なボールドが壁にとりつけてある。ゴシックの書体で「宣」といふ字を日の丸のなかに青い色で書いた目じるしである。〇〇班の班員はみな一様にこれと同じ目じるしの徽章を胸につけてゐる。それは大型の懐中時計ぐらゐの大きさである。しかも赤と青の派手な色なので、たいてい通りすがりの車夫もこれを見逃さない。この徽章をつけて人力車に乗ると黙つてゐても車夫はカセイ・ビルに送つてくれる。しかし〇〇班の人たちは現地人にこの純日本様式の徽章の絵解きをしてやる風流はなかつたやうである。現地人たちはただ日の丸に「宣」の字を、マルセンと読むのだと誰かに教えられたと見え、この徽章をつけてゐる〇〇班員をマルセンのトアンと呼ぶようになった。さうしてトアンといふマライ語は日本語で旦那といふ意味だと誰かにまた教へられたと見え、間もなく彼等は「マルセンの旦那」と呼ぶようになつた。

作品はその冒頭を木山たち「マルセンの旦那」の占領地における位置を予め読者に告げることから始めているのである。「周囲のアパートや民家や商館などに較べ、ばかばかしく大きな図体に見える十四階建の大建築」という表現も、「昭南市」という名前に変えられたシンガポールにおいて日本軍がどのように見られていたかを暗示しているかのようではないか。作品の後半にいくに従って語りは木山に内的焦点化を行なうことが多くなり、語り手と木山がほとんど「癒着」（宮崎前掲論文）しているかのような印象を与えるのだが、序盤において「マルセンの旦那」という現地の人々が宣伝班の班員を呼ぶ際の呼称でもって木山が描写されることの意味を等閑視することはできないだろう。

〔…〕骨董屋の主人は、小さな紙片に書いたものをペンキ屋に見せて何やら叱りつけてゐた。ペンキ屋も何やら強い言葉で言い返してゐた。ペンキ屋も骨董屋の主人も支那人である。彼等は支那語でいひ争ひ、骨董屋の主人が紙片をペンキ屋につきつけると、ペンキ屋も別の紙片を骨董屋につきつけた。しかしこの争ひの理由は支那語のわからないマルセンの旦那にも理解できた。〔…〕二人の争ひは片仮名の使ひ方に起因してゐるに違ひない。そこで四十男のマルセンの旦那はヘルメット帽を脱ぎ、あまり上手でない英語でペンキ屋に尋ねた。

このようにして木山はペンキ屋と骨董屋の主人との喧嘩に介入するのだが、彼らのコミュニケーションは円滑に行なわれず、さまざまなズレを見せていく。たとえば、木山が「それは、いかにも可憐に見える草ではないか。私はこのマライに来て以来、随処にこの草を見た。我々日本人はこれをお辞儀草といつてゐる」と言えば、骨董屋の主人は「左様、これは随処にはびこる雑草である。マライ人どもは迷信から、この草を媚薬として用ひるといふことである」と言って、その草を無造作に抜き取るのだ。木山にとっての「お辞儀草」は、マレー人（マライ人＝馬来人）にとっては「媚薬」なのであり、骨董屋にとっては「雑草」でしかない。『花の町』においては、こうしたズレがさまざまに描かれ、ユーモラスな雰囲気を形作っているのである。

しかしそのようなズレを「マルセンの旦那」と現地の人々との間にのみあるものとして考えては『花の町』の批評性を取り逃がしてしまうに違いない。この作品において、ズレは「マルセンの旦那」同士の間でも起きているのだ。それはたとえば、木山と神田の会話に顕著に表われている。「昭南日本学園の園長神田幸太郎とシツカロールと綽名されてゐる木山喜代三と、この二人のマルセンの旦那は大変に上機嫌であつた」と語り手は言うが、その理由は別々なのだ。神田が「彼の教へ子であるベン・リヨンが、仮名遣ひについてわざわざ彼のところへ問合せに来たから嬉しかつた」のに対して、木山は「何だか相当の掘り出し物がありさうな骨董屋をこの街に発見して嬉しい」のである。そのようなズレは繰り返し描写される。

木山喜代三は相乗りの相手がこんなに機嫌よくしてゐるので、つい彼の気分も浮いてゐた。しかし木山は仮名遣ひのことなど今は問題でなく、さつき見た骨董屋で掘り出しものをする快適な場面を想像し、気もそぞろといふところであつた。〔…〕

ところが神田幸太郎は、無益な骨董品の噂など聞きたくない。彼はいま現地人に正しい日本語と仮名文字を普及させたいとばかり考へてゐる。

同じ車に乗っている木山と神田は、「たがひに得手勝手で、ちぐはぐ」な会話を延々と続ける。同じ「マルセンの旦那」であっても共通のコードやコンテクストを持っているわけではないのだ。つまり、差異は共同体と共同体との間にだけあるのではない。それは共同体の内部にもあるのだと言えるだろう。

『花の町』においては、そうした差異がさまざまに顕在化している。たとえば、神田が「えらく大きな声」で喋るのは、そうしないと「彼の匿さうとする山形弁が益々はつきり顕れる惧れがある」からなのだ。あるいは、築地が英語の講演を練習しているのを聞いて木山は「弁二郎の発音は幾らか尻上りで、あれはフランス語風ぢやないのかね」と感想を述べる。日本語や英語という同一性の内部に差異が見出されるのだ。もちろん、そうした差異を民族や人種に対応させようとする人物もいるに違いない。たとえば花園洋三は「印度人ならRの発音を強く響かせるので、かげできいてゐても直ぐ印度人だとわかりますからね。ユーラシアンにはまるで英人そつくりなのがゐて、えげつなくて、断じて許せんです」と述べる。ユーラシアン（欧亜混血人）がこれほど嫌悪されるのは、それが同一性を撹乱させるものだからだろうが、この場面の前に、骨董屋の主人の「特徴は喋る英語にRの発音が強く響くことで、ここの現地支那人としては珍らしい」という説明があるのは花園にとって実に皮肉なことだ。しかも、花園は築地が講演の練習をしている声を聞いて「現地人の生意気なユーラシアン」によるものだと間違いさえしていたのである。言語における差異を民族や人種に対応させようとする試みは予め頓挫させられていると言えるだろう。

青木美保は「多言語社会〔…〕に投げ込まれ、そこで自国語をひろめようとして、ふりまわされているのは、どうやら日本人の方であることがわかってくる」(14)と述べているが、実際、彼らは現地の人々と話をする際には英語を使わざるを得ないのだ。「現地人がマルセンの旦那たちと対話する場合には、ゆつくりと発音するのが大事である」とされるのは、英語運用能力において現地の人々よりも「マルセンの旦那たち」のほうが劣位に置かれているからに他ならない。また、この作品ではピジン化した言語が頻出するが、それを使うのは現地の人々のみに限るわけではない。日本人が使う言葉のなかにも否応なく現地の言葉や英語が混入してくる。「馬来語で散歩といふ意味」の「ジヤランジヤラン」という言葉は、「ここの日本の兵隊やマルセンの旦那たちの間でも〔…〕常用の言葉になつており、「キヤンか?」や「ノー・キヤンか?」という言葉も「兵隊さんのよく使ふ」ものであると言う。現地の食堂に入れば、彼らは現地の女給たちと漢字で筆談を行なうことになる。塩野前掲論文が言うように「言語の習熟度と使用場面によって人物間の力関係は変動し、人物像さえも伸縮する」のである。

つまり『花の町』を読むとは、「日本人」や「日本語」というものの同一性そのものが疑わしくなってくるような経験なのだ。とはいえ、それを認めたうえで考えるべきなのは、にもかかわらず占領地における権力関係の非対称性自体は厳然と存在する、という事態なのではないだろうか。現地の人々は相変わらず「マルセンの旦那」の顔色をうかがい、あるいはその権威を利用しようとする。同一性を撹乱する差異が描かれれば描かれるほど、現に存在している権力関係の不条理さが際立ってくる。仮構でしかない同一性が、あるかのごとくに権威を持ち、実際に力を及ぼしているのだから。そこでの権力関係は決して安定したものではありえない。しかし、だからこそそれを維持するためにさまざまな無理が要請される。その顕著な例が日本軍による華僑の「粛清」だったとも言えるだろう。そしてそうした無理は、現地の人々だけではなく「マルセンの旦那」にも影響を及ぼしていかざるをえないのである。

三　「平和」の裏にあるもの

『花の町』というタイトルは、この町が「平和」だという「作者の言葉」と対応しているように思われる。花は、「平和」のメタファーとして実に相応しいものであるに違いない。だが、この作品において、花が印象的に登場しているのはわずか一ヶ所でしかない。ブンガ・チャパカというその花（ギンコウボクだと思われる）は「地面にうがたれた穴」の中で強烈な匂いを放っている。木山が「この穴は、何であるか。おそらくは、子供たちの砂遊びする場所であらう」と尋ねると、華僑の寡婦であるアチャンは「この地面の穴は、砲弾の跡でございます。日本軍が二月十四日に、ブキテマからカセイ・ビルを撃ちました」と答える。花の甘い匂いには、戦争の傷跡が隠されているのだ。この場面に限らず、この作品は慎重に「平和」の裏にあるものの存在を示唆しているように思われる。『花の町』に華僑の「粛清」を直接描いた場面はない。むろん、そのような場面を当時の検閲下において描くことは不可能だっただろう。だがこの作品は、決してその事件をなかったことにしているわけではない。たとえば日本人の軍曹は、木山とラッフルスの銅像について話しているうちに、いささか唐突に次のように述べる。

「あいつ、このマライの偶像にでつち上げられてゐたのぢやないですかね。ラツフルスは、百年前に初めてこの島に上陸するとき、ここの土着の人類を皆殺しにした。もし僕が史実を実際よく知つてゐたら、さういふ発表をでき得るかもしれないですがね。しかし僕は、ちつとも史実を知らないです。」

だが、日本軍が華僑に対して行なったことを考慮に入れて読むならば、この発言は少しも唐突なものではなくなるはずだ。過去の「皆殺し」の事実がわかれば、自身の罪悪感を幾らか軽くするのに役立つかもしれない。(15) そもそも「粛清」を無視したいのであれば、華僑の寡婦一家を中心に描く必要などどこにもないのであり、『花の町』においては実際には描かれていない華僑の「粛清」が強い影を落としているのである。(16)

華僑の寡婦一家の長男であるベン・リョンの言動は「教室で先生から大きな声で教はつた通り」のものだ。だが、だからこそそれは不自然なものに感じられる。ベンは「我々は日本精神を知る一つの方便として、まづその手始めに正しい日本文字を書き得るやうに努力するものである」と言う。同じようなことを後の場面でマレー人のウセン・ベン・ハッサンも口にする。

「〔…〕日本精神を覚えるには、日本語を知らんければいけないです。私、もう日本語を自由に話せるですから、私もう日本精神をよく覚え込んでをるです。」

それに対して木山は「君、無茶をいつてはいけない」と答えているが、その答えが苦しいものであることは言うまでもない。何故なら、ウセンが反駁して言うように、「日本語と日本精神のこんな関係において、この前、ポスターにもちよつと書いてあつた」からである。つまり、ウセンが言ったことは「マルセンの旦那」たちが推し進める日本語普及運動の方針に沿ったものなのであり、そうである以上、「無茶」なのはその運動自体であるはずだ。しかも、ウセンはまるで「当時駐屯の日本将校または軍政部高官のいでたち」のような恰好をしているという。ベンもウセンも、日本の占領政策の反響としてその言動があるのであり、その意味で彼らは占領地における日本人のあり様を映し出す鏡となっているともいえる。

むろん、ベンとウセンとではその意味合いは大きく異なるだろう。前者が劣位に置かれた状態において日々を生き抜くために日本の占領政策に必死に適応しようとしているのに対し、後者は自身より劣位に置かれた者につけ入るためにそれを利用しようとするのだ(17)。だが、前者の痛々しさも後者の醜悪さも日本の占領政策が招いたものであるという点においては変わりがない。

ウセンはベンの妹のトミー・リヨンに恋慕し、彼女との結婚を迫るために何かとベンの家族に言いがかりをつけてきていた。ベンと隣家の骨董屋の主人はウセンの横暴について、わざわざ木山のいる前でいかにも密談のように話をする。

> 老人は静かに紅茶をすすりながら、不図、ことさら秘密さうにベン・リヨンにいつた。〔…〕いかにも内証ごとのやうにベン・リヨンも声を落してゐた。しかし彼等支那人は、日ごろ普通の話をするときには、お互に支那語で会話する筈である。第三者の木山喜代三がゐる前で、しかも秘密のことを特に第三者にわかりやすく英語で話し合ふ。

木山もすぐに気づくとおり、これは「お芝居の密談」なのだ。つまり、ベンは「マルセンの旦那」

である木山に間接的に助けを求めようとしているのである。なぜこんなまわりくどいやり方をしているかといえば、彼らにとって「マルセンの旦那」がどういう反応をするかが何より気がかりだったからだろう。ベンも骨董屋の主人も、木山の返答に対する反応は過敏と言えるようなものだ。木山は「まんまとお芝居に乗せられたと知りながらも」、ウセンについて彼らに質問していく。木山の言葉にベンは「動揺の気配」を見せたり、「心の平静を失」ったりする。また、木山と語る骨董屋の主人の顔には「鼻のさきから顎のあたりにかけ、小さな汗のたまが浮いて」いる。語り手は「彼等は、彼等を庇護してくれるものに餓ゑきつてゐるのにちがひない」と述べるが、端的にいって、ベンの家族がウセンにそれほどまでに苦しめられているのは、占領地において華僑が置かれている社会的位置のために他ならない。「不良」あるいは「敵性」と見なされただけで簡単に殺されるという状況を当時の華僑が経験していたということを無視すれば、ベンの日本語に対する熱情も、彼らの異常なほどに怯える不安や脅えも何もかもが理解できなくなってしまうだろう。

だが木山は、彼らの窮状に対して一定の理解を示しながらも、なかなか慎重な姿勢を崩そうとはしない。「仮りに若しウセン・ベン・ハッサンがどんなに度し難い人間であるにしても、私は彼を膺懲する資格を持たないのである」と木山は言うのだ。それに対して骨董屋の主人は「いや断じて、貴官のその懐疑は不要である」と言い、「ウセン・ベン・ハッサンのゐる前でベン・リヨン一家のものが、貴官に対して親睦あるやうに振舞ふことを許して頂きたい。その場合、貴官にはただ、にこにこ笑つてゐて頂けば十分なのである」と述べる。何故なら木山は「マルセンの旦那」だからだ。木山自身がいかに否定しようと、現地の人々にとって木山が権力の側にいることは自明の事実でしかない。木山の自己イメージと、現地の人々が木山に対して抱くイメージとのズレに、木山もまた翻弄されていく。

四　視線の交錯

木山がベン・リョンの家を訪れると、正面の壁には日の丸や軍政部からもらつた安居証が、左手の壁にはベンの昭南日本学園の修了証書などが、それから右手の壁には昭南日本学園の教師たちの記念写真が掲げられている。その奥の部屋への入口は円拱（アーチ形のセカンドエントランスのようなもの）になっていて、次のように描写される。

この円拱のカーテンがときどき風に吹きながされ、カーテンのかげに掛けてある人物写真がそのたびごと目に見える。半紙四倍大の大きな写真版である。これは日本軍がここに入城した直後、誰か支那人の印刷屋が売りひろめた汪兆銘氏の肖像である。

この後に、旧全集においては「(見えるでもなく見えないでもないといつたやうな、中途半端な場所に掛けてある。意味深長に置く場所を選んでゐる。)」という一文が付け加わっている。つまり、華僑の家族たちは、誰の写真を掲げるか、ということや、写真を掲げる場所について、いちいち思い悩み、気をつかいながら生きていかざるを得なかったのである。[18]

『花の町』は三人称で語られながらも、現地の人々の心中が語られることは決してない。彼らは常に外部から記述されるのみなのである。むろん、そのような特徴は『花の町』のみに見られるというわけではなく、むしろ三人称で書かれた井伏作品全般に多かれ少なかれ見られるものだ。[19]だが、占領地を舞台としたこの作品においては、それに独特な意味合いが付け加わっている。たとえば、次の場面を見てみよう。

ペンキ屋は階段に腰をかけ、マルセンの旦那をじつとながめてゐた。それはこの支那人の意地悪さうな眼つきにも見え、不安のためびくびくしてゐるやうな眼つきにも見えた。こちらの思ひかた次第、何とでも解釈されさうな眼つきである。

ここで木山は、ペンキ屋と互いに互いを眺めあっている。木山はペンキ屋の顔に「意地悪さうな眼つき」や「びくびくしてゐるやうな眼つき」を見出すが、どちらとも決められないのだ。この作品においては、現地の人々の心中は常に描かれず、それは必然的に彼らの「真意」についての疑念を読者に起こさせるだろう。それは木山に助けを求める人々にしても同様である。木山が骨董屋を再訪した際、店の主人は「不愛想な顔で木山を見て、それから急に思ひ出したやうに愛想よくいつた」と言う。急に愛想がよくなったのは「マルセンの旦那」である木山の権威を利用してウセンをベンの家族から追い払おうと考えていたからであり、実際のところ骨董屋の主人が木山のことをどう考えているかは少しもわからないのだ。あるいは、ベンの母親のアチャンもウセンの横暴について木山に訴えるが、語り手はそれについて「すこし疑つてみれば、彼女は木山に尚ほこの上ウセンを毛嫌ひさせようとして、こまかく気をつかひながら物をいつてゐるやうにも思はれた」と述べている。

彼らは決して日本の占領政策を批判したりせず、むしろそれに協力しようとする態度を示しさえする。だが、そのような態度が果たして彼らの「真意」を表わしているかどうかは作品内においては常に保留のままに置かれているのだ。長らく男性読者に高く評価されてきたらしいアチャンの「純情」[20]が示される末尾の場面も、その例外ではない。そこでアチャンは日本人の軍曹に会いたいと願い、しかし木山はもはや彼を探すことは不可能であると彼女を諭す。そこで彼女は言う。

「おお、それは、私が支那人であるためでございませう。」

そして不意に、彼女の目に涙が込み上げて来た。彼女は顔を伏せたので、涙の点滴が、売り物の鏡台の上の同じく売り物の仏具皿の上に落ちた。

しばらく沈黙がつづいてから、木山はいつた。

「吾人は知つている。彼女の純情は、すでに彼の心に徹してゐる筈である。憂か無憂か、しかしただそれだけのものであるといふよりほかはない。」

するると顔をあげた彼女の目に、またもや涙が込み上げて来て頰につたはつた。

木山はポケツトのなかの観音堂のおみくじを、無意識に指さきで爪さぐつてゐた。店のあるじは一向に帰つて来る様子もないのである。

このようにして『花の町』という作品は終わるわけだが、ここで示される「純情」に感動する前に、この直前の会話において彼女が木山に「過日以来、馬来人ウセンは多大の饒舌をもつて、私の心をあの日本軍人に誘ひ寄せるやうに仕向けて行きました」と語っていることに気をつけてみるべきではないだろうか。そもそもアチャンが日本人の軍曹に会った際、二人は木山の通訳を介して会話をしたのだが、そこで決定的な誤解が生まれていたことは見逃せない。

ウセンが自分を騙していたことを知って、軍曹は「今度あのぺてん師を見つけたら、追及してこの婦人に詫びさせなくてはならぬ」と怒る。それを木山はアチャンに対して通訳する際に、「いくらか自分の主観を加へ、次のやうに尾鰭つけて説明した」。すなわち、「ウセンは、この下士官の手によつて厳しく糾問される立場にある。それは時と場所を選ばない」と述べたのである。そのためアチャンは軍曹がウセンを「糾問」するのが確実なことだと思い、「それが真実なら私の家族一同は、不快と煩はしさとを同時に避け得ることでございませう」と感謝したのだ。

だが、その後ウセンは「糾問」に遭った様子もなく、相変わらずアチャンの家にしつこく押しかけているという。この華僑の寡婦が軍曹に会いたいと願うのにはそのような背景があるのであり、それを「純情」と取るのは単純に過ぎるだろう。[21] 木山はアチャンに「吾人は悪意をもつて通訳した覚えは更にない」と言うが、この場合、木山の中途半端な善意によってアチャンの誤解は生まれているのであり、木山の責任は避けえないのではないか。

ちなみに右に掲げた文章中、「しばらく〔…〕つたはつた。」の部分は旧全集においては削除され、代わりに「(しかし、ここは戦地である。)」という心内語が挿入されている。アチャンの問いかけに木山は何も答えることができないままなのであり、木山の受動性がより強調されていると言える。華僑の寡婦一家に頼られる木山は、中途半端な善意を見せるわりには終始積極的に動こうとはせず、ほとんど迷惑そうな素振を見せることさえある。木山からしてみれば、自分には現地の人々の窮状を救えるような「資格」はないということなのだろう。

実際、木山は骨董屋を再訪した際に、日本語がわからないはずの主人に向かって「ちよつと僕、このベン・リヨンの家に見舞ひに行つて来ます」と言っているが、それは「日本の下士官が見てゐる手前、わざと日本語でいつたわけである」とされている。それに続く箇所は、初刊本では「商店以外の民家に立ち寄るのは何か照れくさい」とあり、旧全集では「徴員や兵隊が商店以外の民家に立寄ることは、不文律だが半ば禁止されてゐる」とある。木山もまた、その言動を「日本の下士官」の視線を意識せずには行ないえなかった存在であることが示されているのだ。

木山にとっては、自身もまた権力に従うしかない無力な者だという思いが強かったのだろう。だが、現地の人々からすれば、木山は紛れもなく「マルセンの旦那」なのであり、権力の側にいる人間なのだ。その二つのイメージの間で木山は引き裂かれ、永遠に押し黙っているより他はない。

五　「平和」を維持するもの

神保は前掲『昭南日本学園』の「あとがき」において、中島の「『日本語運動宣言』」や、私の訓示その他に、マライ原住民を「新しき民」「赤子」又は「新しき日本人」と称んでゐるところが多いが、或る意味では、かう称ぶには時期尚早かとも思ふが、宣撫工作の上、又教育指導の上、彼らをかう称ぶことを最も妥当とした私達の信念に拠つたのであることを諒とされたい」と述べている。神保自身の意図がどうであれ、ここに見られる二枚舌は批判されても仕方がないものだろう。外地では現地の人々を「日本人」として教育しておきながら、内地では彼らを「日本人」と呼ぶのは「時期尚早」であると述べているのだから。

ここには先述した国語国字問題の時と同じ分裂が反映している。一方には「大東亜共栄」の名の下にアジアの人々をも「日本人」に含めようとする動きがあり、他方には「伝統」や「国体」の名の下に「日本人」を血統によるものに限ろうとする動きがある。どちらも「日本」を信じている点においては変わりがないのだが、だからこそ両者の溝は容易に埋まらない。駒込武は「ナショナリズムの観念は決して一枚岩のものではなく、帝国主義的膨張に適合的な観念と、非適合的な観念がある」と指摘し、前者を「言語ナショナリズム」、後者を「血族ナショナリズム」と呼んでいる。[22]ナショナリズムはこの両極を含み持っていたのであり、そこから生じる矛盾は植民地や占領地において顕在化せざるを得なかった。政治的社会的な次元では「日本人」の利益や特権を保持する「血族ナショナリズム」の論理が優先されながら、文化的な次元では「日本語」を学ぶことによって「日本精神」が涵養できるとするような「言語ナショナリズム」が説かれたのである。

占領地であるシンガポールにおいて、中島や神保がこうした矛盾に気づかなかったわけはないだろう。しかし彼らは、日本語普及運動に邁進することによって、こうした矛盾から目を逸らしたのだった。つまり、「言語ナショナリズム」の論理によって「同化政策」を推進しつつ、「血族ナショナリズム」が現地の人々に強いている過酷な現実を見ようとは決してしなかったのである。もっとも、彼らも日本の占領地政策の一貫性の無さにはおおいに悩まされたようだ。中島は神保との対談「マライの日本語」(『日本語』一九四三・五)において「やはり何等かの指令を出される場合には一本建に願ひたい。これは実に弱つたのですな。東京から来る指令は実にまち〳〵なのです」と苦言を呈している。各部署から来る「まち〳〵」な指令に振り回される現場の苦労は察するに余りあるが、だからと言って彼らの言動が免責されるわけではない。

『花の町』の終わりに近い場面において、ベン・リョンは木山に骨董屋の主人の言葉を伝える。「私の家の隣の、シンフハさんが私にいひました。日本のトナリグミといふのを、シンフハさんが始めたいといひました」。そして「私たちのトナリグミは、支那人や印度人や馬来人といつしよにするのでありますと言うのだが、それは生活に窮した者たちのための互助組合のようなものらしい。「大東亜共栄」という理想が一方では掲げられながら、他方においては日本軍は各種の民族を階層的に秩序化することによって、日本に対する反乱を抑制しようとした。すなわち、華僑を徹底的に弾圧する一方で、マレー人を優遇したのである。作中で華僑である骨董屋の主人やベン・リョンがマレー人に対して侮蔑的な発言を時折する背景にもそのような事情が関わっていると思われる。しかしだからこそ、ここで彼らが民族間の壁を超える試みを行なおうと考えていることが注目されるだろう。彼らの提言は、占領地における帝国日本の矛盾を鮮やかに照らし出すのだ。

「トナリグミ」について、骨董屋の主人の相談に乗ってほしいとベンは木山に頼む。「シンフハさんが急ぎます。急がなくては困ります。シンフハさんの隣のドアもその隣のドアも、みんなノー・マカン、ノー・サラリーです」。「ノー・マカン」とは「食べることができない」という意味であり、ベンの訴えは切実なものだが、木山には積極的に動こうとする気はないようだ。何故なら、「役所では、まだそれに関する指令を出してゐない」からに他ならない。「大東亜共栄」という理想は理想のままで、実態はそれとは全く違うことが平気で行なわれる。そのような状況下で、単なる徴員が勝手に動くわけにはいかないという判断が木山にはあったのだろう。もちろん、そのような判断が間違っているわけではない。勝手に動いた場合、木山が罰せられる可能性はおおいに考えられる。ただ、木山の保身の結果、現地の人々の窮状が放っておかれるだけのことである。そして、木山の態度は実際にシンガポールにいた「マルセンの旦那」たちの態度とそう異なったものではなかったのではないか。

『花の町』が戦後かなり長い間にわたって再刊されなかった理由は神保や中島に対する遠慮という

ことが考えられるにせよ不明と言う他ないが、その初刊本が決して日本の占領政策に合致するようなものでなかったことは、これまで述べてきたことによって明らかだろう。「日本人」や「日本語」の同一性そのものに対する疑いを起こさせながら、それが実際に持っている威力をも描くこと。現地の人々の言動を描きながら、その裏にあるらしい「真意」をも示唆すること。一見「平和」な日々を描きながら、そこに隠された戦争の傷跡や現地の人々の窮状をも示すこと。『花の町』に、「加害者」による最も良質な表現を見出すことは、おそらく不当ではない。この作品の批評性は、作者井伏の加害者性をも決して取り逃がしてはいないはずである。

第十章　ある寡婦の夢みた風景――「遥拝隊長」

一　「逆コース」のなかで

井伏鱒二「遥拝隊長」が発表されたのは、『展望』一九五〇年二月号においてである。そのわずか数ヶ月後には朝鮮戦争が始まり、それをきっかけに日本は再軍備へと大きく踏み出していくことになる。既に前年からレッドパージが行なわれ、占領政策の転換は誰の目にも明らかになっていた。翌一九五一年一一月には『読売新聞』が「逆コース」と題した連載を開始し、その言葉は流行語となった。(1)そのような時代を背景として、この小説は受容されていったのだ。河盛好蔵による次のような評言が出たのも、考えてみれば当然のことかもしれない。

　作者はこの元中尉によって具現されている狂信的なミリタリストに対する怒りと憎しみを、適度のユーモアをまじえながら、しかし世の権力を笠に着る人間のはいふをえぐるはげしさを表白している。（「文芸時評」『朝日新聞』一九五〇・二・一九）

「元中尉」とは、元陸軍中尉の岡崎悠一のことを指している。悠一は戦場での事故によって「気違ひ」となり、いまだに戦争は終わっていないと思っている。この小説ではそんな悠一がたびたび起こす「発作」と、それによって「こうちが、めげる」（部落内の「平穏無事な日常に破綻を来たす」）さまが描かれているのだが、河盛はそこに「狂信的なミリタリストに対する怒りと憎しみ」を見ているのである。このような見方はそれから後もかなり長い間にわたって、この小説の受容を規定していったように思われる。(2)

もちろん一方で、この小説はただ単に悠一を批判しているわけではない、という指摘もしばしばされてきた。早い例としては寺田透の指摘が挙げられよう。寺田は「「遥拝隊長」をひとびとは、簡単にファッシズムの醜怪暴戻《ぼうれい》な残骸の戯画をもつてしたその風刺と取つたようであるが」とそのような見方に異議を唱え、この小説は「気違ひ」の軍人を批判する人間をも「決して肯定はしていない」としている。(3)

また中村光夫は次のように指摘している。

悠一と喧嘩してアメリカ風の民主主義を説く兵隊服の青年も、「ソ連風の云ひまはしかた」をするシベリアがへりの元曹長も、作者から苦い筆付で滑稽化されてゐるだけであり、同じくシベリアから赤くなつてかえつた与十をうまくいなして墓参りさせ、彼を古い秩序に組み入れたつもりでゐる村の顔役たちも、墓を「封建時代の残滓」であると主張する与十がひとからあたへられた思想をあうむ返しに云ふのと同じやうに、意味を失つた旧慣をただ人がするからといふ理由でくりかえしているだけです。(4)

そして中村は、「戦後の数多い小説のなかで、敗戦のもたついた、彼等の内面の混迷を、これほどはつきり造型し、生々しい実感で表現し得た作品はおそらく他にない」とこの小説を絶賛するのである。

このような単なる「軍人」に対する諷刺に終わっていないとする見方が出てきた背景としては、改稿による影響ということが考えられる。先行研究においては全く触れられていないのだが、「遥拝隊長」の初刊本である『本日休診』（文藝春秋新社、一九五〇・六）は、一九五一年九月に改訂新版が出されている。その際、「遥拝隊長」の本文に幾つかの重要な改稿が施されているのだ。(5) たとえば中村が言及していた「兵隊服の青年」の場面は、初刊本では次のようになっていた。

幸ひ、兵隊服の青年は膂力が貧弱であつた。後ろから棟次郎が抱きとめてゐると、手足を無意味にばたばたさせ、それでも口だけは達者なものであつた。
「ぶつた斬るとは、何ごとぢや。まるで、軍国主義の亡霊ぢや。骸骨ぢや。おい村松棟次郎さん、放してくだされ。おい放せ、村松棟次郎さん。この危急存亡のとき、わしの自由を村松棟次郎さんは、奪ふのか。」

ここで兵隊服の青年は悠一が戦時中と同じような振舞いをすることに腹を立てているのだが、改稿後の本文では、「口だけは」と「達者なものであつた」の間に「時流に投じた言辞を弄して」という言葉が付け加えられている。改稿によって、青年への揶揄が強められていると言えるだろう。「自由」

だとか「非武装国と誓つた国ぢや」などといった科白は借り物でしかないことが断定されているのだ。つまり彼は、戦時中において「滅私奉公」などと言っていたのと同じ意識で戦後は「自由」と言っているのに過ぎないのである。そのように考えた場合、悠一のことを「軍国主義の亡霊」だと罵るこの青年が「戦闘帽のお古に払ひ下げの兵隊服を着てゐた」とされていることに皮肉な意味を読み取ることも可能だろう。もちろんそういった青年への揶揄を改稿前の本文から読み取ることができないわけではないが、改稿によって一層、単なる軍人批判・軍国主義批判に留まらない側面が明瞭に出てきているのである。

寺田や中村の指摘以降も、この小説に対しては「戦争批判の批判」（東郷克美[6]）などが指摘され、悠一に対しても「加害者」であると同時に「被害者」であるといった評（相原和邦[7]）も出るなど、多角的な読みが試みられている。本章ではそれらの論も踏まえつつ、主に「立身出世」という観点からこの小説を読み直していくこととしたい。何故なら、立身出世という近代日本を動かしてきた欲望を抜きにして悠一やその母親の行動を理解することはできないからだ。「立身出世」という観点を通して見ることで、この小説を単なる村や「こうち」の話としてではなく、国家をも含んだ幅広い視野から考察することができるようになるのであり、また陸軍将校と他の国民たちとを同じ地平で捉えることが可能になるのだ。自身の立身出世を願い、家庭の幸福を望んだという点においては、陸軍将校も他の国民たちと何ら異なるところはないのである。

近年の研究が取り逃がしてきたのは、この小説が持っているアクチュアリティに他ならない。ここに出てくる兵隊服の青年や村人たちの姿は、決して過去の話ではないはずである。軍人を「気違ひ」と断ずることで人々が見ようとしなくなったものは何か――そのことについても考えてみたい。その際、改稿に関しても適宜指摘していくことになるだろう。

二　母と子の「立身出世」

「遥拝隊長」こと岡崎悠一は、陸軍幼年学校（陸幼）から陸軍士官学校（陸士）を経て陸軍将校になった。戦前の日本においては、「末は大臣か大将か」という言葉からもわかるように陸軍将校になることは立身出世の重要な一経路であった。日本の軍隊においては将校と下士官や一般兵卒との間には厳然たる壁が存在しており、しかもヨーロッパ諸国の軍隊とは違い、将校になるには身分や家柄ではなく士官学校卒業という学歴が必要とされたのである。悠一はまさにそのエリート・コースを歩んでいたと言える。

悠一の立身出世のきっかけとなった陸幼入学は、「悠一が学童として優秀であり、悠一のお袋が人格者であり、模範的な一家である」ために推薦されたのだとされている。この発言自体は村長や小学校長の悠一の母親に対する追従《ついしょう》であったとしても、母親がコンクリート造りの門柱を建て一家に「貫禄」をつけていたからこその推薦だったことは確かなようだ。悠一の父親が「過労と貧困による栄養不足」で死んだとされていることから、この一家は「部落の中でも最下層の出」とする相原前掲論文の指摘を受けて、河崎典子は母親が家の大改築にまでこぎつけたことを「一大サクセスストーリー」[8]と表現している。まさしく、悠一の立身出世に先立って、そこには母親の立身出世があったのだ。

この点に関して、木村涼子による女性の「立身出世」に関する興味深い論考を参照してみよう[9]。そのなかで木村は婦人雑誌『主婦之友』の記事の分析を通して、女性の「立身出世主義」を三つのタイプに分けている。第一に、「縁の下出世主義」である。これは自身の代わりに、夫や息子などの立身出世を支えるものであり、彼らの成功こそが自身の成功であるとされる。第二は、夫婦の協力が商売や事業の成功に結びつくという「夫婦成功主義」である。そこでは、夫と妻がそれぞれの性別分担に応じた役割を演じることが推奨される。そして最後の一つが、「擬似男性出世主義」である。これが男性の立身出世に対応するものであり、女性自身による立身出世を指す。ただし、このパターンにはある条件があると言う。すなわち、「幸福に結婚して、夫の収入を基盤に主婦の務めを果たすという、女性のライフスタイルの基本形を、何らかの形ではずれざるを得なかった場合が多い」のであった。

悠一の母親の場合、夫との死別により女としての「正常」とされる生き方が困難になったために、自らの立身出世を目指したのだと言えるだろう。しかも、そんな母親に対する村人たちの視線は決して温かいものではなかった。

悠一の「発作」に気づいた当初、「部落の人たちは、こんな気違ひの発作が起るのは、悠一が南方の戦地で悪疾に感染した結果だらうと云つてゐた」が、そのうちに「あの病気は親ゆづりの梅毒のためだといふ臆説も出て、これが刺戟的なせゐか一時は可成り有力な説になつてゐた」と言う。以下の叙述はなかなか意味深い。

悠一の父親については「悠一が小学校にあがつた年に亡くなつたが、死因が敗血症であつたことに疑ひはない。過労と貧困による栄養不足のためであつた」というのだから、「親ゆづりの梅毒」と父親とは関係がないことになる。そして語り手は次のように続けるのである。

後家さんになつたお袋は、背戸の榧の木を売つて夏衣装を一着ととのへると、海岸町の駅前にある小野半旅館といふ宿屋の住み込み女中になつた。その稼ぎが、案外ばかにならないのであつた。悠一が小学校の高等科を出るころには、お袋の働らきで一家ちよつと一と息つける程度にまで漕ぎ着けた。

これらの叙述が示唆しているのは、母親による売春行為であろう。もちろんそれが本当にあったことかどうかは定かでないが、もし本当であったとしても父親の死後のことであるならば悠一に「親譲りの梅毒」が出るはずはない。つまり部落内においては、あたかも父親の死の以前から母親の行状に問題があったかのように盛んに噂されていたということだ。たしかに「刺戟的」な説である。

そして母親に関するそのような疑惑は、戦後になって突然出てきたものではないだろう。母親が「母屋も納屋も、瓦葺きの棟に改造」し、「コンクリート造りの膨大な門柱を立てた」のも、そうした村人たちの視線と無関係ではないと思われる。白石喜彦は「寡婦であるからといって侮りをうけないよう、母親は村の人々に対して身構えている」[10]と指摘しているが、まさに母親は村人たちの心ない視線に対して「貫禄」をつける必要があったのである。そして母親の必死の努力は成功した。「近所の人たちも一もく置かないわけに行かなかつた」のである。

ただし、「親ゆづりの梅毒」という噂が戦後になって出てくることからもわかるように、決して村人たちは母親に対する見方を根本的に改めたわけではなかった。しかし悠一の母親は、どうもそれをよく認識できていなかったのではないか。たとえば、村長と小学校長から悠一の陸幼入学を薦められたとき、「お袋は忽ち感激してしまつた」という。

村長たちが帰つてから、お袋は橋本屋に出かけて行つて一部始終を喋つた。その後で「ほんとに、今から思ふと、門柱をこさへといて、よかつたですらあ」と云つた。しつかり者の女でも気が上ずつてゐたものだらう。

改稿後の本文では削除されているが、改稿前の本文ではこの後「下らないことを云つたものである」という一文が続いていた。母親に対する揶揄は改稿によって後退しているが、「よかつたですらあ」という母親の科白は戦後の悠一の姿を知っている読者には皮肉に響いてもくるだろう。しかし、この時の母親にとって陸幼入学はまさに福音以外の何者でもなかった。自身の立身出世を成し遂げた母親が次に願ったのは、「正常」な母親にとっての立身出世――子どもの立身出世だったのだから。

三　コンクリートの門柱

しかし、授業料そのほか全て官費制だった陸士とは違い、陸幼は月額二〇円の納金制であった。[11] それは中学校に通学する場合よりも高い出費であり、悠一の母親にとっても決して楽な負担ではなかったはずである。事実、悠一はその時、中学校ではなく高等小学校に進んでいたのだ。だが、中学校―旧制高校―大学と続いていく立身出世の経路と異なり、軍隊の場合、陸幼さえ出てしまえば後は費用はかからず、しかも就職も保証されている。母親は悠一が陸軍将校になる日を夢みて、かなりの無理をしてでも進学させたのだろう。[12] では、そのような母親の期待を受けた悠一の側はどうだったのだろうか。再び木村前掲論文から引用する。

そうした母の献身が、息子たちをして出世にかりたてる重要な牽引力となる。〔…〕母親は息子にとって報いるべき絶対的な存在になっていく。特に母が未亡人で女手一つで苦労して育ててくれた場合は必ずといっていいほど、それが激しい発奮の動機となる。この場合、息子が母親の恩に報いようとする気持ちは、母親の嘗めた辛酸に同一化するルサンチマンの一形態を伴っていると考えられる。

このような母子家庭の息子が立身出世することによって苦労した母に孝行するという話は、戦前の日本において強力な「物語」として機能していたのではないか。例えば竹内洋は、『尋常小学校読本巻の六』（明治二〇年）に載っている「立身の宴会」という次のような話を紹介している。[13]

「一人のやもめあり、家甚だ貧しく、僅に糸を紡ぎて暮しを立てたる程なりしが、其子をば日々学校に通はせたり。されば此子は、母の志を徒にせず、勉強せしかば、大いに立身して、遂に、上等社会に立つに至れり」。この息子があるとき多くの人を招待して宴会を開いた。座敷に粗末な糸車が置いてあった。招かれた人は不審におもい、質問をする。息子は、母がこの糸車で糸を紡いで自分を学校に通わしてくれたのである、と答え、老母を宴会の場へつれてきた。「かくの如きよき子を持ちて、学問をさせ、終に、よき仕合になりたる老母の心は、いかばかり嬉しかりしことならん」

「いかばかり嬉しかりしことならん」。まさに悠一の母親が夢想したのもこのような状態であったに違いない。しかも悠一の母親は「家つき」であったとされている。栗坪良樹が指摘しているように、「〈わが名をなさん、わが家を興さん〉という母子家族の名分が悠一に背負わされていたはずである」[14]。このような母親の願望は、また当時の国策とも合致していた。戦前戦中期の国定教科書を分析した山村賢明は、太平洋戦争下で使用された教科書に「母」への価値付与的な言及がそれ以前とは群を抜いて増加していることに注目し、「戦争体制への母の精神的動員がうかがえる」としている[15]。こうしたなかにあって、悠一とその母親こそはまさに成功のモデルケースであったろう。実際、悠一は母親の期待によく応え、陸軍中尉にまでなった。彼の立身出世は、きわめて順調だったのだ。――戦場での事故によって「気違ひ」となるまでは。

しかし、一見立派に自身の務めを果たしているかにみえたそれ以前の悠一においても、ある種の裂け目のようなものが見えていることに気づく。

一つは、演芸大会があるたびに歌ったという笹山童謡が挙げられる。それに注目し、悠一の「幼児性」を指摘したのが鶴田欣也である[16]。高等小学校を出てすぐ陸軍幼年学校に入るために故郷を出た悠一にとって、故郷とはどのような存在だったのだろうか。笹山童謡は「草刈に来てみたが、刈った草が全部籠からもれていた。仕方ないから、その空籠を持って帰ろう」という不毛な行為を歌った歌である。出征の南方行きの輸送船の中で「往《い》んでやろ」(帰ろう)という歌を歌ったのは偶然ではない、と鶴田は言う。さらにいえば、作品内では一貫して軍隊用語＝標準語で話す悠一が唯一方言を口にするのは、この笹山童謡を歌うときだったのだ。そこに、悠一の抑圧されていた故郷や母親に対する希求意識を見ることも可能だろう。

そしてもう一つは、「遥拝隊長」とあだ名されるほどだったという遥拝である。遥拝の対象とはむろん天皇に他ならず、遥拝に熱心であるということは一般的には天皇に対する忠誠心の高さを示していると考えられる。戦前の陸軍将校について詳細な研究を行なった廣田照幸は、将校が天皇制イデオロギーを「内面化」する際の動機として、そのエリート意識（天皇への「近さ」）を挙げている（廣田前掲書）。だが、周囲から呆れられるほど遥拝を繰り返していたという悠一には、そうした一般的な説明に収まりきらない過剰さが孕まれているようだ。

悠一がまだ小学校に上がったばかりの頃に「宿屋の住み込み女中」になったという母親が悠一に会える機会は、決して多くはなかったに違いない。そして、たまに会えたとしても周囲の人間を見返すために必死だった母親は、我が子に対して充分な愛情を示すだけの余裕を持ち得なかったと考えられる。悠一にあるのは「父親喪失に対する絶望感」（鶴田前掲論文）よりもむしろ母親に対する希求意識だったのではないか。

戦時中での場面で示されるのは遥拝や訓辞を繰り返す悠一の姿のみであり、「雑事では感情を外に現はさない」という悠一が自身の心情を語る場面はない。そうした悠一の内心は部下の兵卒からも理解されていなかったのである。友村上等兵が悠一のために軍鶏（シャモ）を取るのは嫌だと言ったことを横田准尉から告げ口されたときも、悠一は「徹頭徹尾、むつつり屋をきめこんでゐた」という。のちに悠一は「贅沢なものぢやのう、戦争ちゆうものは」と言った友村を殴るのだが、それは語り手によって「軍鶏の一件を根に持つてゐたせゐでもなささうであつた」とされている。だが同時に語り手は、「当人の友村や、傍で見てゐた兵隊が、どんな風に解釈したかは別問題である」と付け加えることも忘れない。

しかも、このようなコミュニケーション不全ともいえる悠一のありようが軍隊に入ってから始まったことだとは考えにくいのだ。遠田勝は「ことあるごとに遥拝と訓示を部下に強いたというエピソードからは、社交的で利発な少年の姿は浮かび上がってこない」と指摘している。[17] そんな少年にとって立身出世とは、がむしゃらになって働く母親の視線を自身のほうへ向かせる手段であったのかもしれない。

立身出世物語のクライマックスは、功成り遂げた主人公が故郷に錦を飾り、祖先の墓参りをする場面である。日本の立身出世が「家」意識をその背景として持っていることは、しばしば指摘されるところである。家名や家運の回復が立志の主な動機ともなる。この「遥拝隊長」にも墓場の場面が登場する。だが、それは通常の立身出世物語とは著しく様相を異にしているのだった。

発作を起こして家を飛び出し、行方知れずになった悠一は墓地に来ていた。「悠一は山の中腹の共同墓地で、墓の列の間を歩きまはつてゐたのである。彼は墓を一つ一つベルトで撲りつけながら歩いてゐた」。改稿前の本文においては、以上で視点が切り替わるのだが、改稿によって以下のような叙述が加えられた。

墓石を兵卒と見做したやうな意気込みで、ぴしりぴしりと撲りつけて、口のうちでつぶやいてゐた。

「ビンタを喰らへ、貴様も喰らへ、貴様も喰らへ。ビンタを喰らへ、貴様も喰らへ……。」

ここで示される狂気の異様な迫力の背後にあるのは、母親を囚え、また自身を抑圧した「家」意識への悠一の反逆であるとも考えられるだろう。作田啓一は立身出世主義を日本社会における何らかの「適応」ないしは「同調」として捉えている。つまり、立身出世の動機は、「個人的卓越の野心」だけでなく、家族などの「第一次集団の社会的期待」や、「より広い共同生活の秩序」に同調しようとする意識に源を発しているということである。(18)悠一の母親の、村人たちを〝見返してやりたい〟とは、つまりは〝認められたい〟ということだ。しかしそうやって頑張れば頑張るほど、母親は共同体のなかで浮いた存在となっていった。海岸町に出て「ばかにならない」稼ぎを得、あまつさえコンクリートの門柱まで建ててしまう寡婦の姿は、村人たちにとってたしかに讃嘆の対象ではあっただろうが、一方では異質な存在でもあったはずだ。あるいは河崎前掲論文の言うように、共同体を破壊してしまう危険因子にさえ見えたかもしれない。

そして、悠一にとって立身出世とは母親に認められることと同じであったし、そのために軍人としての職務を果たすのは「国家」という「家族」に認められることでもあった。しかし同様に彼もまた異質な存在でしかなかったのである。「軍隊でも、悠一の滅私奉公の口ぶり身ぶりは大げさにすぎた筈」という村人たちの噂は、正鵠を射ていたのではないか。「遥拝隊長」というあだ名が、まさにそれを証している。

「ほかの小隊や中隊の兵隊」が悠一の部隊に「遥拝部隊」という通称を「思ひついてくれた」とき、悠一は「有名になつた故に」より一層「滅私奉公の精神を集中して遥拝しなくてはいけない」と言ったとされている。賛辞に隠された揶揄に気づいている様子は少しも見えない。そして同じことは、母親についても指摘できるのだ。村長から鉄の釣瓶《つるべ》縄について「見えすいたお世辞」を言われても、「必要以上に水汲みをして」しまう母親であった。表面上は寡婦の立身出世を褒め称える村人たちも、その裏には複雑な感情を潜ませていたように思われる。だが、そうしたことに彼女はやはり気づいていなかったのだ。

追い求めようとすればするほど、そこから逸脱してしまう。「杉垣や四囲の風景に対して、ちつとも調和のない景品」であったというコンクリートの門柱とは、この母子の姿そのものなのである。そして、立身出世によって部落のなかでも一目置かれる存在となっていた彼らは、悠一の戦場での事故および敗戦によって再び「お袋ひとり伜ひとりの貧世帯」へと引き戻されたのであった(19)。

悠一が墓場で四人の墓参者たち――橋本屋、棟次郎、新宅、与十――に饅頭を無理やり突っ込んでいる時に、悠一の母親がやってくる。そして、悠一に向かって「往《い》のうや」(帰ろう)と「嘆願」する。しかし悠一は「知らぬ顔」であった。いわば悠一はまだ〝帰っていない〟のだ、――南方行きの輸送船から、戦場から。彼が追い求めた母親はもはや立身出世を彼に強要することもやめ、まさしく「母」としていま彼の目の前に立っているというのに。

四　「庶民」の戦中と戦後

遠田前掲論文が述べているように、この墓参の場面で滑稽なのは「気違ひ」の悠一ではなく、四人も揃っていながら「気違ひ」の言いなりになっている村人たちのほうだろう。「発作」を起こした悠一に出会ったとき、彼らは次のように囁き合う。「どうするかのう」。「せつかく与十が墓参したのやから、けふのところ、穏便にしておくか」。彼らが悠一に抵抗しないのは「穏便にしておく」――「こうち」を「めげ」させないためなのであった。

そのなかで中心的な役割を担うのが橋本屋である。悠一が去った後の「あいつ、怖るべき骸骨だね」という与十の発言は四人の悠一に対する反感を過剰に起こさせる恐れがあった。言うまでもなく、それは「こうち」を「めげ」させることにつながりかねない。そこで橋本屋は「しかし、訓示はうまいもんぢや」と言って、その気持ちをはぐらかそうとする。しかしそれは「ばかな。みんな、あんなものだ」と与十に反発されてしまう。すると今度は「大森さんの分家の娘さん」の話を持ち出すのである。

「ところで、稲田村の、大森さんの娘さんは、よい娘ぢやのう……。」と、橋本屋さんが云つた。あと、何か云ふのかと三人は待ち受けたが、橋本屋さんは黙り込んでしまつた。それがきつかけで、四人とも黙つて坂道を降りて行つた。下草刈りの行きとどいた疎林のなかに、曲りくねつて通じてゐる坂道である。木の間がくれに村道が見おろされ、悠一のうちの瓦屋根も杉垣も、コンクリートの門柱も見おろせる。いつもは門柱のてつぺんの色硝子が、赤く見えたり青く見えたりするのだが、曇り日だと異彩を放たない。悠一とお袋が、とぼとぼと門口にはひつて行くのが見えた。

話題を逸らそうとした橋本屋の試みは、けっきょく話が続かず失敗する。その沈黙のなかで、四人は「とぼとぼと」家へ帰る母子の姿(「異彩を放たない」コンクリートの門柱)を直視せざるを得なかったのだ。

そもそも、悠一の陸幼入学を唆したのは村長と小学校長であった。そして、悠一が戦地から送還された時、「この隣組内に将校が帰つて来ると鼻が高い」などと言って陸軍病院から退院させたのは、近所の人たちであった。初めのうち、悠一の言動は怪しまれていなかった。怪しまれだしたのは敗戦が近づいてからなのである。足の怪我に関しても最初は悠一が何も言わないのは「謙譲の美徳の顕はれ」とされていたのが、敗戦後には「親の因果が子に報ふ譬へばなし」にまでなっていた。その間、悠一自身は何ら変わっていない。変わったのは村人たちのほうなのだ。戦前には「天皇陛下万歳」と叫び戦争に加担していた者たちの多くが、敗戦を境に一斉にその身を翻したのである。

戦中においては周囲のありようが悠一の過剰さを浮き彫りにしていたのに対して、戦後においては悠一の変わらなさが周囲の変貌ぶりを露わにする。だが、そこでは何が変わっているのだろうか。変わったのは仰ぐ対象や言葉だけであって、意識は少しも変わっていないのではないか。

たとえば、戦場での悠一の姿を与十に語った上田元曹長は、「みんな遥拝居士の行きすぎが原因だよ[20]」と語る。そんな上田は、戦時中には悠一のことを「怖いだけの気持で見てゐた」という。つまり、「要領の悪い兵隊」であったという友村のように「明けすけに口をきく」こともなかったということだ。しかし「ソ連風の云ひまはしかた」を殊更にしてみせる上田には、戦時中の自身の姿を省みるという発想は少しもないようである。おそらく、他人から課せられた価値観をそのまま信じ込むという姿勢において、戦時中から自身が何ら変わっていないということにも気づいていないのだろう。そして村人たちが悠一をかばっているかに見えるのも「こうち」を「めげ」させないためであって、それ以上のものではない。兵隊服の青年や与十が悠一の悪口を言うのに対して「云はんと置け」、「興奮しては、いかん」などとたしなめていた棟次郎さえ、悠一のことを「あの凝り固まりの滅私奉公」などと表現しているのだから。

たしかに吉田永宏のように、そうした村人たちの態度に「融通無碍なしたたかな強さ」(21)を見ることも充分に可能だろう。彼らの口から語られる「人間の生涯には、素通りせんければならんものが、なんぼでもある」などという科白にも、何がしかの真実は含まれているに違いない。だが、同時にそのような村人たちの態度が戦争を支えていたことを、やはり忘れるわけにはいかないのだ。

悠一が高等小学校にいた頃、「軍当局から全国の各市町村長に命令して、学童たちが受験するやうに推薦制度で応募させる手段を取つてゐた」という。村長や小学校長が悠一を幼年学校に推薦したのは、まさにこのような国策に対応したものだったのである。もちろん村から戦場へと送り出されたのは悠一に留まらない。他の多くの青年たちも赤紙によって召集され、兵卒として戦場へと送り出されていった。あるいは、国策の一環として満州へと送り込まれていった。「悠一がマレーに出征するより先きに奉天に移住してゐた」という与十もまた、そのような青年の一人であるだろう。

「すべての宗教を否定すると云ひ張」り、「封建時代の残滓であると同時に宗教的に画一された姿を持つ墓に詣るのは、彼の主義に反する」と主張する「シベリア帰り」の与十は、今では悠一ほどではないにしても村の異端分子として村人たちを困らせる存在であるようだ。そんな与十は悠一と同年配であるはずだが、彼の口から少年時代に一緒に遊んだ幼馴染としての悠一の姿が語られることはない。おそらく、与十や他の少年たちにとって陸幼に入学して将来は将校になるような悠一は、親しみを持てるような存在ではなかったのだろう。実際、もし与十が悠一と同じ部隊に配属されていたとしたら、与十は悠一の部下として友村たちと「遥拝隊長」の悪口を言い合っていたかもしれない。

だが、上田元曹長から戦場での悠一の話を聞かされた時に与十の口から出たのは、「君に、悠一ッつあんのうちの、コンクリートの門柱を見せてやりたいな」という言葉である。そこには、自らの

〝憧れ〟を批判されたことに対するささやかな反発のようなものさえ読み取れよう。「コンクリートの門柱」が建てられた当時、笹山部落においては悠一の母親についてさまざまな噂がたっていたはずだが、まだ子供だった与十にはそうした大人たちの間の事情はわからなかったのではないだろうか。与十にとって、「コンクリートの門柱」が単純な憧れの対象であったのだ。初めて目の当たりに「気違ひ」となった悠一を見て与十が「興奮」したのも、そうした気持ちの裏返しであったに違いない。しかしその興奮も冷め、「兵隊の素人演芸大会があるたんび、あれ〔笹山童謡〕をうたつた……」と呟いたとき、与十が悠一の心の深層に到達するまでは、あとほんのわずかであるようにも思える。

先述したように、この小説は発表された当時「軍人」あるいは軍国主義的風潮に対する風刺として受け止められた。中村光夫はそのような見方に収まらない秀逸な読みを示した一人だが、その中村さえもが「軍人たちはすでに戦争中から気違ひだつた」などと断言していたのである。しかし、この小説が批判しているのは、「軍人」あるいは陸軍将校を「気違ひ」と断じて、それ以上の想像力を持とうとしない態度そのものである。悠一が「遥拝隊長」と揶揄されるような存在になった背景には、立身出世という近代日本を動かしてきた欲望があった。そしてこれまで述べてきたように、村人たちも悠一母子にそれを唆してきたのである。

もちろん、だからといって悠一の加害者性が払拭されるというわけではない。そうではなく、「加害者」であるとされた陸軍将校の被害者性に思いを馳せることによって、「被害者」であるとされた「庶民」の加害者性にも目を向ける契機となることこそが重要なのだ。近年の占領史研究では、東京裁判は日本の保守勢力とGHQが共同して戦争責任を陸軍の軍人に押し付け、それによって天皇を免責した場であったということが明らかにされている。保守勢力にとっては「国体護持」のため、GH

Qにとっては円滑な占領政策を遂行するために天皇制が必要とされたのである。[22] そして「庶民」もまた戦争責任を軍人に押し付けることで自己を免責したという点では、保守勢力やGHQの「共犯」たることを免れない。しかしそのことに、いったいどれほどの人が自覚的だっただろうか。[23]

「逆コース」が問題とされ、また戦前のような時代に戻ることが憂慮されていた時代にこの小説が問うていたのは、守るべき〈戦後〉という前提そのものである。果たして日本人は守るべき「戦後」を始められていたのだろうか。果たして「戦前」や「戦中」は本当に終わっているのだろうか。そのことを問うことなしに、「逆コース」に反対するなどと言っても空々しいだけなのだ。むろんそれは一九五〇年代の問題であるだけでなく、この小説を読む私たちの現在の問題でもあるはずである。

第十一章　エクリチュールの臨界へ――『黒い雨』

一　非体験者による「原爆文学」

『黒い雨』（新潮社、一九六六・一〇）は井伏鱒二の代表作であるとともに、数多い井伏作品のなかでも特に毀誉褒貶の激しい作品であると言っていいだろう。『新潮』誌上で「姪の結婚」という題名で連載が開始され、途中から「黒い雨」と改題されたこの作品は、連載完結直後から称賛の声が相次いだ。たとえば、「私はもともと原爆小説というものが好きではない。それどころか原爆のことを書いたり話したりするのもはばかりたいような気持である」という江藤淳「文芸時評（上）」（『朝日新聞』一九六六・八・二五夕刊）は、『黒い雨』について「原爆をどんなイデオロギーにも曇らされぬ眼で、これほど直視し切った小説を私ははじめて読んだ」と絶賛する。

「黒い雨」の動かしがたい説得力の秘密は、二十一年前の広島におこった異常事を語るにあたって、作者が見事にこの平常心をつらぬき通しているところにある。

主人公が戦時中は勤めに出ていた小地主と覚しい人物で孤独なインテリではなく、いつも家族や職場や村での具体的な人間関係のなかで、生活の責任を負わされて行動していることも共感をたかめる要素であろう。いわば作者がこの小説の範囲を、地方の生活に深く根ざした控え目な生活者の視野に局限しているために、そこに映じた原爆被災という事件は無限に重みと深みを加えるのである。

また山本健吉「文芸時評（上）」（『読売新聞』一九六六・八・二九夕刊）は「これは原爆投下後の、広島とその周辺地帯の記録的小説である。事件後二十一年目に、こういう小説が書かれたことは意味が深い」と述べる。

終戦後四、五年は、いわゆる原爆小説が、ずいぶん書かれた。だが、いつかその記録としての悲惨さに、読者はそっぽを向けはじめ、原爆小説は読まれなくなった。〔…〕それほど読者に忌避されてきたことは事実だが、その責が、読者の忘れっぽさや、ジャーナリズムの軽薄さに帰すべきものであるかどうか、疑わしい。原水爆反対の平和大会は、毎年八月に広島で行なわれているが、これほど国民の大多数の無関心という以上の、嫌悪感（けんおかん）をかき立てながら、一人よがりで挙行される行事も珍しい。責は国民にあるのではなく、その所属する政党の利害や主義主張を押し立てて、主催し参加する、いわゆる「平和主義者」の独善にある。

このように原爆の語られ方に不満を述べる山本は『黒い雨』が「原爆を描いて、しかもあらゆる政治的信念から自由であり、そのことが、しばしば書き古されたことを書きながら、しかも新たな感じをいだかせる」点を高く評価する。

平野謙「九月の小説（上）」（『毎日新聞』一九六六・八・三一夕刊）もまた、「この題材をイデオロギーぬきに書いている」点に注目し、「原水協と原水禁と核禁会議という三つの団体に運動が分裂し、ことしの世界大会にはまた脱退さわぎまで起こったというような政治的イデオロギー的な現状に対して「黒い雨」は大きな無言の警告を発している」と指摘する。つまり、江藤、山本、平野という当時の有力な文藝評論家三氏が揃って『黒い雨』におけるイデオロギー性のなさを称揚するのだ(1)。

野間文藝賞を受賞した際には、選考委員はそれぞれ「井伏鱒二氏の「黒い雨」は本年度文壇第一の収穫で、これが受賞作となったのは当然なことだと思います」（井上靖）、「「黒い雨」は戦後現われた最も優れた作品かもしれない」（大岡昇平）、「原爆投下といふ異常な事件を小説にすることのむづかしさはこれまでのいはゆる原爆小説が示してゐるが、井伏氏はこの難事業と正面からとりくみ、はじめて成功してゐます」（中村光夫）などと絶賛している（「昭和四十一年度第十九回野間文藝賞」『群像』一九六七・一）。その背景には、もちろん原水禁運動の硬直した政治主義と党派性への嫌悪感が存在していたのであって、川口隆行が指摘するように、『黒い雨』は「党派性を越えた国民の共通体験を表象した文学として受容(2)」されたと言っていいだろう。

だが一方で、こうした評価のされ方にはたびたび疑義が呈されてきた。たとえば、古林尚《ふるばやしたかし》「井伏鱒二の『黒い雨』」（『文学的立場』一九六七・二、四、一〇）は「彼のまわりの称賛者たちは、故意に井伏鱒二の作家的冒険に目をつぶり、井伏が作品の完成を断念することによってかろうじて手につかんだ成果をも、寄ってたかって、わいわいと叩きつぶそうとたくらんでいる。「姪の結婚」から「黒い雨」への転身が必ずしもすんなりとは行われなかった間隙につけこんで、日常的な「姪の結婚」を賞めそやす形で政治的な「黒い雨」を足蹴にしている」と憤る。また、大江健三郎「井伏鱒二と日本文壇の「原爆」概念」(『持続する志』文藝春秋、一九六八・一〇)は江藤淳の「平常心」を「傍観者の平常心」と呼び、「『黒い雨』における井伏鱒二の想像力は、激しく緊張しているが、それは傍観者の平常心とまさに逆のものによって緊張している。それは、おなじく平常心という言葉を用いるなら、原爆を現実に自分の頭上にうけた被害者の、しかもなお最悪の日常を生きのびようとする人間の平常心によって緊張している」と江藤のような評価から『黒い雨』を救い出そうとする。あるいは、「「黒い雨」がもたらしたまぎれもない感銘は、語り尽くそうとしてもなお語りつくせぬ事実の巨大な深淵——したがって今後ともそれは繰り返し語られる必要があることを改めて認識させ、同時にあえてその事実に挑んだ作家的個性の誠実さによる達成でもあった」と作品自体は高く評価する長岡弘芳もまた、次のようにやはりその評価のされ方には強く抗議の意を表明している。

しかしその出現を〈戦後二十年、ようやく生れた国民文学〉(朝日新聞読書欄、昭四一・一一・八)だとするような評価の仕方が、だが大田〔洋子〕や峠〔三吉〕の遺産を結果として貶しめ、あるいは井上光晴やいいだ・ももらの成果を、結果として片手落ちにするような言い方で言われてはならぬと、私は強く思う。[3]

もちろん作品自体に対する批判もないわけではない。当時は「記録文学」があらためて注目を集めていたこともあり、[4]『黒い雨』における「記録」の扱い方に対して、いくつかの疑問が出されている。たとえば、森川達也「時評(文芸)記録と小説について」(『図書新聞』一九六六・一〇・一)は「「黒い雨」一篇は、作品としては記録の厳しさにも、虚構の厳しさにも徹しえない、あやふやなものとなったという他ない」と厳しく批判している。また、北村美憲「井伏鱒二『黒い雨』論」(『新日本文学』一九六六・一二)は「井伏に対する賛嘆の気持と同時に、わたしの最大の不満もまた、その磨きこまれた言葉の、度を過ぎた奥床しさにあ」るとし、次のように述べる。

これは、おそらく、井伏流ドキュメンタリズムの本質にかかわっている。かれは「記録・資料」と、まるで時間に制限のない碁を打つようにゆっくりと向い合い、充分に咀嚼したのち、自分の胃袋のなかで記録・資料に新しいうたを歌わせる。ドキュメントの荒々しくとげとげしいところは、すでに、すべて、磨きこまれて無害なのだ。

『黒い雨』を「緻密な名作」と称賛する開高健でさえ、「透明で気品がありすぎるのが欠陥で、ときに、広島の惨禍は、もっと無鍛錬、無教養の誰かが一途の執念で下手くそに書いたほうがいいのではあるまいかと思わせせられさえする」[5]と述べているのであり、このような不満を抱いたものは決して少なくなかったと思われる。これは非体験者が原爆という出来事を作品化する困難に関わってくる問題でもあろう。被爆者である豊田清史が『黒い雨』の主要な部分は『重松日記』[6]をほぼそのままの形で使ったものに過ぎないと主張し、執拗に『黒い雨』批判を繰り返しているのも、そうした側面から考えていく必要があるはずだ。[7]豊田の主張、証言には数々の虚偽が含まれていることが近年では明らかになっているが、[8]「全文の9割以上が引用」[9]などというあからさまなデタラメを弄してまで『黒い雨』を貶めることに豊田を駆り立てているものを軽視してよいとは思わない。[10]

だが、そうした批判を考えてみる前に、まずは『黒い雨』という作品をきちんと読むという作業が必要なのではないだろうか。『黒い雨』とそのもとになった『重松日記』とが全く違う性質を持ったものだということは両者を読み比べれば明らかなことであり、『黒い雨』では重松以外のさまざまな人々の日記や手記なども縦横無尽に利用され、しかも緊密に結びあわされている。『黒い雨』のそうした構造をきちんと作品に即して論じるという当たり前のことが疎かにされたまま、称賛や批判の言葉を連ねても虚しいだけではないだろうか。膨大な先行研究に目を通していると、日高昭二の「「黒い雨」というテクストが、意外に読まれていないという印象を禁じ得ない[11]」という言葉に同意したくもなるのだが、しかし極めて少数であるとはいえ、着実な読みを行なっている先行研究も確実に存在することは明言しておかなければならない。

たとえば、長谷川三千子は「実はこの小説では、「書く」といふことそれ自体が、隠されたテーマをなしてゐて、思ひもかけない重要なはたらきをすることになるのである[12]」と指摘している。また、榊敦子は『黒い雨』に挿入されている「多数の二次的（そして三次的）な物語」が「最初の筆者、読者、筆記者、改稿者、次の読者など、さまざまな役割を担う人々の手を経」ることによって「それぞれのコンテキストに即した意味を与えられ、変形されてゆく[13]」様相を丹念に読みとっている。なぜかこの二本の先行研究は、その後の研究において全く言及されることがないのだが、『黒い雨』について論じるのにこの二本の論考を逸するわけにはいかないと思われる。本章においても、長谷川や榊の指摘を参考にしつつ、この作品の構造を読み解いていくことにしたい。

『黒い雨』は〈書くこと〉および〈書かれたもの〉を主題とする作品である。そしてそれは、井伏の初期作品から見られる〈表象〉という問題系の要請のもとで選び取られたものに他ならない。さまざまな批判が問題とする原爆という出来事に対する独特な距離感も実はそこに起因していると思われるのだが、まずは『黒い雨』が『重松日記』をどのように利用しているかを確認しておこう。

二　「被爆日記」の清書

閑間《しずま》重松は、姪の矢須子が「原爆病患者」だという噂を否定するために矢須子の当時の日記を清書し、縁談の相手に渡そうと考える。噂では矢須子は広島市中心部にいたことになっているが、実際には「爆心地から十キロ以上も離れたところ」にいたのだ。だが矢須子の日記の中で黒い雨に遭った場面をそのまま書くかどうかに悩み、重松は自分の日記も清書して矢須子の日記の附録編として矢須子の縁談相手に渡すことにするのである。「そんなことしたら、また仕事が殖えるでしょうが」と妻のシゲ子に言われた重松は言う。「殖えてもよいわい。仕事を枝葉から枝葉へ殖やすのは、わしの生れつきの性分じゃ。この被爆日記は、図書室へ納めるわしのヒストリーじゃ」(二)。

『黒い雨』はまず何よりも日記を〈書くこと〉をめぐって進行する物語である。そこでは日記の内容、すなわち一九四五年八月の出来事とともに、日記を書いている「現在」が重要になってくる。ここで重松が自身の日記を清書するのは、姪の矢須子の縁談を円滑に進めるためというのが第一の理由なのだが、とともに「わしのヒストリー」を残すためというのが第二の理由として挙げられているのである。

日記を書いている「現在」において、重松たち「原爆病患者」に向けられる周囲の視線が決して温かくはなかったことは、作品の序盤で明示されている。農繁期に、重松が同じく被爆者の庄吉さんと釣りをしていると、池本屋の小母はんが「お二人とも、釣りですかいな。この忙しいのに、結構な御身分ですなあ」と二人に声をかけてきた。その言いぐさに、日ごろは温厚篤実な庄吉さんも怒りを抑えることができない。

「なあ小母はん、わしらは原爆病患者だによって、医者の勧めもあって鮒を釣っておる。結構な御身分とは、わしらが病人だによって、結構な身分じゃと思うのか。わしは仕事がしたい、なんぼでも仕事がしたい。しかしなあ、小母はん、わしらは、きつい仕事をするとこの五体が自然に腐るんじゃ。怖しい病気が出て来るんじゃ。」

「あら、そうな。それでもな、あんたの云いかたは、ピカドンにやられたのを、売りものにしておるようなのと違わんのやないか。」

「何だこら、何をぬかす。馬鹿も、休み休み云え。わしが広島から逃げ戻ったおり、あのとき小母はんは、わしの見舞に来たのを忘れたか。わしのことを尊い犠牲者じゃと云うて、嘘泣きかどうかしらんが、小母はんは涙をこぼしたのを忘れたか。」

庄吉さんの怒りは池本屋の小母はんが去っても治まらず、「もう池本屋も、広島や長崎が原爆されたことを忘れとる。みんなが忘れとる。あのときの焦熱地獄―あれを忘れて、何がこのごろ、あの原爆記念の大会じゃ。あのお祭騒ぎが、わしゃあ情けない」(二)と言うのだ。重松が自身の「被爆日記」を清書することを決めた背景に、このような周囲の視線があったことは容易に理解できるだろう。

その「被爆日記」の記述に『重松日記』が利用されているわけだが、『黒い雨』と対応する場面を抜き出して比較してみよう。八月六日、原爆投下から少し経ったあとの場面である。

　横川小学校の校庭の一隅に、防火用水タンクを見つけた。眼鏡をはずして、顔を洗おうとすると、眼鏡がない。帽子もないことに気がついた。

「眼鏡と帽子をおとした」と云うと、高橋夫人は腰や肩を撫でて、「カバンを落しました。あの中には三千円あまりのお金と、預金通帳、印鑑等を入れて居りました」と云う。洗面して探しに行こうと、二人は洗面した。

同じ場面が、『黒い雨』では次のように変えられている。

　僕らは横川小学校のわきを通るとき、校庭の隅に防火用水のタンクがあるのを見た。それを先に見つけた高橋夫人は駆けだして行った。僕も駆けだそうとしたが、駆けると頰の筋肉が揺れて左の頰が気になるので、「落着いて、落着いて」と思いながら歩いて行った。ところが、顔を洗うつもりで眼鏡をはずそうとすると眼鏡がない。帽子もないことに気がついた。

「眼鏡と帽子を落した。」

と僕が云うと、夫人は腰や肩を撫でまわし、

「鞄を落しました、わたくし」と、ひそひそ声で云った。「あの鞄には、三千円あまり入っております。お金と、預金通帳と、印鑑を入れてあります。」

「じゃ、探しに行こう。光の玉が光った横川駅に落したんだろう。三千円とは、えらい大金

だ。」

とにかく顔を洗ってということにして、そこにあったバケツで二人はお互に相手の頭の髪に水をかけ合った。

「閑間さん、顔をこすっちゃいけませんよ。」

夫人に注意されるまでもなく、手はいっさい使わないで、僕は顔をバケツの水に突込んで左右に振りつづける仕方で洗った。バケツの水をいっぱいにして、息を思いきり吸いこんで顔をバケツのなかに漬け、少しずつ空気を吐きだしながら頭を振ると、噴き出る泡が気持よく頰を撫でた。

『重松日記』にある簡素な記述に大筋では従いつつも、細部が加えられることによって膨らみのある場面に変えられていることがわかるだろう。これに続けて、『重松日記』にはない次のような記述が付け加えられている。

水を飲みたくてたまらなかったので、バケツの水を新しくして、三度含嗽してから飲んだ。僕は子供のとき誰から教わったともなく、よその土地で井戸水や清水を飲むときには、必ず三度含嗽してから飲むことにしていたからである。僕の子供のときの友達は、みんな三度含嗽してから飲むのだと云っていた。それは水あたりを防ぐためばかりでなく、井戸や清水の水神様に敬意を表するすべだと云われていた。(三二)

ここでは、水を飲むという何気ない動作に付随して、重松の子供の頃の記憶が語られている。『黒い雨』においては、このように重松が子供の頃の記憶を想起する場面が時折はさまれるのだ。そしてそれは『重松日記』には見当たらないものである。

先行研究においてもしばしば指摘されるように、[14]『黒い雨』には日記に書かれた時間と、それを書く時間という二つの時間が描かれている。その二つの時間の対照が『黒い雨』という作品を形作っていると言ってよい。だが、『黒い雨』にはより長い尺度の時間も書き込まれているのであって、重松の子供のころの話の他にも、大河内さんの奥さんが関東大震災に遭った際のことが触れられるなどしているのである。また「被爆日記」以外の部分では、明治六年に重松の曽祖父が東京の役人からインキで書かれた手紙をもらったというエピソードが出てくるなど、重松の出生以前にまで遡るような時間が描き込まれているのだ。しばしば触れられる村の年中行事もまた、重松が出生する遥か以前から続くものであり、数年単位の時間を相対化するような悠久の時の流れを表象するものと言える。

そしてそれは、〝変わるもの〟と〝変わらないもの〟の存在を読者に意識させるだろう。原爆という未曾有の出来事によって何が変えられ、何が変えられなかったのか。この作品が示唆するのは、そのような問いに他ならない。

三　断片の集合としての出来事

『黒い雨』の中盤において、同じ被爆者である庄吉さんと浅次郎さんが重松を訪ね、三人共同で鯉の子を孵化させる池をつくる計画をもちかける。重松も賛成し、庄吉さんと浅次郎さんは孵化させる仕方を習うため常金村に「留学」することになる。「原爆病患者とも思われないほど行動的であった」

二人の姿に動かされるように、重松も「被爆日記」の清書に没頭していくのだ（六）。それ以降、日記を書く時間はだんだんと後景に退き、書かれた時間が作品を蔽いつくすようになる。構成の乱れという指摘がしばしばこの作品に向けられる所以だが、『黒い雨』のこうした構成は日記を清書するという作業に没頭していく重松のあり方を反映したものだということを理解する必要があるだろう。そして、それに従って、重松による〈書くこと〉の意味も変質していっているのではないか。榊前掲論文が適切に指摘するように、この作品においては「語る時間と語られる時間が交錯し、影響を及ぼしあっている」ことを見落とすべきではない。そうした作中のリズムに身を任せてみれば、大江健三郎の「長篇小説の構成において、『黒い雨』は理想的なモデルをなすといいうるほど、見事に作られている」[15]という言葉に同意するのも、さほど困難なことではないはずだ。

『重松日記』と『黒い雨』中にある重松の「被爆日記」とを比較してみれば、前者にはない無数のエピソードが後者に付け加えられていることがわかるだろう。しかも、それは重松が実際に体験したものばかりではなく、人から聞いた話という形でさまざまな人々の体験が書きこまれているのだ。もともと『重松日記』にあるエピソードでも、厚みが加えられることによって一つの小さな物語を形成することになる。『重松日記』から『黒い雨』へ至る過程で、一人の体験を記した日記は無数の小さな物語が犇《ひし》めくポリフォニックな空間へと変貌する。

そのような志向は『黒い雨』が連載から単行本になる過程においてもはっきりと見受けられるだろう。単行本化する際には連載時の本文に大幅な加筆が行なわれているが、寺横武夫が言うように、そのほとんどが「全体の文脈とは相即しない、きわめて独立性の高い内容をもつことは瞭然」[16]である。「仕事を枝葉から枝葉へ殖やすのは、わしの生れつきの性分じゃ」という重松の言葉をまるで裏打ちするかのように、その「被爆日記」は無数の物語を繁茂させていく。『黒い雨』のなかで、重松は妻のシゲ子に次のように言う。

「おい、今日はどっさり清書したで。ムクリコクリの雲で、避難者が西練兵場でごった返すところまで清書した。しかし、自分で見たことの千分の一も本当のことが書けとらん。文章というものは難しいもんじゃ。」

「それは、あんたの書く文章が、何とかイズムとかいうのになるからでしょうが。」

「イズムというのじゃないよ。わしのは描写の上から云うて、悪写実という文章じゃ。しかし、事実は事実じゃ。——おい、その鰡は泥をよく吐かせたんか。」

傍線部は、単行本化する際に書き加えられたものである。だがこの重松の言葉を、作者井伏の言葉と安易に混同してしまってはならないはずだ。被爆者である重松とは違い、非体験者である井伏が「悪写実」によって原爆という出来事を書くことなどできるわけがなかった。

これも榊前掲論文が指摘していることだが、重松の「被爆日記」は被爆当時に書かれたものではない。もともとの重松の日記は、矢須子の日記と同じく、時間がない時には簡素に、時間がある時にまとめて詳しく書くという「緩急式」で書かれていたはずだが、『黒い雨』に示される「被爆日記」はそのような形式では書かれていない。当時の日記をもとに、編集され書き直されたものだろう。さらにそれに「後日記」や「筆者注」、あるいは「附記」という異なる表記で、後になってわかったことが付け加えられている。つまり、重松の「被爆日記」は何度か書き直されているのであり、そのたびに内容も更新されていると考えられるのだ。幾つか見ておこう。

己斐町には与田さんの親戚がある。その家に寄って頬の火傷に菜種油塗布の治療を受けていると、与田さんの従弟が背中に大火傷をして転げこんで来た。天満町で被爆したそうだ。背中いちめん七面鳥のとさかみたいにでこぼこに爛れ、皮膚が油紙の一枚のようにめくれている。「痛かろうなあ」と与田さんが云うと、痛くはないが余り乾燥すると肉が引張ってぴりぴり刺戟すると云った。やはり手当は菜種油を塗る以外に方法がなかった。

金壺眼の男はそんな話をして、

「どういうものでしょうか、わたしも痛くありませんですな」と云った。

「わたしも、ちっとも痛くないですな」と僕は云った。

もし僕らの火傷が湯とか火焔などで受けた火傷なら、少くとも二日や三日は痛さで唸らずにはいられないほどだろう。ただ乾燥しすぎたとき刺戟を感じるだけである。この条件だけで全体を考えるのは無謀だが、僕や金壺眼の男などの例から考えると、焼けた皮膚の下の神経が強力な熱で麻痺したために痛みを感じないのではなかろうか。乗客たちのうち火傷で痛がっている者は、爆発熱以外の火事の火で傷ついた人ばかりのようであった。(被爆による火傷で激痛を感じた人もあったそうだ――後日記)(八)

重松はたまたま電車で隣り合わせた金壺眼の男と話しながら、被爆による火傷では痛みを感じないようだと思うのだが、「後日記」ではそうではない例があったということが記される。右に示された三人の例が「全体」に当てはまるものとは限らないことが明示されているのである。ちなみに、この部分に対応する『重松日記』の記述は次のようになっている。

顔の左半分を焼き、皮膚がくるりとはげてとれた。これだけの火傷をしたのに、痛さを少しも感じなかった。普通の火や湯で受けた火傷なら、少なくとも二三日は、痛さでうんうん唸らずにはおられないほどの火傷に違いないと思う。〔…〕古市町（安佐郡古市町）の駐在巡査が、背中全面を火傷して、うつ伏して休養していた。全面に皮膚が焼けて、赤黒色の肉が見えていたが、何かが触れぬ限り痛さはないが、余り乾燥すると、肉が引っ張りピリくして痛い。〔…〕

右の二例で全体を考えることは無謀だから、僕と巡査の場合を体験から考えてみると、焼けた皮膚の下の神経の先端が、瞬間の強力な熱で麻痺した為に、痛さを感じぬのだと思う。工場に避難して来た負傷者も、一様に火傷の痛さは訴えなかった。尤も、爆発熱以外の火災の火で傷ついた者は、強烈な痛さを感じたであろう。

既に『重松日記』にも「二例で全体を考えることは無謀」だという考えは示されてはいるものの、『黒い雨』の「後日記」にあたる部分はない。つまり、被爆による火傷でも痛みを感じる例があるということは示されていないのである。この部分に限らず、『黒い雨』においては、一つの事象をめぐって互いに食い違う複数の視点がしばしば示されていることは重要だろう。

車内の人たちの意見を綜合すると、閃光が煌めいた瞬間にドガンという音がしたという説と、ザアとかドワァッという音がしたという説に分けられる。僕としては、ドガンという音がしたとは云いかねる。ドワァッという音であった。

爆発地点は大体において丁字橋附近だろう。それを中心に、二キロ以内、またはそれ以上に近い圏内にいた人たちは、ドガンという音を聞かなかったようだと云っている。

四キロも五キロも離れたところにいた人たちも、一様にピカリの閃光を見て数秒後にドワァッという音を聞いたと云っている。風圧の音か爆発音ではなかったかと思う。この音と同時に、窓硝子が吹きとばされ、家がぐらりと揺れ動いたそうだ。(八)

原爆が投下された際に聞こえた音やその聞こえ方も、位置や距離によって変わってくる。誰にでもあてはまる原爆体験など、どこにもないのだ。その人が屋外にいたか室内にいたか、どのような場所でどのような姿勢でいたかによって無数の「現実」があったのであり、『黒い雨』において「枝葉から枝葉へ」と広がっていく重松の「被爆日記」は、そのような複数の「現実」の存在を繰り返し示唆していくのである。もちろんそこには、誤った噂や不確定な情報も多々含まれることになるだろう。

車内にはそこかしこに話し声が湧いていたが、麻シャツの男の話し声は僕の耳によく聞き取れた。この男は、被爆に際して広島市役所の防衛課が怠慢であったというような口をきいていた。防衛課の役人は被爆後に罹災状況を師団司令部に通告することも怠ったと云っていた。

(筆者注――しかし後日、昭和三十年八月六日発行の柴田重暉著「原爆の実相」には左の如く云ってある。すなわち「被爆当日の午後、野田防衛課長は、戦時中の諸計画に基いて、市役所を中心とする罹災状況を第五師団司令部に報告する必要を想起して伝令を発した。勿論、全市が罹災していることなどは夢想だにもしなかった時である。伝令はやがて帰って来た。然し、その報告は「司令部はありません」であった。〔…〕そこで初めてこの戦災が、尋常一様のものでないということを防衛課長も察知したというのである」と記されている。麻の紋付シャツの人は一知半解であったと思われる。尚、柴田さんは後日になって原爆症で亡くなられた。）（八）

ここでは、電車内で麻シャツの男が話した内容が「筆者注」という形で訂正されている。防衛課の役人は師団司令部に通告することを怠ったのではなく、司令部自体が既に原爆によって消失していたのだ。しかし、この麻シャツの男もことさら嘘をつこうとしていたわけではないだろう。この男もまた、このような噂を誰かから聞いてきたに違いない。何が事実かわからないなかで、さまざまな噂が被災地を駆けめぐっていたのだと思われる。

重松はまた別の日にも種々の「情報に通じていた」乗客と隣り合わせ、それらを書きとめている。「くたくたの紺のモンペをはいた平凡な顔の男だが、こちらの聞くことは何かにつけてよく知っていた」（十九）とされるのだが、これにも「しかし、その情報はずいぶん間違っていた」という「後日記」が附されることになるのだ。だが、そうした誤った噂や不確定な情報もまた、被災地における人々の「現実」を構成している大切な要素であるには違いない。『黒い雨』ではそれらをも取り込みつつ、「後日記」などの形で別の「現実」を示していく。言いかえれば、『黒い雨』は決して原爆という出来事の「全体」を描こうとはしないのである。広島の被害を俯瞰的に描いた記述はどこにもない。

統計的な数字が示されることがあっても、それはあくまでもローカルな場所に限定されたものに過ぎない。描かれるのは決して「全体」を構成しない断片なのであり、ただ「枝葉から枝葉へ」どこまでも増殖していく断片の集合なのである。

しかも『黒い雨』を構成しているのは重松の「被爆日記」だけではない。矢須子の日記、シゲ子の「広島にて戦時下に於ける食生活」、「広島被爆軍医予備員・岩竹博の手記」など、重松以外の人による〈書かれたもの〉がさまざまに織り込まれることで、一九四五年八月における広島の「現実」はさらに複層化されているのである。

四 〈書かれたもの〉と「現実」

重松の「被爆日記」は八月十日以降、構成までもが『重松日記』から大幅に異なって独自の展開を示していくこととなる。十二日には重松の幼馴染であるテイ子さんという『重松日記』には出てこない人物が登場する。そのテイ子さんの話のなかに細川医院という病院が出てきて、重松も以前に入院したことがあるというエピソードが紹介されるのだが、それが後に「岩竹博の手記」が出てくる伏線となっている。

重松は姪の矢須子が発病した後、「痔の手術を受けたことのある湯田村の細川医院の院長先生に、今後の処置について伺いを立てるため、この日記を矢須子の病状表の代用として持って行った」(十六)。「この日記」とはシゲ子がつけた「高丸矢須子病状日記」のことだが、その内容が読者に知らされるのは細川先生がその日記を読むことを承諾した後なのだ。いわば、読者は細川先生とともに「高丸矢須子病状日記」を読むことになるのである。そして、痔が専門だという細川先生になぜ重松が相談したのか、読者は「高丸矢須子病状日記」を最後まで読むと理由がわかる。何故なら、そこには細川先生が被爆した義弟を「看護して見事丈夫にした」(十六)という話を聞く場面が出てくるからだ。「高丸矢須子病状日記」を読んだ細川先生は、重松に原爆症から見事に回復したという義弟の手記を送ってくる。それが「岩竹博の手記」なのである。「重松はそれをシゲ子の枕元で読みながら「奇跡だな」と何度も云った。「矢須子さんに読ませなくっちゃ」とシゲ子も何度か云った」(十七)と二人の反応が示された後で、手記の内容が引用されていく。ここでもやはり読者は重松やシゲ子に寄り添いながら〈書かれたもの〉を読んでいくことになるのだ。

榊前掲論文が言うように「『黒い雨』という物語内部の読み手が、物語外部の読者を先導してゆく格好になっている」わけだが、そこでの読むという行為は、もはや〈書かれたもの〉を〈書かれたもの〉として読むあり方とは全く異なってしまっている。重度の原爆症から奇跡的な回復を果たした岩竹さんの記録は、もはや単なる過去の記録としてではなく、終戦後四年以上も経ってから原爆症を発症した矢須子を死なせないための希望をもたらすものとして読まれるのである。それは重松やシゲ子にとってだけでなく、読者にとっても同じことだろう。矢須子の発症が「被爆日記」の八月十二日の最後に加えられた「後日記」において唐突に示されたとき、読者もまた衝撃を受けたはずだ。重松は「後日記」で次のように書いている。「はじめ僕は茶の間でそれを打ち明けられたとき、瞬間、茶の間そのものが消えて青空に大きなクラゲ雲が出たのを見た。はっきりそれを見た」(十五)。この箇所について、長谷川前掲論文は次のように説明している。

思へば、重松が「文章といふものは難しいもんぢや」と呟いたとき、彼が歎じたのは、現実といふものを、書くことによつて甦らせるのがいかに難しいか、といふことであつた。「熱い」と千遍くり返して書いたところで、読む者の肌は熱くもならなければ火傷にもならない、といふ事実であつた。しかし実は、一方ではその事実に守られながら、「被爆日記」は清書されてゐたのだとも言へる。もしも、書くといふこと、清書するといふことが、そこに書かれたことを本当に甦らせることであるとしたらば、重松もそのやうな恐ろしいことを敢へてしなかつたであらう。ところが、その恐ろしいことが起つてしまつた――「書かれたもの」と「現実」とを隔ててゐたはずの、自明の防壁が、いま完全にうち破られたのである。

この長谷川の指摘は、矢須子の発症が読者に与える衝撃の質を実に鋭く捉えている。そもそも重松が「被爆日記」を清書しだした当初の目的は、矢須子が「原爆病患者」ではないことを証明するためだった。読者もまた、矢須子は原爆症を発症することはないと油断しながら、重松の「被爆日記」を読み進めていたはずだ。原爆による惨状が記されるのは〈書かれたもの〉である「被爆日記」のなかだけで、その外側では終戦後数年を経てすっかり平和になった日々が描かれる。それがずっと続くと思っていた読者は、だからこそ矢須子の発症に衝撃を受けるのである。『黒い雨』という作品のなかで起きた、〈書かれたもの〉の「現実」への侵犯は、『黒い雨』の外側にいる読者にも影響を与えないではいられないだろう。重松やシゲ子が〈書かれたもの〉を〈書かれたもの〉としては読めなくなっているように、読者もまた『黒い雨』という作品を単なる小説や記録としては読めなくなっていくに違いない。

シゲ子は「広島被爆軍医予備員・岩竹博の手記」を、矢須子が入院している九一色病院の院長にも参考のために読んでもらい、その時の状況を重松に報告する。

「この岩竹さんの手記、あたしの見ている前で院長さん読んだんよ。読みながら、院長さんの表情に微妙なものがあったんよ。」

「それで、治療法について、院長さん何か云ったか。それが大事なことだ。」

「読みながら、二度ほど参考になりますと云ったんよ。それから読んだ後で、実は自分も広島二部隊に軍医懲罰召集で入隊したと云ったんよ。岩竹さんの入隊したのと同じ日に、同じ部隊へ入隊したんですって。」

「でも、あの院長さん生きておるじゃないか。」

「入隊した日、体格検査で即日帰郷になったんですって。そのときにはカリエスで、石膏の綳帯を下腹に巻いておったんですって。運不運の二筋道は妙なものね。院長さんは顔をしかめて読みながら、一度ぐっと息を嚥みこんだんよ。」

「そりゃあ、生唾だって嚥みこむだろう。それとも、嗚咽の一歩手前のところであったかも知れんな。」（十九）

矢須子の治療の参考にしてもらおうとして起こしたシゲ子の行為は、九一色病院の院長の思わぬ反応を引き起こす。岩竹さんと同じ日、同じ部隊に入隊したという院長は、もし即日帰郷になっていなければ、岩竹さんと同じような状況に陥っていたに違いない。そしてその場合、岩竹さんのように奇跡的に回復できたという保証はないのだ。ここにもまた、〈書かれたもの〉を〈書かれたもの〉として読めない者がいる。

「もう池本屋も、広島や長崎が原爆されたことを忘れとる。みんなが忘れとる。あのときの焦熱地獄――あれを忘れて、何がこのごろ、あの原爆記念の大会じゃ。あのお祭騒ぎが、わしゃあ情けない」――『黒い雨』の序盤で庄吉さんはそのように憤っていたが、それは作品内の「現在」である一九五〇年頃よりも、『黒い雨』が発表された一九六〇年代によりあてはまる事態であったろう。「みんなが忘れとる」出来事。それをただ単に〈書かれたもの〉として、過去の記録として読み捨てられるだけに終わらせないためにはどうすればよいか。そのような要請こそが『黒い雨』という作品の構造を規定していることを見落とすべきではない。

五　「正常」な人間たち

長谷川前掲論文はまた、「この小説には、戦後の小説には珍しい、或る際立つた特色がある。それは「敵」といふものの存在である」と指摘している。これは長谷川の政治的立場にかかわらず重要な指摘だろう。何故なら、「敵」に関する記述は『重松日記』にはなく、『黒い雨』において付け加えられた見逃せない要素の一つであるからだ。

僕は開襟シャツの襟で眼鏡の玉を拭こうとしたが、ぷるぷる手が震えるのに気がついた。がくがくするほど震えるので、高橋夫人もそれに気がついたらしい。

「閑間さん、わたしが拭いてあげましょうか。」

「いや、よろしい。手が震える理由、自分でもわかっているんだ」と僕は、震える手で眼鏡の玉を拭きながら云った。「敵が、あまりにも睨みを利かしすぎるからだ。正体も知れぬ光で、僕の頬も左側を焦がした。眼鏡も左側を焦がしたからな。為体が知れぬ怖さだよ。これが即ち睨みだな。」

「でも、今日はもう空襲はないでしょう。」

「あそこに転がっている、あの弁当を敵が見てくれないかなあ。あの握飯を見たら、敵はもう空襲に来なくてもいいと思うだろう。もうこれ以上の無駄ごと、止めにしてくれんかな。僕らの気持、わかってくれんかなあ。」

「閑間さん、めったなこと云っちゃいけません。」(三)

「被爆日記」の八月六日にある記述だが、『重松日記』にあるのは「今日はもう空襲はないでしょう」に対応する部分だけである。長谷川が言うように、「僕らの気持」を「わかってくれ」ないのが「敵」であり、だからこそ「為体が知れぬ怖さ」を持っているのが「敵」なのだが、それとともに、ここでは「敵」の「睨み」を重松たちが受けるようになった理由も示唆されている。重松たちを「敵」に敵対させるように仕向けているものがあるのであり、だからこそ高橋夫人は重松に「めったなこと云っちゃいけません」と注意するのだ。『黒い雨』には、このように発言が遮られたり、最後まで行なわれなかったりする場面が繰り返し示されている。

たとえば、電車の中で麻シャツの男は、「軍人対民間人の感情の縮図」だというエピソードを披露するが、「女に肘で小衝かれて喋るのを止」(八)す。あるいは、八月十四日に皆で「明日の重大放送」についてあれこれ推測をするが、「話はもう言論統制に逸脱するところまで行ったので、それ以上に臆測は進展しなかった」(二十)とされる。

『黒い雨』の初めで、語り手は「戦争中には軍の言論統制令で流言蜚語が禁じられ、回覧板組織その他で人の話の種も統制されている感があった」(一)と述べていたが、戦時下において噂はまったくなかったわけではなく、ただ表立って語られないだけで燻っていたということだろう。先述したように、この作品には誤った噂や不確定な情報もしばしば示されるが、そうではない場合に「流言蜚語」という言葉が使われていることに注意すべきだ。たとえば、シゲ子の「広島にて戦時下に於ける食生活」では、宮地さんの奥さんが教科書の改訂に文句を言ったことに対して、「其筋」からお叱りを受けた例が記されている。

しかし、かりそめにも国家の大方針のもとに編纂された国定教科書に関する問題でございます。其筋の人は奥さんに向かって、「流言蜚語は固く慎め。お前が闇の買出しに行った事実はわかっておる。そんな人間が、教科書のことに余計な容喙する資格はない。戦時下に於いて流言蜚語を放つ罪は、民法や刑法に抵触するばかりとは云われない」と云って、暗に国家総動員法に抵触すると云わんばかりであったそうでございます。もうそのころには、誰しも人前へ出たときには言葉に気をつけるようになっておりました。(四)

流言蜚語とは、一般的には「世間にひろがる根も葉もないうわさ。デマ[17]」という意味だが、ここで

「其筋の人」は宮地さんの奥さんが根拠のないデマを言っているから咎めているのではない。それが本当かどうかとは関係なく、「国家の大方針」について意見を述べること自体を問題視しているのである。

そして重要なのは、そのような「流言蜚語」を口にさせないようにしているのは「其筋の人」ばかりではない、ということだ。たとえば、上田九作という職員が「大東亜共栄圏の理想を推進すると、戦争未亡人が殖えるばかりで、若い男が減って、物資が偏在するという弊害を生みますなあ」と言うと、重松はわざわざその男を追いかけていって、「そんな敗戦気分を出す噂は、伏せて置いてくれたまえ」と注意する（九）。また、幼馴染のテイ子さんから旅館の客が「アメリカ製の中戦車が、日本軍の中戦車を撃つと弾丸が貫通し、日本軍の戦車が撃った弾丸は敵戦車の塗料を落すだけ」という話をしていたと聞くと、重松は「これはもし本当のことだとしても歴然たる流言蜚語である」（十五）と記すのだ。つまり、重松自身もまた、進んで「流言蜚語」を取り締まる側にまわっているのである。

黒古一夫は「この原爆文学の「名作」と言われる『黒い雨』の最大の問題点は、原爆（被爆）を〈被害〉の観点でしか描いていないことである」[18]と指摘しているが、この作品において広島の人々は全くの被害者として描かれているわけではない。重松は「被爆日記」の八月十三日に次のように書いている。

僕は正宗白鳥という小説家の随筆を思い出した。たしか三国同盟が成立したころ読売新聞に出ていたが、ニュース映画でヒトラーの演説しているところを見ると、虎が吠えているとしか思えないと書いていた。当時、ヒトラーのことを悪しざまに公言する人は珍しかった。ヒトラー・

ユーゲントというのが来朝し、それをそっくり真似て青年隊を組織した県知事もいた。挙世滔々としてその風潮に向っている最中に、正宗さんという人は胸のすくようなことを書いてくれたと強い印象を受けた。その後、僕は軍需工場に入って増産ということに専念しているうちに、いつの間にかヒトラーが戦争に勝ってくれればいいと思うようになっていた。ところが広島が爆撃されてからは、手の平を返したように自分は矛盾だらけだったと思うようになった。それでも表むきは従来の通り国論に従っているような風をして、去る八月七日に高野広島県知事が県民に発した告諭文を清書して会社の玄関に掲示した。（十九）

ヒトラーのことを悪く書いた正宗白鳥の文章に「胸のすくようなことを書いてくれた」と思ったというのだから、もともと重松は戦争には否定的だったのだと思われる。だが、軍需工場に入って仕事に励んでいるうちにそうした気持ちが変わっていき、広島に原爆が落ちてからは、また気持ちが変わったのだというのだ。ここで重松は、自身の気持ちが「いつの間にか」二転三転していたことに気づく。「挙世滔々としてその風潮に向っている最中に」それに抗う態度を保つことは難しい。矢須子の日記には、「市役所の人や県庁の役人や警防団員に対して気をつかい、空襲警報のときには誰よりも早く飛び出して、「空襲、空襲」と呼び廻る」松本さんという左翼学者の話が出てくる。重松はそれについて、「松本さんが役人の前でちらちらするのは、今、世の中が狂っておるからだ。〔…〕しかし、とにかく男というものは、羽織を脱がんならんときには、思いきって脱がんならんのだ」と言ったと矢須子は書いている。「世の中」で生きていく以上、自分の信条を変えることも仕方ない。重松はそう考えていたように思われる。

そのような大人たちに対して、「挙世滔々としてその風潮に向っている最中に」育った子供たちはもとより戦争に何の疑問も抱いていなかっただろう。戦争がこんなに悲惨なものだとは、少しも思いもしなかったことだろう。

こんな怖るべき爆弾がこの世にあろうとは、我々は話に聞いたこともなく、思ってもみたことがない。たいていの人がそうであったろう。子供は正直だからその素振を見ればいい。被爆で殆ど全滅した勤労奉仕の中学生たちは、八月五日の日まで毎日のように家屋疎開の作業を手伝っていた。どの顔を見ても、ずらかったり逃げ隠れしたりするような色は見せていなかった。勤労奉仕の女学生たちは白鉢巻をして「学徒挺身隊」の腕章を巻き、往きも帰りも「動員学徒の歌」を合唱しながら団体行進で製鋼所へ通っていた。

君ハ銃トレ我ハ槌
戦ウ道ニ二ツナシ
国ノ大義ニ殉ズルハ
我等学徒ノ面目ゾ

製鋼所でこの女学生たちは、旋盤工として高射砲の玉を削っていた。二交替制で、遅い組は夜の十時まで削っていたそうだ。みんな今度のような爆弾が落ちて来るとは夢にも知らなかったろう。(十三)

「戦ウ道ニ二ツナシ」。小畠村の村長は青年団員を送る際に「敵は謂わゆる新兵器を使いまして広島市の上空を襲い、広島在住の無辜の民を一瞬にして阿鼻叫喚の地獄に晒したということであります」（一）と述べていたが、軍需工場に勤めていた重松は言うまでもなく、銃後の人々は間違いなく「敵」と戦っていたのであり、そうである以上「無辜の民」とは言われまい。八月六日、自身の上に原爆が落ちてくるまで、広島にいた大部分の人々は何の疑いもなく戦争に協力し、「敵」に勝つことを願っていたはずだ。

だが、八月六日以降、それが変わったのである。特に重松の思考はほとんど「戦後」と言っていいようなものへと急速に移行していく。そして、それは『重松日記』とはきわめて対照的だ。『重松日記』には、八月十四日の夜になかなか寝付けないさまが描かれる。理由は明日の「重大放送」が気になるからで、いよいよ十五日になっても「重大放送……重大放送……大切な放送……敗戦放送だろう。敗戦放送……たしかに重大だ。重要だ。重大重要に間違いない。有史以来の重大事だ」とそればかりが頭から離れないようだ。

それに対して、『黒い雨』の重松はどうか。八月十四日の記述は工場長と会話をする場面で終わっており、十五日は「昨日の疲れでぐっすり寝たせいか早く目がさめた」という一文で始まっている。そして、「重大放送」によって泣いている工員たちを見て「僕の目にも涙が込みあげてきた」が、それは「今月今日正午すぎの涙として正当派に属するもの」ではなく、「ほっとした瞬間の涙」のようなものであったというのである。重松のそのようなズレが、戦時下において人々を「敵」と戦うように仕向けていたものに重松の目を向けさせていると言えるだろう。

では、それは何なのか。死体を片づけていた兵隊たちは「わしらは、国家のない国に生まれたかったのう」（十二）と呟くが、その「国家」なのか。だが、重松は「流言蜚語」を自分たち自身が言わないようにしている理由として、「広島が爆撃を受けてからは、いつ敵軍が上陸するか、いつ一億玉砕かと、びくびくしているのは工員たちも僕と同じことであるだろう。ただ人間の意志ががんじがらめに縛られて、不平はおろか不安な気持さえも口にするのを押し殺しているだけだ。組織というものがそうさせている」（二十）と述べている。ここで言われる「組織」とは何か。

『黒い雨』において、軍隊は決して「真空地帯」のようなものとしては描かれていない。それは一つの完全な官僚機構なのだ。作中では、軍人が規則に固執して重松たちの要請を断固として、あるいはのらりくらりと拒否する場面が繰り返し描かれる。たとえば、重松は西部二部隊の国分中尉から預かっていた食料を紛失するのだが、「西部二部隊は空襲で兵営ごと消えてなくなっていた」ので仕方なく始末書を通信隊の経理部へと持っていく。だが経理部の軍人は「こりゃあ困る。これはいかん」と突き返し、「その書類は、西部二部隊経理部の、国分中尉殿へ提出する書類じゃないですか。ここは通信隊の経理部です」（十二）と頑として受け取ろうとしないのである。また、甲神部隊の罹災者を引き取るために国民学校に行くと、そこの軍医は「この収容所は、現在では国民学校じゃなくって、陸軍病院の分院です。今は、場合が場合であるため、兵隊と民間の負傷者を収容してありますが、患者の移送について地方人が容喙することは御遠慮願います。〔…〕くれぐれも云っておきますが、この収容所は陸軍の管轄に属します」（十五）と言って、やはりにべもない態度を示すのである。

もちろん規則に厳しいのは軍人だけではない。たとえば、重松たちが死体の処分をどうするかに思い悩んだ際の場面を見てみよう。町役場は閉鎖状態で、医者はおらず、坊さんも檀家でせいいっぱいで、てんで相手になってくれない。

無論、非常時中の大非常時のこの際である。死亡診断書だの火葬届だの、とても間に合うものではない。この古市町と広島市では、戸籍その他について互に役所の管轄が違うので、平時でも手続をすませるまでには可なりの時間を食う。そうかと云って、死体を処分するのだから慎重を期さねばならぬ。我々が勝手なことは出来ないので、充分調査して来るように、工場長は庶務課の者を使いに出した。工場長は僕と似た年配だが、半官半民といった立場にあるせいか寧ろ普通の官吏よりもまだ規則に喧しい。(九)

このように重松たちは「非常時中の大非常時」のなかにおいても、規則にしばられ、規則に追い立てられる。八月十五日の午前中に重松がしていることといえば、己斐駅に提出する必要書類を作成することなのだ。重松は仕事上必要な石炭の今後の輸送事情を調べてもらうことを己斐駅の駅長に依頼したのだが、工場長命令で「後で誰に調査されてもわかるように」するためにそれをわざわざ書類の形にしたのである。


僕は事務室から書類を食堂へ持って来て工場長に判を押してもらった。だが、敗戦となっては軍関係の被服工場の存続はあり得ない。己斐駅へは行くも行かないも無いのである。

「この書類は、どこへ保存しましょうか」と工場長に聞くと、

「僕が預かって、金庫に蔵って置く。では、確かに預かった」と云って食卓から立って行った。
(二十)

このように見てきたとき、開高前掲論文の「『黒い雨』には異常な人物が一人も登場しない。腐敗した軍人と官僚は痛烈にえぐられているが、その腐敗もまことに正常であって、異常はどこにもない」という指摘の正しさが理解されるだろう。それは、江藤の「異常事」における「平常心」という指摘と一見似ているようでいて全く違うものである。開高の言に付け加えるとすれば、「正常」に「腐敗」しているのは何も軍人や官僚に限られないということだろうか。また、そのような意味で「黒い雨」が描き出した人間は、原爆によって変った人間ではなく、原爆によっても変わらない人間であった(19)」という徳永恂の指摘にも同意することができる。ただし、「変わらない人間」は『黒い雨』のなかで必ずしも肯定されているわけではない、という留保つきで。

八月十三日に、重松は苦味丁幾《クミチンキ》から抽出したというアルコールで、工場長とひさしぶりの酒を飲む。

僕は桑の葉の天婦羅を肴にしながらアルコールの水割をコップに三ばい飲んだ。久しぶりの酒だから、酔うには酔ったがちっとも気勢があがらない。工場長は僕の倍くらい飲んで、飲めば飲むほど青ざめて被服支廠の笹竹中尉の従来の遣りくちをこきおろした。我々は工場の操業を円滑にして行くために、彼等に対して今までどんなに卑屈な態度をとっていたかお互に身にしみて知っている。人間の惨めさが、ありありと現れていて我ながらいやらしい。彼等にとって、我々は滑稽な木偶の坊に見えたろう。(十九)

「彼等」にさまざまな便宜を図っていたという「我々」もまた清廉潔白を主張することはできないだろう。だから重松たちは「人間の惨めさ」を感じないわけにはいかないのである。

また、「あのとき小母はんは、わしの見舞に来たのを忘れたか。わしのことを尊い犠牲者じゃと云うて、嘘泣きかどうかしらんが、小母はんは涙を流したのを忘れたか」と庄吉さんに言われた池本屋の小母はんは「そりゃあ庄吉やん、あれは終戦日よりも前のことじゃったのやろ。誰だって戦時中は、そのくらいのことを云うたもんや」(二)と言い返す。戦時中に被爆者を「尊い犠牲」だと言って泣くのが「正常」であるなら、広島の悲劇を「みんなが忘れとる」時代には同じ被爆者に向かって「けっこうな御身分ですなあ」と皮肉を言うのも実に「正常」であるに違いない。その精神構造は少しも変わってはいないのだ。

そして、庄吉さんが「あのときの焦熱地獄――あれを忘れて、何がこのごろ、あの原爆記念の大会じゃ。あのお祭騒ぎが、わしゃあ情けない」と憤ると、重松は「おい庄吉さん、滅多なことを口にするな」と言う。その所作は、戦時中において「流言蜚語」が口にされた時の所作と何と似ていることだろうか。村もまた、一つの「組織」に他ならないのである。休養する必要があるが寝たきりでいるわけにもいかない小畠村の「原爆病患者」たちは、医者から散歩を勧められる。だが、「この村では昔から散歩をする者などいた話を聞いたことがない。原則として散歩などということは有り得ないのだ。伝統的な風習の上から言ってそうである」(二)という理由で散歩ではなく釣りをすることになる。村は村で、独特の規則があるのだ。その意味では、禁忌とされる言動の中身は違っているものの、「戦中」と「戦後」はまっすぐにつながっている。ここでも過去は過去として片づけることができない。〝変わるもの〟と〝変わらないもの〟。戦争によって何が変わったのか。原爆によって何が変わったのか。戦時下において人々を「敵」と戦うように仕向けていたものから、果たして戦後の人々は自由になれているのだろうか。[20]

六　表象不可能性を超えて

井伏は『黒い雨』が野間文藝賞を受賞した際、「感想」（「群像」一九四七・一）として次のように述べている。

> 私は「黒い雨」で二人の人物の手記その他の記録を扱つたが、取材のとき被爆者の有様を話してくれる人たちに共通してゐることは、初めのうちは原爆の話をしたがらないことであつた。もう一つ共通してゐることは、話してゐるうちに実感を蘇らせて来ると絶句してぐつと息をつまらせることであつた。思ひ出す阿鼻叫喚の光景に圧倒されるのだ。そのつど私は、ノートを取つてゐる自分を浅間しく思つた。

福間良明が指摘するように、「井伏が執筆しながら実感していたのは、被爆体験の言語化不可能性であった[21]」と言ってよいだろう。容易に言語化することなど到底できないような「現実」。圧倒的な出来事。それを敢えて作品化するということが、しかも体験者でもない者に果たして可能なのだろうか。

『黒い雨』において〈書くこと〉が主題化されるのは、そうした出来事の表象不可能性を引き受けた結果に他ならない。そこに描かれているのは「現実」を再現することの困難そのものである。出来事は基本的に〈書かれたもの〉を通して読者に示される。重松の「被爆日記」自体が「枝葉から枝葉へ」と広がる断片の集合という性質を持っているのに加えて、「広島に於ける戦時下の食生活」、それに「岩竹博の手記」などが加わり、『黒い雨』は「現実」をさまざまな角度から描き出した断片の集合体としての趣を呈してくる。だが、それらは決して「全体」を形成することはない。一九四五年八月の広島の「現実」は、決して完全には再現され得ないものとして、ここでは提示されているのだ[22]。

だが、『黒い雨』は単に出来事の表象不可能性を示すだけに終わってはいない。それだけであるならば、敢えて原爆を作品化する意味などどこにもないだろう。この作品は矢須子の発症という事件を作品内に発生させることで、作品内における〈書かれたもの〉と「現実」との境目を一瞬消失させる。以降、〈書かれたもの〉は〈書かれたもの〉として留まってはいられなくなる。それは『黒い雨』の作品外にいる読者にも影響を与えないわけにはいかないはずだ。

　重松は矢須子の発症がわかってからも「被爆日記」の清書を続けていく。暦を見て、重松はあと三日で八月六日だということに気づき、こう呟く。「そうだ、あと三日だ。筆記を急がねばならぬ」。当初の目的は既に失ってしまったはずだ。しかも、八月六日までに書かなければならない理由などどこにもない。では、なぜ書くのか。書き続けるのか。重松を〈書くこと〉へと駆り立てている何かがあるはずなのだが、『黒い雨』は決してそれを説明しようとはしない。自身の「ヒストリー」を残すためだとか、一九四五年八月の出来事の忘却に抗うためだとか、そのような説明では決して足りない過剰さがその何かには孕まれている。そして、〈書かれたもの〉を〈書かれたもの〉としては読めなくなってしまった読者にとって、その何かは適当に遣り過ごすことができるようなものではなくなってしまっているのではないだろうか。

「被爆日記」の清書が終わったあと、重松は「今、もし、向こうの山に虹が出たら奇蹟が起る。白い虹でなくて、五彩の虹が出たら矢須子の病気が治るんだ」と祈りの言葉を述べる。たとえその可能性が限りなく少ないとしても、矢須子が岩竹さんのような奇跡的な回復を遂げることも全くないわけではないのであり、作品の結末は読者に向かって開かれているのだ。『黒い雨』には、さまざまな〈書かれたもの〉とそれを読む者が繰り返し示される。〈書かれたもの〉はおそらくそれを書いた者が予想もしなかったような効果を読む者に与えていくのである。だが、重松の「被爆日記」を読む者だけは決して登場しない。おそらくそれは、読者の役割なのだろう。重松の「ヒストリー」を、そして『黒い雨』という作品をどのように受け止めるか。それは〈書くこと〉そして〈書かれたもの〉をめぐって展開されるこの「緻密な名作」（開高健）を読んでしまった私たちの責任に他ならないのである。

終章　漂流するアクチュアリティ――新たな作家イメージへ

一　「庶民文学」からの脱却

一九七二年の時点で、東郷克美は次のように述べている。

昭和三十九年、井伏鱒二は自らの仕事を全十二巻の全集に集成するにあたって、戦前の作品の多くを捨て、全集全体の六割以上を戦後作にあてている。しかも、厳選された戦前の作品ほどその面目をほとんど一新するような大幅な斧鉞が加えられ、詠嘆性や諧謔性を削ぎ落とそうとつとめていることがわかる。昭和三十九年、「黒い雨」を書き始めようとする地点に立った作家が、それまでの自己の全業に対したときとったこの処置は、自己の文学における戦前と戦後の差を誰よりも彼自身が明確に認識していたことを物語るものである(1)。

ここからは、作者と研究者・評論家がともに「庶民文学」という評価を形成してきた様子が窺えよう。観念的・政治的な「戦後文学」とも、思想性のない「風俗小説」とも差異化されていくなかで形成された「庶民文学」という評価に、旧全集（筑摩書房、一九六四〜六五）や『黒い雨』（新潮社、一九六六・一〇）がきわめて適合的だったことは間違いない。第十一章では、『黒い雨』においても「庶民文学」という評価によっては捉えられない面があることを強調しておいたが、同時に、この作品の問題点はやはり指摘せざるを得ないように思われる。だが、その点については後述することとしよう。

本書は、井伏鱒二という作家に与えられていた「庶民文学」という評価から、井伏作品を救い出すことを第一の目的としている。従来の井伏評価の問題点をまとめると、次のようになるだろう。

①非政治性の称揚
②一国史観的な枠組み
③初期作品の軽視

つまり、井伏作品は非政治的な「庶民」の文学であり、しかもその「庶民」は「国民」や「常民」という言葉とほとんど同義なものとされ、「庶民文学」という評価に適合的な戦後作品が持ち上げられる一方で、初期作品が軽視されていったのである。

本書では、右に挙げた三点をすべて覆すことを目指した。その際に特に留意したのは、同時代コンテクストである。何故なら、これら三点はすべて歴史性の軽視という点に結びついているからだ。一九三〇年代から一九六〇年代にかけての具体的な状況の中に井伏作品を置くことによって何が見えてくるか。そのような目論見によって始まった本書は、一定の成果を上げたと言えるだろう。各章において述べたように、井伏はその時代ごとの動向と積極的に切り結んでいたアクチュアルな作家であった。そして「庶民文学」という評価によって無視・抑圧されてきた作品の細部に目を向けることによって、各作品の読みも更新されたはずである。

もちろん、本書をもって井伏研究が完成されたなどと豪語するつもりはないし、これからも井伏についてはは研究すべき点が少なくないことは言うまでもない。何より、本書では取り上げられなかった作品が多数ある。本書は到達点などではさらさらなく、ささやかな経過報告に過ぎないのだ。以下では本書が達成した成果を確認しつつ、現時点における井伏鱒二の新しい作家イメージのスケッチを試みたい。

二 〈表象〉という問題系

井伏評価における初期作品の軽視という傾向にあって、磯貝英夫による「かれの作品のすぐれたものは、プロレタリア思想との緊張感を強く保持していた初期と、戦時・戦後風潮との緊張感の強い戦後期とに、多くあらわれている」という指摘は例外的なものだが、では磯貝が井伏作品に見出すものは何かといえば、「「常識」という名の、いわば一種の集合的自我」なのであるから、井伏作品に対する呪縛はやはり根強いと言わざるをえない[2]。こうした呪縛に逆らって初期作品を読み直すこと。本書がまずは遂行しなければならなかったのは、そのような課題であった。

第一章では、「谷間」（『文藝都市』一九二九・一〜四）や「炭鉱地帯病院」（『文藝都市』一九二九・八）などの「郷里もの」とも呼ばれる作品群を取り上げ、初期作品の特質を考察した。その結果わかったことは、井伏の初期作品においては〈表象〉という問題系が非常に重要なものとしてあるということである。
プロレタリア文学理論においては、「階級的主観」によって「現実」をそのままに描くことが目指されていたわけだが、井伏作品ではそうした「現実」の表象のあり方自体が問題にされるのだ。「現実」を言語化しようとした際には、多かれ少なかれその多様性が図式的な「現実」に押し込められてしまうという暴力が発動されてしまう。そのことに井伏は同時代の誰よりも意識的であったと言えるだろう。多様な「現実」をいかに表象するか。そうした問題意識が井伏の初期作品に底流していることを見逃すべきではない。

井伏の初期作品においては、被抑圧者が繰り返し描かれる。言い換えれば、井伏は同時代の表象の網の目からこぼれ落ちるようなものにこそ目を向けようとしていたのだ。しかも重要なのは、そこでは同時に、「私」という語り手が被抑圧者を表象しようとし、しかし必ず失敗するということが繰り返し描かれているということだろう。同時代においては、そうした「私」のありさまが「白痴」という評価を招いたのだと思われるが、作中の「私」と作者井伏とを同一視すべきではないはずだ。つまり、そこで繰り返し提示されていたのは、他者を表象することの困難だったのである。

だが、そうした井伏の初期作品に対しては、当時全盛を誇っていたプロレタリア文学の陣営から激しい批判が行なわれることになる。(3) すなわち、井伏作品は描くべき「現実」を描いていない、という批判が行なわれたのである。プロレタリア文学理論においては「現実」を全体的に表象できるのは「プロレタリアート」だけなのであり、しかもその場合の「現実」とはあくまで階級闘争に役立つようなものでなければならなかった。

そのような同時代におけるプロレタリア文学理論の主張を横に置いたとき、井伏の初期作品において「私」という語り手が被抑圧者の「現実」を表象しようとしながら、それに失敗する姿が繰り返し描かれていることに、たしかな批評性を感じることができるだろう。言い換えれば、そこに見出せるのは同時代の「政治」が捉えることのできなかった政治性というべきものなのである。

そうした政治性は、「庶民文学」という評価においてしばしば共通性が指摘されてきた柳田の民俗学との差異を明らかにするだろう。柳田の民俗学には〝外部〟から一方的に表象されることへの対抗という側面があった。西洋の研究者が未開の地域を研究する学問である「エスノロジー」における〝外部〟からの眼差しを〝内部〟の観点に転換することによって柳田の民俗学は創始された。[4] それはプロレタリア文学理論の主張とは明確に異なるものだ。何故なら、プロレタリア文学理論においては被抑圧者の「現実」もまた、彼ら自身よりも「プロレタリアート」のほうが理解できることになるわけで、そこには「外部」の視点から他者を表象することの躊躇は微塵も感じられないからである。しかし、柳田の民俗学にも問題がないわけではない。というのは、すでに種々の批判が出ているように、[5] 柳田の民俗学においては〝内部〟がそのまま「国家」と重ねられていく傾向があったからである。柳田の民俗学において「国民」や「日本人」という同一性が重視される際に、何が排除され、何が抑圧されているのか。それを考える必要があるだろう。

そのような柳田の思考とは対照的に、井伏の初期作品においては移民や亡命者、混血者や漂民など、国家の帰属から何らかの理由によって外れた人々が多く登場する。たとえば「ジョセフと女子大学生」(『新潮』一九三〇・一)では、「私」は姪を誘惑する「不良外人」を懲らしめようとジョセフを問い詰めるが、彼がアイルランドからの亡命者であることを知り、「狼狽」する場面が描かれる。

さうして彼の瞳からは、彼にいひがゝりをつけようとした私をさへも感動させたその瞳からは、大粒の涙がながれ出た。私は幾らか狼狽して、自分の実感を彼に告げたのである。

「余は不覚にも泣き出しさうである。天涯の孤客の本日の清遊を妨げた余の罪を、汝は許せよ。おそらく汝は破廉恥罪によつて故国を追放されたものではあるまい。」

「それは真実である。そして汝もまた天涯の孤客であるか?」

「否、余は汝の純情と未来の行路難とのために嘆息するものである。」

「あゝ、汝もまた汝の故国独立に心をくだき、かくの如く、わび住ひに甘んずる人であつたか!」

「否、余の祖国は独立してゐるものである。余の風采の貧しげなるは余の習慣である。余は単なる失業者である。」

「私」による亡命者への一方的な同情に対して、「私」が亡命者よりも「風采の貧しげ」な「失業者」であることを意図せず告げるジョセフの言葉が返される。読む者を苦笑させずにはおかないこの場面を、しかし、単なるコミュニケーションの失敗やディスコミュニケーションとして捉えるべきではないだろう。

たしかにジョセフと「私」の「ぎごちない会話」において、コミュニケーションは全く円滑に機能しない。それは不自然なほどに古めかしい翻訳調となっている文体によっても示されているわけだが、同時に、その過程において何らかの交通が両者に起こっていることもまた確かなのだ。紅野謙介が的確に指摘するように、「この小説は非共約的な言語間で展開される翻訳のずれをまさに文体を通して描くことによって、みずから帰属している言語的統一体が実は言語的な多様性によって構成され、そのつどごとに多様な言語の結びつきによってつくり直されている混成体であることを明らかにした」[6]のである。亡命者への一方的な眼差しは、言語の混成的な様態によってほどかれていき、自他の境界が必ずしも自明ではないことを露呈させる。

井伏作品における言語の複数性については、特に一九九〇年代以降に少なくない指摘がなされている。ただし、複数性とはいっても、それは加算的なものでは全くないことには注意が必要だろう。井伏作品においては、標準語や方言、あるいは英語や漢語といったさまざまな言語が混じり合い、簡単にはときほぐしがたい混成的な様態を形成しているのだ。

そうした井伏作品における異種混淆性が同一性に固執する柳田の民俗学とは明確に異なるものであることは言うまでもないが、実はそれは、同時代のプロレタリア文学理論において「ちぐはぐ」として批判されたものだった。つまり、プロレタリア文学陣営の井伏作品に対する批判の背景にあったのも、異種混淆性に対する嫌悪であったのである。それは、プロレタリア文学もまた同一性に固執する思考であったことを示唆しているだろう。もちろんその場合の同一性とは、「国民」ではなく「プロレタリアート」であるだろうが。

〈表象〉という問題系を考察することによって、プロレタリア文学とも柳田の民俗学とも異なる井伏作品の特質を明らかにすることができるはずだ。それは〝外部〟からの一方的な眼差しによって他者を表象するようなあり方とも、〝内部〟の同一性にこだわることによって異質な要素を排除したり抑圧したりするようなあり方とも異なるものだったに違いない。

井伏の初期作品において最も強度のある作品として挙げられるのは、第二章で取り上げた「朽助のゐる谷間」(『創作月刊』一九二九・四)であろう。混血者のタエトは「私はアメリカ人のやうな姿ですけれど、やはり日本人でございます」と「私」に訴える。また、元移民である朽助は、日本語と英語、あるいは標準語と方言が交じり合った言語を使用する。そして重要なのは、語り手である「私」もまたタエトや朽助と触れ合うことによって、自身の「ちぐはぐ」さに直面せざるをえなくなっていくことなのだ。もちろん、彼らの「ちぐはぐ」さはそれぞれ異なるものであり、一緒くたにしていいものではない。だが、「ちぐはぐ」であることそれ自体は共通しているのであり、そこからある種の「連帯」へとつなげていくことも可能なのではないか。それは互いの「ちぐはぐ」さを保持したままの「連帯」なのであり、同一性に固執する思考が結局は排除と抑圧に結びついてしまうのとは明確な差異を見せているはずである。

三 「ちぐはぐ」な近代

〈表象〉という問題系と関連して、井伏作品においては断片性への偏愛とも言うべき志向を見出すことができる。もともと「現実」を語り手が統御できていない井伏の初期作品においては断片性への志向を内在させていたと言えるが、そうした志向は従来の研究では構成の弱さとして把握されてきた。たとえば東郷克美は次のように述べている。

このようなスタティックな現実認識は、現実を構造的論理的にとらえることを不可能にし、したがって井伏は真の長篇小説の書けない作家たることを免れないのである。人生から「降り」ずに真に生きぬこうとする者のみが現実を構造的論理的に把握し得る。井伏の長篇は全て短篇的エピソードの連環からなっている。(7)

もちろん井伏作品の断片性を積極的に評価しようという者がこれまで皆無だったわけではない。新城郁夫は『集金旅行』(版画荘、一九三八・四)について「時間的変化が要請する劇的構成は後景化し、逆に「場」と「場」を繋ぐ移動感覚とその「場」に依拠した物語断片の併置的関連が前景化する」(8)という注目すべき指摘をしている。だがそれは『集金旅行』よりも早く、第三章で取り上げた『川』(江川書房、一九三二・一〇)において既に顕著に見られるものなのだ。

初期作品では語り手である「私」が表象の不可能性を体現していたのだが、『川』では「私」が消え、三人称で書かれることとなる。「私」が消えた代わりに、『川』においては、川の流れにしたがって沿岸の人々の断片的なエピソードをつなげていくという構成が取られ、一貫した筋によって全体が統御されているわけではない。外面的な描写を主とし、内的焦点化をほとんど行なわない『川』における表象のあり方は、以降の三人称で書かれた井伏作品の基本形を成していくだろう。それが後年において「風俗小説」という批判を招く一因にもなったのだが、井伏作品において外面的な描写が多用されるのは、〈表象〉という問題系が深く関わっていることを見逃すべきではない。(9)

断片は語り手の統御から逃れつつ、「現実」の多様な側面を読む者に示唆していく。そうした断片性もまた、その後の井伏作品において繰り返し確認することができる。たとえば、第六章で取り上げた『さざなみ軍記』(河出書房、一九三八・四)は、断片性の極北とでも言うべき地点を形成している。そこでは日記の断片性という特質が最大限に利用されながら、歴史=物語へのラディカルな批判が行なわれていた。断片は、見せかけの全体性を破砕するのだ。

もちろん、そうした断片性は「近代性」とも密接に関わっている。ベンヤミンがシンボルよりもアレゴリーを重視したのもそのために他ならない。[10] シンボルは神学の領域に基礎を置くものだが、神なき時代においてはアレゴリーが重要となる。外的な世界と内的な表象とが一義的に結びつくシンボルとは違い、アレゴリーではそれらの間に恣意的な結びつきしかない。ベンヤミンにとって、近代とはアレゴリーの時代なのだ。それは「アウラ」の凋落という事態をも招くだろう。起源やオリジナリティが重要性を持たなくなる時代。すべてが流動化し、交換可能なものへと化していく時代。そうしたなかにおいては人々の生もまた、断片化していかざるをえないだろう。

ピーター・バーガーたちは近代社会と近代人に特有の状態として「故郷喪失」(homelessness) を挙げ、次のように説明している。

> 近代社会の複数化的構造は、ますます多くの人びとの生活を、渡り鳥的で変化の絶え間ない動的なものにした。日常生活において、近代の人間は、非常に差異のある、しばしば相矛盾する社会的文脈の間で、絶えず変身を行なっている。生活歴という時間的関係から見ても、多様な社会的世界の間をつぎつぎと移動している。近代社会のますます多くの人間が、その生まれたときの社会的環境から根扱ぎにされているばかりではなく、そのうえ、その後に続くどの環境も、真の「安住の地」となることに成功しない。さきにも述べたように、重要なことは、この外面的な移動性が、意識のレベルにも親和性をもつということである。あらゆるものがつねに動いているような世界では、いかなる種類の確実性に巡りあうことも困難である。[11]

近代化は、人々に流動的・断片的な生を強いる。言い換えれば、近代を生きる人々とは、多かれ少なかれ「旅人」に他ならないのだ。そして、一九三〇年前後の日本においては近代化の急激な進展によって、そうした「ちぐはぐ」さが露呈しかかっていたのではないか、というのが第二章において提示した仮説であった。

そしてそれは、共産主義運動およびプロレタリア文学運動の挫折によって一気に顕在化していくことになるだろう。「少し前まで、西洋は僕らにとつての故郷であつた」とする萩原朔太郎「日本への回帰」(『いのち』一九三七・一二)は、次のように述べている。

僕等は西洋的なる知性を経て、日本的なものの探求に帰つて来た。その巡歴の日は寒くて悲しかつた。なぜなら西洋的なるインテリジエンスは、大衆的にも、文壇的にも、この国の風土に根づくことがなかつたから。僕等は異端者として待遇され、エトランゼとして生活して来た。しかも今、日本的なるものへの批判と関心を持つ多くの人は、不思議にも皆この「異端者」とエトランゼの一群なのだ。

自身が「エトランゼ」であること、そのことに耐えられなくなったとき、人は性急に「故郷」を求めてしまう。すなわち、「日本への回帰」現象とは、「故郷喪失」からくる不安を隠蔽・抑圧するために「故郷」としての「日本」へと過剰に同一化していくという事態だったのである。だがそれは、酒井直樹が言う「不安の否認を通して構築された同一性」であり、したがって、「「均質志向社会性」

(homosociality)に基づく同一性、最終的には、否定的排除においてしか構築されえない同一性以外のなにものでもない[12]」に違いない。

それでは、「不安の否認を通して構築された同一性」とはちがう同一性＝アイデンティティのあり方とは、いったいどのようなものがありうるのだろうか。そのことに非常に大きな示唆を与えてくれるのは、本質や起源といったものを重視する本質主義とも、一切の土着性や民族的特異性を否定して多元性を称揚する反本質主義とも異なる第三の立場――「反‐反‐本質主義」を唱えるポール・ギルロイの思考だろう。ギルロイはアイデンティティについて、次のように説明している。

〔…〕アイデンティティは、固定された本質としても、審美家や象徴主義者や言語ゲーム理論家の意志や気まぐれによって再創造されるような曖昧で完全に偶発的な構築物としても理解されえない。黒人のアイデンティティは、それを裏付け正当化するレトリックにどの程度説得力があり制度的に力があるかどうかということに応じて利用されたり捨てられたりするような社会的・政治的カテゴリーだと、単純に定義してはいけないのだ。急進的構築主義者が何を言おうとも、それはひとかたまりの（必ずしも安定したものではないにせよ）自己の経験の感覚とともに生かされているのである。多くの場合それは自然発生的なもののように感じられるかもしれないが、実は、言語や身ぶり、身体の意味作用、欲望といった、実際の活動の結果なのである[13]。

そのように本質主義の立場にも反本質主義（構築主義）の立場にも与しないことをはっきりさせたうえでギルロイが主張するのは、「人種化された主体を、この政治的な関係性からおそらく抽出される社会的な実践の産物として考えるような、反《アンチ》-反《アンチ》-本質主義《エッセンシャリズム》」なのである。
このギルロイの思考に導かれながら、上野俊哉は次のように述べている。

> 起源の場所との切断において、同時にそこで維持されている記憶のネットワークのなかで自らのアイデンティティをとらえる生とコミュニケーションのあり方をディアスポラと便宜的に定義することができる。われわれの日常そのものとその状態――この場合あえて使っている「われわれ」とは、さしあたりこの「日本」と呼ばれている場所に生まれ、主にそこで生活している人間を指しているが――にはディアスポラの状態と似たような面がなくはない。自らの伝統や歴史、文化的背景と徹底して断絶し、急激で過剰な近代化をとげることで完全に起源や土着性から切り離されているように見えながら、他方で自らの社会的、経済的、政治的位置を築くにあたっては、ことあるごとに「日本」という文化的イメージやアイデンティティを強力に持続させているのが、この日常であるからだ。「日本に生まれ、生きている人間」は自分が生まれ育った場所で一種の「亡命生活」をおくっていると言えなくはない（言うまでもなく、日本国籍をもたずにここで生まれ育った人間にとっては文字どおり不愉快な「亡命生活」が日常的に強いられている）[14]。

「ディアスポラ」としての生。それがさまざまな面において顕在化したのが一九三〇年代の日本の状況であったのではなかろうか。もちろん、先述したようにこれは日本に特殊な事態ではありえない。どのような場所であれ、「近代性」は人々に「故郷喪失」の経験を強いるのだから。だが、だからといって、この問題を抽象的に考えるのは危険である。その場合には、本質主義か反本質主義か、という不毛な二者択一に陥るしかないだろう。

「近代性」とは、まず何よりも具体的・歴史的な場において思考されなければならない。ギルロイが言うように、近代を生きる人々の同一性＝アイデンティティは「政治的な関係性からおそらく抽出される社会的な実践の産物」として捉えられる必要があるのだ。

新全集の刊行以後に行なわれた、井伏作品における言語の複数性を称揚するような研究に私が飽き足らない思いを抱くのは、まさにそのためなのである。井伏作品における異種混淆性を具体的・歴史的な場から離れたところで称揚することは、きわめて楽天的な議論にしかつながらないだろう。たとえば、第九章で取り上げた『花の町』（文藝春秋社、一九四三・一二）における言語や文化の構成的な様態が「日本語」や「日本人」の同一性を揺るがしていることのみを評価したところで、それは占領地に生きていた人々の具体的な生を軽視することにしかならないはずだ。「日本」という同一性は実際に権威を持ち、現地の人々のエスニシティを蹂躙していたのだから。

井伏は決して「近代性」について抽象的に思考しはしなかった。その作品は井伏が常に具体的・歴史的な状況と対峙していくなかで生み出されたのであり、それは同時代コンテクストとの交渉の産物なのだ。そして、そのような具体的な交渉のありようを問題にすることによって、異なるコンテクストへの接合可能性も見えてくるに違いない。それは井伏作品に、同時代におけるのとはちがう意味でのアクチュアリティを見出すことにもなるだろう。つまり、同時代において井伏が具体的・歴史的な状況と対峙することによって獲得されたアクチュアリティは、時代を経ても異なるコンテクストと接合することによって新たなアクチュアリティを得ているはずなのである。現在において井伏作品を読むことの意味もまた、そこにこそあるはずだ。

近代化の急激な進展によって「ちぐはぐ」さが露呈しかかっていた時代において、民俗学やプロレタリア文学のような同一性に固執する思考に抗いながら井伏が模索していたのは、「不安の否認を通して構築された同一性」とは異なった共同性や連帯のあり方だったのではないだろうか。「日本への回帰」現象が進展していく時期に書かれた作品群において「漂民」が注目されるのも、そのことを顕著に示しているに違いない。

第四章で取り上げた「青ケ島大概記」(『中央公論』一九三四・三)は、自然災害によって青ヶ島の地を追われた島民たちが、何十年もの歳月を要して故郷へと帰り着くという壮大な故郷回復の物語をもとにしつつ、実は「日本への回帰」という現象を相対化したものとして捉えることができる。そこでは、青ヶ島島民の〝外部〟に語り手を設定するとともに、島民たちもまた一つの同質的なまとまりとしては決して描かれない。「非常時」や「挙国一致」が叫ばれるなかで、井伏が描いたのは〝内部〟における異質性だったのであり、そこでは互いの異質性の認識を伴った緩やかな連帯こそが希求されていたはずだ。

第五章で述べたように、『ジョン万次郎漂流記』(河出書房、一九三七・一一)もまた、「日本」から遠く離れた漂民たちが何年もの歳月を要して帰ってくるという点で「日本への回帰」現象と激しく呼応する題材を扱いながら、実際にはそうしたものには全くなっていないという点で実に興味深い作品である。「異国」と「日本」のあいだで漂う万次郎にとって、いずれかに所属することは決して幸福をもたらさなかったのであり、「日本人」の代表として万次郎を捉えるような眼差しは、ここでは完全に否定されている。だが、だからといって「異国」にいればよかったということにもなりはしない。「異国」においては、万次郎は「日本」に恋い焦がれるばかりだっただろう。むしろ重要なのは、この作品がそうした二項対立的な思考を超えた〈あいだ〉の空間とでも言うべきものを垣間見させていることである。

実は最初にあったのは、そうした異種混交的な空間だったのではないだろうか。そしてそれは、実際のところ今現在においても其処彼処で一瞬の生起を繰り返しているのではないだろうか。しかし、「異国」と「日本」という分節化が行なわれた後においては、そうした空間は不可視のものとなってしまう。そこにあるにもかかわらず、見えなくなっているもの。それを現出させるものこそが、井伏作品における異種混淆性に他ならない。

ホミ・K・バーバは異種混淆性について「植民地における権力の生産性のしるし」であると言い、「異種混淆とは否認を通じた支配のプロセス（すなわち差別的なさまざまのアイデンティティを生産することによって、権威の「純粋で」独自のアイデンティティを確保すること）を、戦略的に逆転することの謂い」だと指摘している。[15] 井伏作品の異種混淆性にも、そのような効果を見出すことができるのではないか。

「日本」に生きるものが多かれ少なかれ一種の「ディアスポラ」としての生を経験しているのだとすれば、そこを一種の植民地として捉えることもまた十分に可能だろう。第九章で述べたように、東南アジアの文化を「植民地文化」として蔑視していた人々は少なくなかったのだが、では外国の影響を全く受けていない「日本文化」とは果たして何なのか。「植民地文化」と「日本文化」との間に、はたしてそれほどの違いがあるのだろうか。井伏作品における異種混交性は、「権威の「純粋で」独自のアイデンティティ」あるいは「不安の否認を通して構築された同一性」を揺るがせつつ、日本の近代そのものに含まれている「ちぐはぐ」さを露呈させるのである。

四　二つの「国民文学」

ただし、井伏作品における異種混淆性が、戦前から戦後にかけての激動の時代に一貫して効力を発揮したわけではない、ということも確認しておかなければならないだろう。

井伏鱒二の従来の作家イメージは『黒い雨』の前後に確立されたものだが、第七章で述べたように、その下地は戦時下において既につくられていた。「国民」＝「民衆」への注目はすでに一九三〇年代において起こっていたのであり、そうした流れのなかで杉浦明平「庶民文学の系譜――井伏鱒二について」（『午前』一九四九・二）も書かれたのである。[16]

「日本への回帰」現象とはまた、知識人の「民衆」への回帰でもあった。「新日本主義」を鼓吹するためにつくられた新日本文化の会の機関誌『新日本』の創刊号（一九三八・一）に掲載された佐藤春夫「創刊の辞」は次のように述べている。

　一時しのぎの仮小屋はやがて一ふんぱつして本建てにとりかかへにかからなければなるまい。季節が代れば衣更へをせずばならない。日本をいつまでも明治の頃のままで置かなければならぬ理由があらうか。日本をいつまで外国の植民地にして置かなければならないのか。自分の国を自分の国らしくしたい。自分の国の文化を高くしさへすれば国内の外国風はみな流れ出して行つてしまふであらう。新らしい日本が生れなければならない。借り衣の晴れ衣装はもういいかげんに返さうではないか。かういふ民衆の自覚に促され励まされて我等は立つた。

ここで、佐藤は「日本」を「外国の植民地」と明言しつつ、そこからの脱却を訴えているわけだが、その際に「民衆の自覚」が持ち出されていることに注意しよう。[17] 自身の境界性に直面して「不安」にとりつかれたとき、知識人たちが一様に向かっていったのが「民衆」であった。[18]

そのような「民衆」という形象は、文学大衆化の流れのなかでも持ち出されることになる。もちろんその場合の「民衆」とは「読者」と重ねられるだろう。横光利一「純粋小説論」は大きな影響を同時代に与えたが、なかでも林房雄や小林秀雄は横光とともに『純粋小説全集』（有光社、一九三六～一九三七）を企画編集するなど、いかに多くの「読者」を獲得するかという実際的な行動に出ていたのである。

たとえば、林房雄「文藝時評（２）　小説らしい小説」（『東京朝日新聞』一九三六・四・二八）は、次のように述べている。

ロシアをはじめ、英仏米の純文学が初版数万部であるのに日本では五百、三千にすぎないと嘆き、その責を一般文化の低劣に帰する議論が一時行はれたが責は日本小説そのものの低劣、即ち健康なる通俗性の欠除にあることに気付くべきである。

健康なる通俗性の底に横はるものは、ほかならぬ「生活の最も大切な感激」である。小説の中に物語を求める大衆の「通俗な人情」に正しく応へることは、小説を一国文化の中流に押出す事である。小説をして、科学と並んで、次の時代の創造者たらしめ、人民の生活の光たらしむる所以である。

また、小林秀雄「現代小説の諸問題」(『中央公論』一九三六・五)も「純文学の社会化の気運が次第に熟して来て、新しい純文学者が新聞小説を書き出したり、或は書下ろしの長篇を出版しようと努力したりする様な情勢になつては、純文学も健全な物語性、通俗性を取返さざるを得なくなつて来るだらう」として、「純文学の社会化」と「健全な物語性、通俗性」とを結びつけている。(19)

そのような林房雄や小林秀雄の試みの先駆者としては『文藝春秋』を出していた菊池寛が挙げられるだろうが、その菊池も「話の屑籠」(『文藝春秋』一九三六・六)で「もう少し、純文学は読者を歓待する事を考へるべきである。読者に読まれると云ふことが、先づ最初に大切なことである」と述べていたのである。

林房雄や小林秀雄、それから横光利一や菊池寛といった、戦後において戦争責任を問われることになった人々が、一様に「読者」の問題に意識的だったことは興味深い。彼らが総力戦体制の構築に協力的に振る舞っていくことには、「民衆」=「読者」の問題が根深く関わっていたのではないだろうか。一九三〇年代には「民衆」=「読者」という形象が持ち出されることによって、従来の「文学」の殻を打ち破ることが期待されていたのであり、それは「国民文学」へとつながっていく。(20)

そして、そうしたなかにおいて、「再び民衆の知恵の明るさを、前よりもしつかりした腰つきで我々に示すことになつた」(K・F(中島健蔵)「文学的人物論・井伏鱒二」『文藝』一九三九・一一)などと称賛されたのが井伏の『多甚古村』(河出書房、一九三九・七)だったのである。第八章でも述べたが、この作品は決して単純に否定しきれるものではない。特に「多甚古村補遺」まで含めて考えたとき、評価すべき点は多々あると思われる。だが、少なくとも村人たちが「大日本帝国万歳と多甚古村万歳を三唱して解散」するラストの場面が「国民文学」という時代の要請に適合的であることは否定できないだろう。

もちろん、戦後において末尾の場面における「大日本帝国万歳」という言葉は削除・改変されているし、複数の評者から厳しい批判が行なわれることにもなるのだが、『多甚古村』が井伏にとって一つのターニングポイントだったことは間違いない。この作品の前後から井伏作品は文体が平明となっていき、異種混交性も減少していったのである。そしてそれが「庶民文学」という評価を生む下地を形成するのだ。

ただし、『多甚古村』以後においても『花の町』が書かれているし、戦後においても『漂民宇三郎』（講談社、一九五六・三）があることからも明らかなとおり、『多甚古村』の以前と以後、あるいは戦前と戦後、というふうに、その変化は単純に図式化できるようなものではない。しかし、だいたいにおいて『多甚古村』以降において井伏作品の異種混淆性は少なくなっていったし、殊に戦後においてめっきり少なくなってしまったことは事実だろう。[21] そして、一九五〇年代に至るまで、井伏の代表作は『多甚古村』であり、その戦後版といえる「本日休診」（『別冊文藝春秋』一九四九・八、一二、五〇・三、五）であったこともまた確かなのだ。

そのような「風俗小説」的作品が井伏作品の本道であるとの評価は、しかし徐々に変わっていく。そのきっかけとなったのは「遥拝隊長」（『展望』一九五〇・二）であった。

第十章で述べたように、「遥拝隊長」においては村の「平穏無事な日常」を守るために排除されているもの、見ないようにされているものの存在が厳しく問われている。その意味で、村人たちの態度は決して無条件に肯定されているわけではない。とはいえ、村人たちの「人間の生涯には、素通りせんければならんものが、なんぼでもある」などという科白が、簡単に否定できない強さを備えていることもまた確かなのだ。「平穏無事な日常」とは、言い換えれば「家庭の幸福」となるだろう。この作品に戦後における太宰の井伏批判の反響を読み取ることは、さして困難ではないように思われる。[22] この作品においては「家庭の幸福」を求める側と、それを否定する側の両者が描かれ、どちらかに軍配が挙げられているわけではない。だがそれは、単にあれもこれもという併置的な関係にあるわけではなく、抗争的な関係に置かれていることに注意すべきである。

同様のことは『黒い雨』についてもある程度は言えるだろう。「正常」な人間のあり方はこの作品において決して肯定されているわけではないが、だからといって簡単に否定されているわけでもない。それは「正義の戦争よりも、不正義の平和のほうがいい」という嘆きを簡単に否定できないのと同じことなのだ。ただし、この作品においては「遥拝隊長」よりも「家庭の幸福」=「不正義の平和」のほうに比重がかけられていることも、また確かなように思われる。

だが、それよりもこの作品の問題点は、枠組みが完全にナショナルになってしまっていることではないだろうか。第一に、一九四五年八月六日の広島には少なからず存在していたはずの朝鮮人被爆者についての言及がまったく見当たらないのであり、第二に、重松が日記を清書するのは一九五〇年頃のことだと思われるが、一九五〇年六月に勃発する朝鮮戦争へと至る緊張状態がまるで視野の中に入っていないかのごとくなのである。[23] その意味においても、『黒い雨』は「国民文学」と呼ばれるに相応しい作品であった、と言えるだろう。それはもちろん戦前の『多甚古村』などとは違う、戦後版にアップ・トゥ・デイトされた「国民文学」なのであり、いわゆる戦後民主主義にもきわめて適合的な「国民文学」であった。

第十一章で述べたように、この作品も初期作品から一貫して見られる〈表象〉という問題系において読まれなければならないことは明らかであるし、戦中と戦後の連続性／非連続性の問題に関しても真摯な問いが投げかけられていることを見逃すべきではないだろう。だが、朝鮮人被爆者や朝鮮戦争に関する記述が全くないのには、やはり首を傾げざるをえない。戦前から戦中にかけての作品のなかで、あれだけ移民や漂民、亡命者といった存在を繰り返し描いてきた作家の作品であるだけに、ことさらそう思わざるをえないのだ。井伏作品が「庶民文学」、あるいは「国民文学」として称揚されていくなかで、何が排除され、何が抑圧されたのか。そのことを問うていく必要があるだろう。そして、そこで排除され、抑圧されたものにこそ、井伏作品の豊かな可能性があるように私には思われてならないのである。

注

序章

(1) 松本武夫『日本の作家100人　井伏鱒二――人と文学』(勉誠出版、二〇〇三・八)。
(2) 杉浦明平「庶民文学の系譜――井伏鱒二について」(『午前』一九四九・二)。
(3) 川崎賢子「太宰治の情死報道」(山本武利編『新聞・雑誌・出版』『叢書 現代のメディアとジャーナリズム』第五巻、ミネルヴァ書房、二〇〇五・一一)などを参照。
(4) 相馬正一『太宰治と井伏鱒二』(津軽書房、一九七二・二)。
(5) 引用は、安藤宏「「太宰治・晩年の執筆メモ」の問題点」(『資料集』第二輯『太宰治・晩年の執筆メモ』青森県近代文学館、二〇〇一・八)のなかに掲載されている翻刻による。
(6) 猪瀬直樹『ピカレスク――太宰治伝』(小学館、二〇〇〇・一一)。
(7) 安藤前掲論文は、「この頃から始まった『井伏鱒二選集』編纂の仕事の過程で、井伏の作品への批判意識を持ち始めた形跡もある」と指摘している。また、『井伏鱒二選集』の編集の過程については拙稿「太宰治と井伏鱒二――『井伏鱒二選集』をめぐって」(『太宰治スタディーズ』二号、二〇〇八・六)で論じているので、併せて参照されたい。
(8) 石井耕・石井牧・平賀美穂・石井樹「できるかぎりよき本　前編――石井立の仕事と戦後の文学」(『北海学園大学学園論集』一四五号、二〇一〇・九)。
(9) 猪瀬の論は、実は発想の根幹を川崎和啓「師弟の訣れ――太宰治の井伏鱒二悪人説」(『近代文学試論』二九号、一九九一・一二)から借りているのだが、そこでは単に「可能性」として述べられていたことが、猪瀬の著作においてはあたかも「事実」であるかのように断定的に語られているのである。「薬屋の雛女房」についての作品評価では猪瀬と意見を異にするはずの加藤典洋『太宰と井伏』(講談社、二〇〇七・四)が、太宰と井伏の確執の原因をその作品に求めるという点では猪瀬と台座を共有しているのは不可解と言うほかない。
(10) 長谷川鑛平「井伏鱒二論」(佐藤春夫・宇野浩二編『昭和文学作家論』小学館、一九四四・四)。
(11) 酒井森之介「井伏鱒二論」(吉田精一編『展望・現代文学』修文館、一九四一・三)、板垣直子『事変下の文学』(第一書房、一九四一・五)、長谷川前掲論文。
(12) 寺田透「井伏鱒二」(『批評』一九四八・三)。
(13) 長谷川鑛平「暁・一雄・鱒二」(『文藝』一九四七・三)。
(14) 石崎等「解説」(『日本文学研究資料叢書　井伏鱒二・深沢七郎』有精堂、一九七七・一一)は、長谷川の論の背景として豊島與志雄「文学に於ける構想力」(『文藝』一九四五・一〇)を挙げている。
(15) 東郷克美「井伏鱒二素描――「山椒魚」から「遥拝隊長」まで」(『日本近代文学』五集、一九六六・一一)。
(16) 長野隆編『太宰治その終戦を挾む思想の転位』(双文社出版、一九九九・七)、山崎正純「『斜陽』――敗戦後思想と〈革命〉のエスキス」(『国文学』二〇〇二・一二)などを参照。
(17) 井伏から距離を置いた太宰が、急速に親しくなっていったのが豊島與志雄だったことはよく知られている。太宰が死んだ際も葬儀委員長を務めたのは豊島であり、井伏は副委員長だった。
(18) 高橋広満「風俗小説の系譜」(『時代別日本文学史事典　現代編』東京堂出版、一九九七・五)。
(19) この時期、自然主義と「早稲田リアリズム」との連続／切断という表象は広範に見出すことが可能である。たとえば、瀬沼茂樹「古風な作家達」(『新日本文学』一九四九・二)は「自然主義は本来批判的レアリズムであり、末期的にはその批判性を喪失している。(早稲田レアリズムとはこういう無批判的レアリズムをいつているようだ)」と述べている。
(20) 久野収・鶴見俊輔・藤田省三『戦後日本の思想』(中央公論社、一九五九・五)。
(21) 日本の前近代性、あるいは「近代」の歪みについてはこの時代の共通認識であったと言ってよい。有馬学『日本の歴史23　帝国の昭和』(講談社、二〇〇二・一〇)は、そのような認識は「一九三〇年代に日本資本主義論争と呼ばれる論争の中から、その一方の主体である講座派によって形成された」ものであり、「講座派の立場を直接支持するかどうかとは全く別に、講座派が提示したような、歴史に根拠をもつ日本社会(日本資本主義)の後進性というイメージが、多くの人々に共有された」と指摘している。敗戦という出来事は、日本社会の前近代性をあらためて知識人に強く意識させ、「近代」を今度こそ確立しなければならないという使命感を抱かせた。ただし、荒が「市民感覚」を持った作家として「いろんな限定を附したうへで」挙げているのは志賀直哉、山本有三、宮本百合子などであり(「風俗作家の風俗感覚」『人間』一九五〇・一二)、その「近代主義」の限界を強く感じさせる。

(22) 小熊英二『〈民主〉と〈愛国〉――戦後日本のナショナリズムと公共性』(新曜社、二〇〇二・一〇)。

(23) 伊藤整「井伏鱒二の世界」(『展望』一九四九・三)。

(24)『近代文学』の同人たちによる座談会「文学者の責務」(『人間』一九四六・四)において、荒正人は「文学者は政治の事だから俺は知らんぞといつて看過したり、或は共産党に加わつて天皇の戦争責任を追求する――さういふ態度においては文学者の戦争責任は絶対に追求できないんだよ。文学者が文学的に天皇の戦争責任を追求するならば、自分の内部にある「天皇制」に根ざす半封建的な感覚、感情、意欲――さういふものとの戦ひにおいて始めて天皇制を否定することができ、究極において、近代的な人間の確立といふ一筋の道が開けて来るんぢゃないか」と発言している。このように、自身の意識を見つめ直し、主体性を確立することを重視する立場を、共産党系の論者は「近代主義」「個人主義」として批判した。共産党の立場によれば、上部構造は下部構造に規定されるのであり、社会変革なくして意識変革などありえないのである。また、この時期の共産党は「民族」を重視しており、その意味でも荒のコスモポリタニズムとは合うはずがなかった。

(25) 臼井吉見「展望」(『展望』一九五一・五)は、無着成恭『山びこ学校』(青銅社、一九五一・六)を取り上げ、「本格小説も、私小説も、風俗小説も、中間小説も、そのほかあらゆるレッテルの小説をひっくるめて明らかなことは、日本の現代小説の特殊な狭さといふこと」であると述べている。この臼井の見解に同意しながら竹内好は「亡国の歌」(『世界』一九五一・六)、「近代主義における民族の問題」(『文学』一九五一・九)などを書き、「国民文学」の問題を提起していった。また、それとはいちおう別に、タカクラ・テル「人民に仕える文学」(『人民文学』一九五〇・一一)など、共産党系の論者によっても「国民文学」の問題が提起されていた。一九五一年の日本文学協会および歴史学研究会の大会テーマに、それぞれ「民族の文学」「民族の文化」が掲げられたのも、その強い影響によるものである。伊豆利彦「国民文学論」(『日本近代文学大事典』第四巻、講談社、一九七七・一一)参照。

(26) 荒正人「戦後の文学」(『昭和文学十二講』改造社、一九五〇・一二)。

(27) 花田の「アルチスト」「アルチザン」という区分に微妙な応答を試みているのが福田恆存であり、その時に福田が太宰治の名前を持ち出していることは興味深い。花田も参加した座談会「戦後文学の方法を索めて」(『綜合文化』一九四八・二)において福田は、太宰治もまた「アルチザン」であると言い、花田に太宰と丹羽との違いを問われると「それは太宰の方がアルチストだな。というのはアルチザンにならなければ救はれないという自覚のもとにしごとをしているからね。丹羽のばあひはさういう逆説的なものではなく、もつと性来的にアルチザンだと思うんですが……」と答えている。福田はまた、花田との対談「藝術の創造と破壊」(『花』一九四八・四)においては、「太宰治のはうは非常に概括的に言へば、彼はアルチストとしての限界を意識してゐるといふふうに僕は考へて、あのアルチザンは馬鹿にできないと、さういふことを言つたわけですよ」と説明している。

(28) この風俗小説論争によって生まれたのが中村光夫『風俗小説論』(河出書房、一九五〇・六)である。そこで中村は「丹羽との論争で、一番痛感したのは、お互の話がまつたく通じないと云ふことです。「小説」または「リアリズム」といふやうな極く初歩の概念さへ食ひちがつてゐるところに、正当な論争が成り立つ筈はないのです」と言い、日本の自然主義の成立そのものにまで立ち返りながら、日本における「リアリズム」の歪みを検証している。

(29)『本日休診』の帯には、「初の読売文学賞に輝く井伏氏の中篇小説集/燻し銀の如き彫琢を重ねられた文体の底に湛へられる詩情と風刺が異色あるユーモアに包まれて渾然たるこの珠玉の名篇を成した/これこそ比類なき独自の境地を拓いた醇乎たる真の藝術作品である」とある。「詩情と風刺」あるいは「藝術」という側面を強調することで「風俗小説」との差異化が図られていることは言うまでもない。だがそれは先述したように、井伏作品がいかに「風俗小説」と近しいものと見られていたかという証左であろう。

(30)「本日休診」は一九五〇年に新橋演舞場で新生新派によって異色の「文芸公演」として上演され、同年に映画化も企画されている。清水宏監督が予定されていたが、何らかの理由で頓挫したようだ。結局、一九五二年に渋谷実監督による映画化が実現した。

(31) 寺田透「最近の井伏氏」(『現代日本文学全集41』筑摩書房、一九五三・一二)。

(32) 中村光夫「井伏鱒二論」(『文學界』一九五七・一〇~一一)。

(33) 石崎前掲論文は、中村論文を「実はかなり辛辣な井伏文学批判を展開している」ものとして捉えている。

(34) 東郷克美「戦争下の井伏鱒二——流離と抵抗」(『国文学ノート』一二号、一九七三・三)。

(35) 川口隆行「「原爆文学」という問題領域——「夏

の花」「黒い雨」の聖典化、あるいは『原爆文学史』(『プロブレマティーク　文学／教育』二号、二〇〇一・二→『原爆文学という問題領域』創言社、二〇〇八・四)。

(36)「山椒魚」が井伏の代表作とみなされるようになるのは、少なくとも戦後になってからのことである。現在『山椒魚』として新潮文庫から刊行されている短編集が当初は『夜ふけと梅の花』(新潮社、一九四八・一)という表題で刊行されていたことからも、それは明らかだ。太宰が「山椒魚」との特権的な出会いを語ったことや、教科書に採録されたこともあり、発表当時はそれほど注目されていたとは言いがたいこの作品は、徐々に井伏を語る際に欠かせないものとなっていく。

(37) 後藤総一郎「『遠野物語』評価史――柳田国男研究史(1)」(『柳田国男研究資料集成　別巻』(日本図書センター、一九八六・六)。

(38) 民衆史研究の初期の代表的な著作としては、色川大吉『明治精神史』(黄河書房、一九六四・六)、鹿野政直『資本主義形成期の秩序意識』(筑摩書房、一九六九・一二)、安丸良夫『日本の近代化と民衆思想』(青木書店、一九七四・九)などが挙げられる。民衆史研究に関しては、成田龍一『歴史学のナラティヴ――民衆史研究とその周辺』(校倉書房、二〇一二・五)を参照。

(39) 子安宣邦『近代知のアルケオロジー――国家と戦争と知識人』(岩波書店、一九九六・四→『日本近代思想批判――一国知の成立』岩波現代文庫、二〇〇三・一〇)、ひろたまさき「パンドラの箱――民衆思想史研究の課題」(『歴史の描き方①　ナショナル・ヒストリーを学び捨てる』東京大学出版会、二〇〇六・一一)などを参照。

(40)『井伏鱒二選集』の後、作者の生前に刊行された井伏の全集類は以下の通りである。『井伏鱒二作品集』一～五巻(創元社、一九五三)、『井伏鱒二全集』全一二巻(筑摩書房、一九六四～六五、のち二巻を増補し一九七四～七五に再刊)、『井伏鱒二自選全集』全一二巻＋補巻一(新潮社、一九八五～八六)。

(41) 佐伯彰一「井伏鱒二の逆説」(「新潮」一九七五・三)。

(42)『井伏鱒二全集』全二八巻＋補巻一(筑摩書房、一九九六～二〇〇〇)。

(43) 東郷克美・寺横武夫編『昭和作家のクロノトポス井伏鱒二』(双文社出版、一九九六・六)、東郷克美編『「国文学　解釈と鑑賞」別冊　井伏鱒二の風貌姿勢』(至文堂、一九九八・二)所収の諸論文などを参照。

第一章

（1）井伏は後年、「自叙伝」（『早稲田文学』一九三六・五～一二、のち「雞肋集」に改題）で「私をのぞくほか全同人が左傾して雑誌の名前も「戦闘文学」と改題した。同人諸君は私にも左傾するやうに強力うながして、たびたび最後の談判だといつて私の下宿に直接談判に来た。しかし私は言を左右にして左傾することを拒み、「戦闘文学」が発刊される前に脱退した。この雑誌の同人諸君は後になつて一同「戦旗」に合流した」と説明している。

（2）たとえば、小野松二「新進作家概評」（『文学』一九三〇・二）は「非もしくは反プロレタリア派の選手の、何と多士済々であることよ」と言い、中村武羅夫「モダーニズム文学に対する一考察」（『朝日新聞』一九三〇・三・一七）は「一九三〇年の文藝界においては恐らくモダーニズムの文学が、圧倒的勢力を占めるだらうといはれてゐる」と述べている。

（3）太宰治「後記」（『井伏鱒二選集　第一巻』筑摩書房、一九四八・三）のなかにある言葉。東郷克美「井伏鱒二――「無名不遇」時代の位相」（『国文学解釈と鑑賞』一九九八・六）などを参照。

（4）平浩一「「ナンセンス」を巡る「戦略」」（『昭和文学研究』五五集、二〇〇七・九）。

（5）「ユマ吉ペソコ」シリーズは『婦人サロン』において、一九二九年一〇月から一九三〇年三月まで計六作が掲載された。

（6）それはしばしば並び称されていた中村正常の作品とも異なる特質であった。小林秀雄「文学と風潮」（『文藝春秋』一九三〇・一〇）は「利口にならう利口にならうが、凝つて形をなしたものが現代のナンセンス文学である」として中村を批判している。

（7）井伏の初期の代表作として「山椒魚」を挙げる論者は少なくないが、「山椒魚」は発表当時にはそれほど注目されてはいなかったのであり、伊藤整や高見順は「谷間」を井伏の「出世作」とする見解を示している（座談会「出世作の展望」『文藝増刊・現代作家出世作全集』一九五六・一二、『昭和文学盛衰史　一』文藝春秋新社、一九五八・三）。ただ同時代評を見ていく限りでは、この一作が井伏の評価を引き上げたというよりは、「鯉」による注目がまずあり、「谷間」や「朽助のゐる谷間」などの諸作によってさらに注目が高められたと考えたほうが正確なように思われる。事実、井伏は『文壇出世作全集』（中央公論社、一九三五・一〇）に自身の出世作として、「鯉」を自薦している。

（8）成田龍一『〈歴史〉はいかに語られるか――一九三〇年代「国民の物語」批判』（日本放送出版協会、二〇〇一・四）。

(9) 新城郁夫「郷土・翻訳・方言――井伏鱒二「朽助のゐる谷間」論」(『日本東洋文化論集』九号、二〇〇三・三)。
(10) 農民文学に関しては多様な見解が存在しているが、ここでは山田清三郎『近代日本農民文学史 下巻』(理論社、一九七九・一〇)を参照されたい。
(11) 林淑美「プロレタリア文学の方法」(『日本文学史を読むVI』有精堂、一九九三・一一)。
(12) 山田前掲書は、井伏の「丹下氏邸」について、「小作争議をあつかったものが、大部分をしめたこの時期の農民文学の、特異な一作であった」と指摘している。
(13) 藤森清「「近代小説」と語りの抵抗」(『語りの近代』有精堂、一九九六・四)は、「エロティックな対象を欲望している「私」の視線に焦点をあてて、その欲望そのものへの注意を喚起してしまう」と指摘している。
(14) 前田貞昭「「炭鉱地帯病院」管見」(『国文学攷』一〇八・一〇九合併号、一九八六・三)。
(15) 念のために言っておけば、証言における聞き手という問題は、現在においてもアクチュアルなものであり続けている。たとえば上野千鶴子は「語りの現場もまた、権力の行使される臨床の場である。弱者の語りは一筋縄ではいかない。しばしば支配的な語りを裏付けたり、補完したりする語りが生み出されると、聞き手は「現実」が一枚岩だと思い込む。「もうひとつの現実」は、弱者の語りのなかの、ためらいや、矛盾や、非一貫性のただ中から、きれぎれの断片として現れる」と述べている(『ナショナリズムとジェンダー』青土社、一九九八・三)。聞き手が自らの権力性に無自覚なとき、語り手の語りは、その「現実」から限りなく遠いものとなるだろう。
(16) 東郷克美「井伏鱒二の青春――その「くったく」した心情について」(『国文学研究』三三集、一九六五・一〇)。
(17) 松本鶴雄「井伏鱒二のマルクス主義的体験――創作集「夜ふけと梅の花」、「さざなみ軍記」の隠れた地平」(『群馬県立女子大学国文学研究』八号、一九八八・三→『井伏鱒二――日常のモチーフ』沖積社、一九八八・六)。
(18) 松本武夫『日本の作家100人 井伏鱒二――人と文学』(勉誠出版、二〇〇三・八)。
(19) 日高昭二「プロレタリア文学という歴史」(東郷克美・寺横武夫編『昭和作家のクロノトポス 井伏鱒二』双文社出版、一九九六・六)。
(20) 日高昭二「モダニズムの文法あるいは井伏鱒二」(『日本近代文学』五七集、一九九七・一〇)は、

「井伏のテクストは、速度や運動というモダニズムの主題系を共有しながら、その一方で時代の関心や人々の満足から遠ざかりつつある「形式」を、まさに自覚的に選び取ったものとして生成されていた」と指摘している。

(21)「現実」の再現の(不)可能性をめぐる問題は、後年の『黒い雨』で全面的に展開されることとなるだろう。第十一章を参照。

(22)たとえば、序章でも引用した『井伏鱒二選集』の広告(『展望』一九四八・三)には、「荒涼たる現世を化してなつかしき現実となす井伏世界」という言葉が見える。

第二章

(1)松本武夫「井伏鱒二「朽助のゐる谷間」論」(『井伏鱒二研究』明治書院、一九九〇・三)。

(2)多田道太郎「飄逸の井伏鱒二――転々私小説論(三)」(『群像』二〇〇一・四)。

(3)新城郁夫「郷土・翻訳・方言――井伏鱒二「朽助のゐる谷間」論」(『日本東洋文化論集』九号、二〇〇三・三)。

(4)前田貞昭「演技空間への旅――井伏鱒二の〈田舎〉」(『社会文学』一九号、二〇〇三・九)。

(5)川端康成「文藝時評」(『文藝春秋』一九二九・四)などを参照。

(6)井伏の長兄が郷里で編集・発行していた雑誌に井伏は「編輯のこと等」(『郷土』一九二六・一二)という文章を寄せ、次のように述べている。「若し諸君に、さうする時間と興味とがあるならば、諸君の村々の歴史を発表されては何んなものであらう。〔…〕其処にはおそらく極めてさゝやかな歴史が埋もれてゐるに違ひない。私はそれが知りたい。またそれを示すのが、この雑誌の使命ではなからうか。けれどそんなさゝやかな歴史の中にも、諸君は立派な農夫と其の労働と伝統とを見出すことが出来るのだ。これはすべて諸君の感動に値する事なのであつて、其の立派な農夫と伝統とは、諸君の真の祖先に他ならないのである」。このような認識が柳田のそれと重なることは言うまでもないだろう。そして「朽助のゐる谷間」においては、このような認識から井伏が既にある程度の距離を置くようになったことも示されているはずだ。

(7)永池健二『柳田国男――物語作者の肖像』(梟社、二〇一〇・七)。

(8)子安宣邦「一国民俗学の成立」(『近代知のアルケオロジー』岩波書店、一九九六・四→『日本近代思想批判――一国知の成立』岩波現代文庫、二〇〇三・一〇)。

(9) 宮田登『日本の民俗学』(講談社、一九七八・七)。
(10) 橋川文三『日本浪曼派批判序説』(未来社、一九六〇・二)、大原祐治「坂口安吾『吹雪物語』論序説――〈ふるさと〉を語るために」(『日本近代文学』六二集、二〇〇〇・五)などを参照。また、やや時期は下るが山口浩行「旅人が見る故郷――風土記としての「津軽」」(『日本近代文学』六七集、二〇〇二・一〇)からも多くの示唆を受けた。
(11) 矢口祐人『ハワイの歴史と文化』(中公新書、二〇〇二・六)。
(12) この時期、日系人における混血者の割合はまだ決して多くはなかった。ハワイ日本人移民史刊行委員会『ハワイ日本人移民史』(布哇日系人連合協会、一九六四・四)は「一世の青少年から、二世の先輩にわたる時期までは、同化も緩慢で、雑婚は拒否されているようにさえ見られた。それが次第にほぐれて、日米戦争後の雑婚・交流期に至るまでには、およそ半世紀を要している」と述べている。
(13) 杉浦明平「庶民文学の系譜――井伏鱒二について」(『午前』一九四九・二)、東郷克美「井伏鱒二「さざなみ軍記」論」(『軍記物とその周辺』早稲田大学出版部、一九六九・三)などを参照。
(14) 疑いなく近年における柳田研究の優れた達成である永池前掲書は、柳田の「一国民俗学」を批判する人々について、「今眼前にくり広げられている「日本」の現実は、そこに生きる私たちすべてにとって、自らの問題であるはずだが、「日本」は、彼らの外にあるものに他ならない」と批判するが、まさかこの「私たちすべて」にアイヌや在日朝鮮人も含まれると言うのだろうか。このような不用意な記述によって永池が隠蔽・抑圧しているのは「日本」を「自らの問題」とすることが困難な人々であることは言うまでもない。もちろんそれは永池の個人的問題ではない。柳田や民俗学を研究する人々によってこのような隠蔽・抑圧が繰り返される限り、子安前掲書の批判がその有効性を失うことはないだろう。
(15) 紅野謙介「井伏鱒二『言葉』『ジョセフと女子大学生』ほか――「翻訳」される言葉」(『投機としての文学』新曜社、二〇〇三・三)は、「懐かしい「谷間」は、こうして英語に対する日本語、「江戸言葉」に対する「在所」の言葉という対立軸を構成するのではなく、その空間においてすでに言語的文化的な混成として表象されていたのである」と指摘している。
(16) 第三章を参照。〝内部〟の観点を重視し、「農民イデオロギー」なる同一性に拘泥する『農民』派の立場は、限りなく柳田のそれに近接するだろう。
(17) 酒井直樹『日本思想という問題――翻訳と主体』(岩波書店、一九九七・三)
(18) したがって転向のなだれが起きたあと、多くの転向作家たちが実に容易に「日本」にアイデンティファイしていったのは少しも不思議なことではないだろう。
(19) しかし作品を通して、朽助もまたタエトの心情にある程度寄り添うようになっていたことも明らかだ。朽助にとって十字架とは、当初は「私」の枕元の装飾に利用するようなものでしかなかったのが、後半ではタエトのお祈りにとって大事なものだということを理解し、わざわざ新しい家に持ってきているのは見逃せない変化である。

第三章

(1) 紅野謙介「井伏鱒二『言葉』『ジョセフと女子大学生』ほか――「翻訳」される言葉」(『投機としての文学』新曜社、二〇〇三・三)。
(2) 初出は、「川沿ひの実写風景」(『文藝春秋』一九三一・九)、「川――その川沿ひの実写風景」(『中央公論』一九三二・一二)、「洪水前後」(『新潮』一九三二・一)、「その地帯におけるロケイション」(『新潮』一九三二・五)。
(3) 寺田透「井伏鱒二」(『批評』一九四八・三)。
(4) 中村光夫「井伏鱒二論」(『文學界』一九五七・一〇～一二)。
(5) 佐伯彰一「井伏鱒二の逆説」(『新潮』一九七五・三)。
(6) 中村武羅夫「一九三二年の文学界の概観」(『新潮』一九三二・一二)、川端康成「一九三二年創作界の印象」(同)などを参照。
(7) 相馬正一「生々流転の相」(『井伏鱒二の軌跡』津軽書房、一九九五・六)。
(8) 東郷克美「井伏鱒二の形成」(『国文学 解釈と鑑賞』一九八五・四)。
(9) 新城郁夫「井伏鱒二「丹下氏邸」論」(『立教大学日本文学』一九九四・一二)。また、藤森清「『丹下氏邸』」(『国文学 解釈と鑑賞』一九九四・六)は遠景にいる二人の人物を男衆と見ている場面を示しつつ、「男衆エイが「活動写真の弁士」の役割をはたしている」と指摘している。
(10) 浅見淵「長編小説時評(5)」(『信濃毎日新聞』一九三八・五・二七)は「高速度映画のやうに分解すると、どんな鹿爪らしい、またどんなに偉さうに見える人間でもどこか間が抜けたところを曝けだすものであるが、井伏氏の作品に漂ふてゐるユーモアはじつにそこから生れてゐるのだ」と指摘している。

(11) 伊藤整は川端康成宛書簡(一九三〇・六・一八)で「一年ばかり前に〔…〕文学は到底映画に及ばないのではないかと非常に悲観的な考を持つて居りましたので、文学に残される文学特有の領域のことばかり考へて」いたと述べている。

(12) このような『川』の方法に示唆を与えた可能性が考えられるものとして、イリヤ・エレンブルグ『自動車の一生』(高田保訳、内外社、一九三〇・一二)を挙げておきたい。同書は座談会「新しき文学の動向に就て」(『新潮』一九三二・五)でも「一定の人物が中心になつてゐないで、時代や社会の横断面をバラ〳〵に見たやうな所がある」(板垣鷹穂)作品として話題に出ているが、自動車を軸として、複数の国家や植民地を跨ぎつつ、膨大な数の人物を次々に登場させながら、機械に追われ、機械に縛られた人々が繰り広げる狂想曲を描き出すこの快作は、その構成の面において『川』との類縁性を強く感じさせる。

(13) しかし、これは単純な批判というよりは、一方では「昨日の」という形容詞つきではあれ、「完璧の藝術」の称揚ともなっていることに注意すべきである。伊藤整「解説」(井伏鱒二『多甚古村』新潮文庫、一九五〇・一)は、河崎昇や瀬沼茂樹とともに井伏の「谷間」(『文藝都市』一九二九・一〜四)を発表当時に読んだ思い出を記しているが、「私たち三人はたがひに奪ひ合ふやうにして、読み、読む人間が替る度に笑ひこけ、笑ひが止らなかつた」とされている。実際、瀬沼は「僕も井伏氏の「夜ふけと梅の花」を第一に買つて、思ひぞ屈したる時には貪るやうに読んでは自らを慰めて来た」(「五月の創作を読んで」『文藝レビュー』一九三〇・六)などとも記しており、井伏作品の愛読者だったことは間違いない。だがプロレタリア文学的な見方に立った場合は、このような批判をせざるを得なかったのだろう。

(14) この時期の農民文学論議が果たして生産的なものだったかといえば、大いに疑わしい。その成果をプロレタリア文学に即していえば、それまで漠然とプロレタリア文学の一部門として考えられていた農民文学が、次第に固有な領域として認識されていったことが挙げられる。だがその場合も、「プロレタリアートの同盟者としての農民文学の狭隘性を批判し、それらが真にプロレタリアートの科学的見地にたかまり得るやうに導くことは、プロレタリア文学の任務である」(宮本顕治「農民文学論の発展　文藝時評(完)」『東京日日新聞』一九三一・七・三)、「農民文学の正しき発展も、農民作家に対するプロレタリア的・××××的作家の指導と協力なしにはあり得ない」(壺井繁治「農民文学への新たなる関心」『朝日新聞』一九三一・七・一二)などと言うのだから、「農民階層を馬鹿にしきつた、少しも理解のない、思い上がつた態度」(犬田前掲)と罵倒されても仕方ないだろう。

(15) その場合、語り手の役割は弁士(説明者)に擬せられるだろう。十重田裕一「「浅草紅団」の映画性——一九三〇年前後の言説空間」(『日本文学』四三巻一一号、一九九四・一一)は、「無声映画時代の日本映画においては、特に説明者の存在は重要であった」とし、川端康成『浅草紅団』の「私」が「説明者の役割を果たしている」と指摘している。

(16) 日高昭二「モダニズムの文法あるいは井伏鱒二」(『日本近代文学』五七集、一九九七・一〇)。

(17) ちなみに、そこで河上が井伏の他に取り上げているのは、深田久弥、那須辰造、石坂洋次郎、林芙美子であり、この当時「新進」という言葉が現在よりかなり広い意味で使われていたことがわかる。

第四章

(1) 東郷克美「井伏鱒二素描——「山椒魚」から「遥拝隊長」へ」(『日本近代文学』五集、一九六六・一一)。

(2) 東郷克美「「さざなみ軍記」論」(『軍記物とその周辺』早稲田大学出版部、一九六九・三)。

(3) 井伏の初期作品に「「所有」という観念」を見出す日高昭二「プロレタリア文学という歴史」(東郷克美・寺横武夫編『昭和作家のクロノトポス 井伏鱒二』双文社出版、一九九六・六)は興味深いが、同時代コンテクストとの関連を重視しない点で本章とは問題意識が異なる。

(4) 猪瀬直樹『ピカレスク——太宰治伝』(小学館、二〇〇〇・一一)。

(5) 安藤宏「自殺の季節——『道化の華』論」(『自意識の昭和文学』至文堂、一九九四・三)はこの時期「自殺、心中の増加は重大な社会問題と化し」たと指摘している。

(6) 葛西重雄「八丈実記　解題」(『日本庶民生活資料集成』第一巻、三一書房、一九六八・七)は、『八丈実記』は「極めて客観的な記述」による「八丈島のあらゆる方面に亘っての記録」であり、「いわば、日本広しといえども、この位優れた地方史は他に類例がないのではないかと思われる」と述べている。『八丈実記』は一八八七年に東京府に買い上げられ、それをもとに「昭和のはじめ、渋沢家において四部の写本(藤木氏筆)を作成し柳田文庫、折口文庫、渋沢家に保管され」(『八丈実記』第一巻、緑地社、一九六四・一一)たという。

（7）引用は『八丈実記』第二巻（緑地社、一九六九・三）に拠る。
（8）湧田佑「井伏鱒二と柳田国男――「青ケ島大概記」と「青ケ島還住記」」（『すばる』一九八二・九→『井伏鱒二の世界――小説の構造と成立』集英社、一九八三・一二）。
（9）宇野憲治「「青ケ島大概記」論――事実と虚構、虚構部分にみられる井伏文学の特質について」（『近代文学試論』二〇号、一九八三・六→磯貝英夫編『井伏鱒二研究』渓水社、一九八四・七）。
（10）鶴見太郎『柳田国男とその弟子たち――民俗学を学ぶマルクス主義者』（人文書院、一九九八・一二）参照。
（11）伊馬鵜平（春部）は折口の弟子だが、一九三一年頃より井伏のもとにも出入りするようになっていた。相馬正一「井伏鱒二と後代――太宰治ほか」（『国文学 解釈と鑑賞』一九八五・四）などを参照。
（12）湧田前掲論文は「殆ど時期を同じくしてこの貴重な書へ柳田国男、折口信夫、井伏の三者がともに関心を寄せ合ったという事実には、相当の興味をそそられるものがある」と述べている。
（13）赤坂憲雄「島の人生」（『柳田国男全集』第一九巻、筑摩書房、一九九九・四）によれば、掲載誌『島』は柳田と比嘉春潮の共同編集によるものであり、その創刊号には「『島』は日本をより詳かに知らうとする人々、殊に旅行者の話相手となる以外に、又島の住民をして互に知り合はしめる仲介機関を以自ら任じて居る。だから学者の独占に帰するやうな六つかしい議論は、よほど平易に書き改めなければ出さない」という文章が掲げられている。
（14）伊藤幹治『柳田国男と文化ナショナリズム』（岩波書店、二〇〇二・一〇）は、「晩年の柳田が、一九二三（大正一二）年一一月、関東大震災の報を受けてヨーロッパから帰国し、惨状を目撃した往時を回想して、早速、運動をおこして「本筋の学問のために起つ」という決心をしたと語っているのは、「本筋の学問」が文化的アイデンティティの危機意識に根ざしていることを示唆している」と指摘している。
（15）猪瀬前掲書は「青ケ島大概記」の書き手を「青ケ島の名主」としているが、明らかに間違いである。
（16）勝倉壽一「井伏鱒二「青ケ島大概記」の諷刺性」（『福島大学教育学部論集』七一号、二〇〇一・一二）。同論は「青ケ島大概記」に「諷刺」を見出そうとする点で本章と問題設定が重なるが、同時代コンテクストにほとんど触れようとせず、そのために「諷刺」の対象が甚だ茫漠たるものになってしまっている。

(17) 中村光夫「井伏鱒二論」(『文學界』一九五七・一〇〜一一)。
(18) 勝倉前掲論文は「次郎太夫の認識に原始共産制の理論が重ねられ」ていると指摘している。
(19) 葛西重雄「近藤富蔵守真」(『八丈島流人銘々伝』第一書房、一九七五・五)は、流刑地にあって『八丈実記』の筆者は「誠心誠意士たるに恥じない生活を送った」人物であるが、「それだけに、彼は一切醜い方面への目は蔽っていたようであって、彼の在島中に起こった豊菊等の抜舟、佐原喜三郎と花鳥等の抜舟、利右衛門騒動等の暴動、抜舟、処刑に関する記事は、八丈実記のどこをどう読んでみても、全く載せていない」と指摘している。ここで確認すべきは、記録もまた事実そのままではないという考えてみれば当たり前の事態であって、「一切醜い方面への目は蔽っていた」記録よりも、創作である「青ケ島大概記」のほうが実態により即していた可能性すら想定すべきではないだろうか。
(20) 掲載誌『人物評論』は大宅壮一主宰の評論誌であり、「文化技術家の生活問題」と題する六篇中の一篇として発表された。
(21) 松本和也「昭和十年前後の〝リアリズム〟をめぐって」(『昭和文学研究』五四集、二〇〇七・三)などを参照。

第五章

(1) 東郷克美「井伏鱒二素描——「山椒魚」から「遙拝隊長」へ」(『日本近代文学』五集、一九六六・一一)。
(2) 松本鶴雄「日常からの疎外と回帰」(『井伏鱒二——日常のモティーフ』沖積社、一九八八・六)。
(3) 相馬正一『続井伏鱒二の軌跡』(津軽書房、一九九六・一一)は、「井伏が「青ケ島大概記」執筆の際に参照した『八丈実記』から日本の各種漂流譚に注目したであろうことは充分考えられることであり、それが土佐旅行を契機に土佐出身者の漂流譚へと繋がって行ったものと思われる」と述べている。
(4) 杉浦明平「庶民文学の系譜——井伏鱒二について」(『午前』一九四九・二)。
(5) 原平三「維新の裏面史を綾どる/「中浜万次郎伝」の評」(『読売新聞』一九三六・八・五)は「蓋し彼が明治時代に於いては殆ど世間的に忘れられたかの如き趣のあるのは、云ふ迄もなくその個人的性格にも依るが、根本的には彼の出自とその受けた教育とが維新以後の全面的欧米文化の輸入時代に入つてはもはや必要でなく、又その用をも為さなくなつたのに外ならないであらう。彼の命運それのみについても吾々の受ける感興は頗る深いのである」と述べている。

（6）吉田精一「井伏鱒二と漂流記物」（『国文学　解釈と鑑賞』一九六一・四）。
（7）伊藤真一郎「『ジョン万次郎漂流記』の主典拠」（『近代文学試論』二〇号、一九八三・六）。
（8）ただし、井伏は『ジョン万次郎漂流記』を『さざなみ軍記　附ジョン万次郎漂流記』（河出書房、一九四一・一）に収録する際、この注記を「（この事実は、本叢書「ゴールド・ラッシュ」木村毅著に詳述されている。ここでは略す。）」という注記とともに削除しており、研堂の『中浜万次郎』についての言及は姿を消すこととなった。そのことに対する批判はあって然るべきだろう。
（9）引用は『日本児童文学大系』第三巻『石井研堂・押川春浪集』（ほるぷ出版、一九七七・一一）に拠る。
（10）山下恒夫「解題」（『石井研堂コレクション　江戸漂流記総集』第五巻、日本評論社、一九九二・一二）参照。
（11）伊藤前掲論文に依拠しているはずの猪瀬直樹『ピカレスク――太宰治伝』（小学館、二〇〇〇・一一）は、なぜか『ジョン万次郎漂流記』について、「ほぼ全篇が文語体を口語体に直して仕上がっている。分量的には七割が同一、残りの三割のうち二割は一般の歴史書に示されている当時の幕末日本の国際環境についての概説である。シーンや会話を創作して読みやすく工夫したところは一割にも満たない」と断じているが、根拠は不明である。
（12）『環海異聞』には「右露西亜人陸ゑ上り、拙者共に向ひ、何か様々に申し候へども、これ又言語一向に通じ申さず候、然る処、オロシイア人あたりを見配り、拙者共の哨船へ参り、水竿二本を取りて船の中ゑ一本たて、何か申し候、又二本、三本たて、何かと申し候、拙者共相察し候には、帆柱一本立て候舟に乗り候や、又は二本、三本立て候哉と、相尋ね候様子の仕方と合点仕り、一本帆柱にて乗来り候様子に仕方仕り見せ候へば、頷き候趣きにて、「ウ、」「ヱツポン」と申し候、これ日本なるかと申し候と存じ候ゆへ、この方よりも「ニツポン」と申し候へば、初めて日本人と申す儀、相分り候様子に御座候」とある（引用は『石井研堂コレクション　江戸漂流記総集』第六巻、日本評論社、一九九三・七に拠る）。『環海異聞』は石巻の廻船若宮丸の漂流についての仙台藩の取調記録をもとに一八〇七年に藩主伊達政千代に献上するために編纂されたものであり、石井研堂編『漂流奇談全集』（博文館、一九〇〇・七）で初めて活字化された。徳川幕府の海禁政策の結果、日本船は帆柱を減らし、一本柱となったことについては、岩尾龍太郎『江戸時代のロビンソン

――七つの漂流譚』(弦書房、二〇〇六・一一)を参照。
(13)『漂客談奇』は、土佐藩の取調記録をもとに一八五二年に藩主山内容堂に献上するために編纂されたものである。引用は前掲書(注10)に拠る。
(14) 池内敏「境界の意識」(『日本の近世16』中央公論社、一九九四→『近世日本と朝鮮漂流民』一九九八・六)。
(15) 小林茂文「漂流民の見た異人・異国と日本」(『ニッポン人異国漂流記』小学館、二〇〇〇・一)。漂流記は漂民自身が書いたわけではなく、国学者や蘭学者といった当時の知識人が漂民たちの話をまとめたものである。いわば、それは漂民の体験を知識人が〈翻訳〉したものだと言えるだろう。
(16) このエピソードは古文書にはなく、戸川残花「中浜万次郎伝」に初めて出てくるものである。山下前掲によると、それは残花が万次郎から直接聞いた話であるという。また、古文書では伝蔵と五右衛門は兄弟とされているのだが、残花の著作では二人を父子としており、研堂の『中浜万次郎』もそれに従っている。
(17) 黒川創「漂流する国境」(『国境』メタローグ、一九九八・二)。
(18) さらにいえば、『漂巽紀略』もまた事実そのものとは言えないはずだ。それは万次郎の体験を河田小龍が〈翻訳〉したものなのだから。河田は土佐藩の画人で蘭学の素養があり、帰国後の万次郎を自宅に住まわせ彼に日本語を教えつつ、彼から聞いた話をもとに『漂巽紀略』を著わし、藩主山内容堂に献上した。宇高隋生「解題」(『漂巽紀略』高知市民図書館、一九八六・三)を参照。引用も同書に拠る。
(19) 安田敏朗「一九三〇~四〇年代「方言」論――「帝国」的言語編成のなかの「方言」」(『〈国語〉と〈方言〉のあいだ――言語構築の政治学』一九九九・五)は、「一九三〇年代前後に「方言」が盛んに語られるようになったのは、「帝国」の中核としての国民国家日本の再編成と結びついて」おり、「この「方言」ブームは、「新国学」を唱える柳田国男らの民俗学の交流と軌を一にしていた」と指摘している。国語学において「琉球語」が「琉球方言」とされ「国語」の下位区分に入れられたのもほぼ同じ時期である。一九四〇年には沖縄の「方言」を保存すべきとする柳宗悦らと標準語を奨励する沖縄県学務部との間で沖縄方言論争が起きているが、柳らが沖縄の「方言」を重視するのはそれが「日本語」の一部であり、むしろその古い姿を伝えているものだからに他ならない(長志珠絵「地方の創造――方言問題の生成」『現代民俗学の視点2 民俗のことば』朝倉書店、一九九八・一一を参照)。柳らにとって、「方言」とはあくまで同質なものを前提にした上での差異でしかなかったのである。沖縄を「日本」と同質なものとして見ようとする点においては、柳らと沖縄県学務部との間に違いはないと言えるだろう。

(20) 管見では徳富蘇峰『近世日本国民史44 開国初期篇』(民友社、一九三三・一二)の記述が最も近いように思われるが、しかしそこでは日本人に殺害されるロシア人士官の「モフエト」という名前は出てこない。もちろん複数の資料を参照しているとも考えられる。

(21) 吉川泰久「自由を聴き分ける耳」(東郷克美編『国文学 解釈と鑑賞』別冊 井伏鱒二の風貌姿勢』至文堂、一九九八・二)は次のように指摘している。「井伏鱒二は、『日本語学校』を書くことで、いわば日本語そのものを外部から見る視点を布置しているのであり、そうすることで、日本語の輪郭を揺さぶってもいるのである。小説のなかで、これほど異なる言語と言語の接触を組織し得た作家もめずらしい。井伏鱒二は、いわば言語と言語のはざまで小説を書いたのである。『ジョン万次郎漂流記』や『漂民宇三郎』が書かれたのも、だから決して偶然ではない」。

第六章

(1) 井伏鱒二「解説」(『新日本文学全集10 井伏鱒二集』改造社、一九四二・九)。

(2) 東郷克美「井伏鱒二「さざなみ軍記」論」(『軍記物とその周辺』早稲田大学出版部、一九六九・三)。

(3) 佐伯彰一「井伏鱒二の逆説」(『新潮』一九七五・三)。

(4) ブルデューの「ハビトゥス」概念を援用しつつ魅力的な分析を行なう日高昭二「『さざなみ軍記』論」(『国文学 解釈と鑑賞』一九九四・六)でさえ、結論部分では主人公の「成長」をめぐる問題に帰着している。

(5) 久米正雄「ふなべりを叩く」(『時事新報』一九二三・一一・二)が「吾々はたとひ仮りに亡ぶる平家であるにしても、水鳥の羽音に逃げたくはない」と述べているように、プロレタリア文学という新興勢力に追われる既成文壇を平家に擬える発想自体は決して特異なものではなかったと思われる。

(6) 井伏の周辺には、太宰治をはじめとして、佐藤春夫や蔵原伸二郎など、日本浪曼派につながる人物が少なくない。井伏と日本浪曼派というのも一考を要する課題だろう。

(7) 北河賢三「一九三〇年代の思潮と知識人」(『近

代日本の統合と抵抗4』日本評論社、一九八二・六)。また、大木志門「徳田秋声の「政治」性――文芸復興期の精神と「新官僚主義」をめぐって」(『立教大学日本文学』九一号、二〇〇三・一二)も参照。

(8) 保田與重郎は「むしろ今日の僕らは今日の文化に於ける廃墟の発見から出発する」と言い、「今日の歴史とか古典といふ考へ方に社会的でない考へ方はなく、社会と国家の対立を暗々に意識せぬ歴史への試みを、おそらく誰もが信じないであらうほどに、社会も歴史も事実としてよりも思想として僕らの中に生かされるに至つたのである。もはやその対立は発見ではなく、強ひられた今である」と述べている(「反進歩主義的文学論」『日本浪曼派』一九三五・五)。また、渡辺和靖『保田與重郎研究』(ぺりかん社、二〇〇四・二)は、従来その出身や風土に結びつけられてきた保田の古典についての教養が、実は大衆消費社会の産物たる円本や岩波文庫によって形成されたものであることを実証しており、示唆に富む。

(9) 『平家物語』が「国民文学」として受容されていた様相については、デイヴィッド・バイアロック「国民的叙事詩の発見――近代の古典としての『平家物語』」(『創造された古典』新曜社、一九九九・四)、大津雄一「戦時下の『平家物語』」(『国語と国文学』八五巻一一号、二〇〇八・一一)などを参照。

(10) 「不安の文学」については、藤井貴志「昭和十年前後〈不安の文学〉をめぐる諸問題」(『芥川龍之介――「不安」の諸相と美学イデオロギー』笠間書院、二〇一〇・二)などを参照。

(11) もちろん木村東吉「『さざなみ軍記』文体考」(磯貝英夫編『井伏鱒二研究』渓水社、一九八四・七)が指摘するように、②の段階で主人公の設定を中納言教盛の末子業盛から新中納言知盛の長子知章に改めたことをその一因として挙げることはできる。だが、木村や掛井みち恵「仮定としての〈書く〉こと――井伏鱒二「さざなみ軍記」考」(『早稲田大学国語教育研究』二〇号、二〇〇〇・三)が検証するように、②や③が『さざなみ軍記』収録に際して細かい部分で改稿されていることから考えれば、『さざなみ軍記』としてまとめる際に父親像をもう少し一貫したものにすることは可能だったはずだ。

(12) 山田孝雄は『平家物語につきての研究 前編』(国定教科書共同販売所、一九一一・一二)などで、原『平家物語』を三巻とする説を主張し、戦前の『平家物語』研究に大きな影響を与えた。

(13) 中村光夫「井伏鱒二論」(『文學界』一九五七・一〇~一一)。

(14) その乖離が露わになるのは、元暦に改元されたことを聞いたにもかかわらず、「しかし私は、あくまでも寿永三年正月三十日とここに記したい」と主人公が日記に書きつけて以降のことであろう。

(15) 成田龍一『「歴史」はいかに語られるか――一九三〇年代「国民の物語」批判』(日本放送出版協会、二〇〇一・四)。

(16) 大原祐治「歴史小説の死産」(『文学的記憶・一九四〇年前後』翰林書房、二〇〇六・一一)。

(17) 末尾の部分で日記の書き手が代わっていることは実に象徴的だろう。書かれたものは書き手から決定的に隔てられてしまう。手書きであろうと翻訳が介在すれば、書かれたものから書き手を特定することは不可能である。

(18) ただし、それは実際の受容とは別の問題である。先述した保田與重郎の絶賛からすれば、同時代において『さざなみ軍記』のラディカルさが保田たちに届くことはなかったとするのが妥当だろう。「続さざなみ軍記」(『文學界』一九三八・一一)が発表されながら、書き継がれることなく未完に終わったのも、その辺りの事情と無関係ではあるまい。

(19) 前田貞昭「「さざなみ軍記」試論――書き手の「成長」と作品世界の変貌をめぐって」(『言語表現研究』一五号、一九九九・三)。

(20) 平家の滅亡を歴史的必然(「運命」)として語る「寿永記」=『平家物語』的歴史観が唯物史観と親和的であることは見やすいだろう。戦後、永積安明などの歴史社会学派や歴史学の石母田正などによる唯物史観的な解釈が『平家物語』研究の主流となったのも偶然ではない。川合康・阿部泰郎・兵藤裕己「歴史の語り方をめぐって」(『文学』二〇〇二・七)、大津雄一「義仲の愛そして義仲への愛」(『軍記と王権のイデオロギー』翰林書房、二〇〇五・三)などを参照。ちなみに、戦前において『さざなみ軍記』の主人公の父親のモデルである平知盛は清盛や重盛に比べて遙かに注目されることの少なかった人物であるが、石母田の『平家物語』(岩波新書、一九五七・一一)では、知盛が「運命」を体現する人物として特権的に取り上げられている。

第七章

(1) 相馬正一『続井伏鱒二の軌跡』(津軽書房、一九九六・一一)。

(2) 文学とラジオとの関わりに関しては、和田博文「マスメディアとモダニズム」(『岩波講座日本文学史13』岩波書店、一九九六・六)などを参照。

(3) 東郷克美「『多甚古村』の周辺」(『国文学ノート』一一号、一九七二・三)。

(4) 保昌正夫「文芸復興」(『日本近代文学大事典』第四巻、講談社、一九七八)。
(5) 曾根博義「〈文芸復興〉という夢」(『講座昭和文学史』第二巻、有精堂、一九八八・七)。
(6) 前田貞昭「物語の再生――歴史小説を視座として」(前掲『講座昭和文学史』第二巻)。また、大木志門「長い長い小説の話――徳田秋声『仮装人物』と長篇小説待望論」(『立教大学日本文学』九〇号、二〇〇三・七)も参照。
(7)「純粋小説論」が同時代に与えた影響については、山本芳明「それは「純粋小説論」から始まった」(『学習院大学文学部研究年報』五六輯、二〇〇九・三)を参照。
(8) 前田前掲論文。この時期の歴史小説論議については、他に副田賢二「「歴史」という名の欲望――昭和十年代の「歴史小説」をめぐる言説について」(『防衛大学校紀要(人文科学)』八八輯、二〇〇四・三)、大原祐治「歴史小説の死産」(『文学的記憶・一九四〇年前後』翰林書房、二〇〇六・一一)などを参照。
(9) 新城郁夫「井伏鱒二『集金旅行』の可能性――昭和十年前後の表現風土のなかで」(『昭和文学研究』三三集、一九九六・七)。
(10) 永井龍男『回想の芥川・直木賞』(文藝春秋、一九七九・六)。
(11)「風俗小説」を「中間文学」という名称で捉えた先蹤としては、新居格「中間文学論」(『読売新聞』一九三四・九・二三、二六、二七)が挙げられる。
(12) 高橋広満「風俗小説の系譜」(『時代別日本文学史事典 現代編』東京堂出版、一九九七・五)は、「いわゆる文芸復興期に力のある新人として登場(あるいは再登場)してきた作家の多くが、何かしらの意味で風俗性をまとった作品を描いている」と述べ、「興味深い話の展開に比して、やや常識的な人間造型がみられるなどの批判の出る余地はあるが、文学を一気に国民のものとしていった手柄も大きい」と指摘している。
(13) マイケル・ボーダッシュ「転向と近代日本文学史という物語の成立――昭和十年前後における島崎藤村の再評価」(『近代の夢と知性』翰林書房、二〇〇〇・一〇)は、発表当時多くの論者が『夜明け前』を高く評価したのは、そこに現われる「国民としての目覚めという物語が彼らにとって非常に魅力的であった」からであると指摘している。
(14) 前田愛「読者論小史」(『近代読者の成立』有精堂、一九七三・一一)は、「いわば芸術派作家と転向作家双方の民族や伝統への回帰志向が交錯するところに昭和十年代の国民文学論が開花したわけであって、それは比喩的にいえば昭和初頭の芸術大衆化論を倒錯させた陰画なのである」と指摘するものの、それとは一線を画するものとして高倉テル「日本国民文学の確立」の可能性に注目するために、高倉をも含みながら成立している大きな流れを十分に捉えきれていないように思われる。

(15) 高橋春雄「戦争下における農民文学の位相」(『日本近代文学』一二集、一九七〇・五)参照。井伏鱒二「序」(『川と谷間』創元社、一九三九・一〇)が「谷間」も『川』(江川書房、一九三二・一〇)も「謂はゆる農民文学のつもりではない」と述べているのも、一九三八年の農民文学懇話会の結成によって代表される同時代における農民文学の位相との関わりのなかで理解されるべきだろう。

(16) 戦時下の文学と総力戦体制との関わりについては、中谷いずみ「〈綴方〉の形成――豊田正子『綴方教室』をめぐって」(『語文』一一一号、二〇〇一・一〇)、同「〈農民〉のリアリティ――島木健作「生活の探求」にみる「民衆」」(『文学』二〇一〇・三)などを参照。

(17) 演劇は高田保の脚本・演出であり、映画は八田尚之が脚本を、今井正が演出を担当した。杉林隆「『多甚古村』試論」(『姫路工業大学環境人間学部研究報告』四号、二〇〇二)参照。

(18) 小林秀雄「現実と小説と映画」(『文藝春秋』一九五九・八、のち「井伏君の「貸間あり」」と改題)。

(19) 河上徹太郎「作品解説」(『日本現代文学全集75 井伏鱒二・永井龍男集』講談社、一九六二・一二)。

(20) 山時鳥「流行作家の実体 (5) 井伏鱒二の巻」(『読売新聞』一九四〇・五・二四)は、「井伏文学の流行は、大部分そのユーモラスな希有な感触に基くと見てよい」と述べている。

(21) 杉浦明平「庶民文学の系譜――井伏鱒二について」(『午前』一九四九・二)。

第八章

(1) 猪瀬直樹『ピカレスク――太宰治伝』(小学館、二〇〇〇・一一)。

(2) 東郷克美「『多甚古村』の周辺」(『国文学ノート』一一号、一九七二・三)。

(3) 拙稿「『太宰治全集』の成立――検閲と本文」(『Intelligence』八号、二〇〇七・四)も参照されたい。

(4) 前田貞昭「二つの『多甚古村』――日中全面戦争下の井伏鱒二」(『近代文学試論』二二号、一九八四・一二)。

(5) 権錫永「アジア太平洋戦争期における意味をめぐる闘争(1)――序説」(『北海道大学文学研究科

紀要』一〇二号、二〇〇〇・一二)。
(6) 成田龍一『〈歴史〉はいかに語られるか——一九三〇年代「国民の物語」批判』(日本放送出版協会、二〇〇一・四)。
(7) 豊沢肇「日中戦争下の出版・言論統制をめぐって」(赤澤史朗・北河賢三編『文化とファシズム』日本経済評論社、一九九三・一二)。
(8) 本多顕彰「本年度の読書会を批判す① 未曾有の好況」(『東京朝日新聞』一九三八・一二・二四)は、「事変下において、日本の出版界が未曾有の好況を呈してゐる」と述べている。
(9) 山時鳥「流行作家の実体 (5) 井伏鱒二の巻」(『読売新聞』一九四〇・五・二四)は、「井伏文学の流行は、大部分そのユーモラスな希有な感触に基づくと見てよい」と述べている。また井伏は後年、河盛好蔵との対談で「戦争中に「多甚古村」が売れたんです。僕は疎開中の三年半それで生活したな」と語っている(井伏鱒二『人と人影』毎日新聞社、一九七二・五)。
(10) 読売新聞徳島支局編『阿波字路文学の旅(上)』(徳島県教育会出版部、一九六九・六)。
(11) 井伏鱒二「多甚古村の巡査」(『新国劇』一九四〇・一)。
(12) 伴俊彦「井伏さんから聞いたこと その二」(『井伏鱒二全集』第三巻月報4、筑摩書房、一九六四・一二)。
(13) 堀部功夫「「多甚古村」と「交番」と」(『京都教育大学国文学会誌』二三号、一九八九・六)。
(14) 河上徹太郎「事実の世紀」(『文藝』一九三八・三)は「人間中心的批評主義といふべき強力な知性が、今や漸く没落した」のであり、「ヴァレリーなどは、以前の「秩序」の時代に比して二十世紀をば「事実」の時代と屢々呼んでゐる。この見方は多くの評家の一致する所であつて、所謂左翼の人々も大体同じやうなことを考へてゐるやうである」と述べており、板垣直子『事変下の文学』は「記録的文体は現代文学の獲得到達した、最も進歩的で時勢に適応したスタイルである」と述べている。また、有馬学『日本の歴史23 帝国の昭和』(講談社、二〇〇二・一〇)は「〈日常〉の力、それをとらえ描写しうる技法、これこそ「戦時」が生んだモダニズムの視線であった」と指摘している。
(15) 松本和也「冨澤有為男『東洋』の場所、あるいは素材派・芸術派論争のゆくえ」(『文藝研究』一六五集、二〇〇八・三)。
(16) 北河賢三「戦時下の世相・風俗と文化」(藤原彰・今井清一編『十五年戦争史2』青木書店、一九八八・七)。

(17) その契機となったのは一九三八年三月に行なわれた演劇『綴方教室』である。それは豊田正子の綴方を抽出して再構成したものであり、「原作者」として「豊田正子」の名前が掲げられていた。そのような構成は一九三八年八月に封切られた映画『綴方教室』においても基本的に踏襲され、『綴方教室』は「豊田正子」のものであるとされ、メディアに盛んに流通していく。

(18) 中谷いずみ「〈綴方〉の形成――豊田正子『綴方教室』をめぐって」(『語文』一一一号、二〇〇一・一二)。ちなみに、一読者の日記を基として、そうした潮流に抗うように豊田正子とは正反対の〈少女〉を造形してみせたのが太宰治「女生徒」(『文學界』一九三九・四)である。拙稿「ある読者の「自分一人のおしゃべり」が活字になるまで――『有明淑の日記』と太宰治『女生徒』」(『繍』一六号、二〇〇四・三)を参照されたい。

(19) 『多甚古村』の初出は以下の通りである。

- 「歳末非常警戒」(十二月八日〜二十五日)…「多甚古村(一)」(『文体』一九三九・二)
- 「歳末非常警戒」(十二月二十九日)…「多甚古村駐在記」(『改造』一九三九・二)
- 「狂人と狸と家計簿」(十二月三十日〜三十一日)…同右
- 「新年早々の捕物」(一月一日〜二日)…同右
- 「喧嘩三件」(一月五日〜八日)…「多甚古村(二)」(『文体』一九三九・三)
- 「学生決闘の件と祝出征軍人の件」(一月十八日〜十九日)…「多甚古村の人々」(『文學界』一九三九・四)
- 「大田黒氏失態の件」(一月二十八日)…同右
- 「松原の捕物」(一月二十九日)…同右
- 「私娼と女給の件」(二月十五日)…「多甚古村」(『革新』一九三九・五)
- 「東西屋夫婦喧嘩の件」(二月十八日〜二十二日)…同右
- 「オキヌ婆さんの件」(三月十日)…「多甚古村駐在記」(『文學界』一九三九・七)
- 「恋愛・人事問題の件」(三月二十日)…同右
- 「休日を待つ」(三月二十二日)…初出未詳
- 「多忙多端な日」(四月二日〜六日)…同右
- 「水喧嘩の日」(六月七日〜八日)…同右

(20) また、北河賢三「一九三〇年代の学生生活――風俗と読書を中心に」(『史観』一一四冊、一九八六・三)は「学生のみが「享楽的」だったわけではなく、また学生のすべてが「享楽的」だったわけでもないが、抵抗力の弱い、「働かない」(?!)学生に対する風当りが強まり、娯楽や風俗的自由さえもが圧迫されていったのが、この時代の特徴であった」と指摘している。

(21) ちなみに、映画や新国劇の『多甚古村』に出てくる甲田はたしかに「事件の手際よい処理者」として描かれていると言えるだろう。たとえば映画について、依田義賢「シナリオ構成(邦画)」(『日本映画』一九四〇・一)は「甲田巡査は飄々と次々と現はれてくる事件を彼流の人生観をもつて処理してゆくのである」と述べ、新国劇の舞台について、芙蓉麗人「甲田巡査の眼鏡」(『警察協会雑誌』一九四〇・一)は「一つ〳〵の輻輳する事務に対し妥当明快に処理してゆく手腕は、三十歳の青年巡査とは到底受けとれぬとも考へる」と述べている。

(22) この文は、『井伏鱒二選集』第五巻(筑摩書房、一九四八・一二)では「大日本帝国万歳と」の部分が削除され、『多甚古村』(新潮文庫、一九五〇・一)では「一ばん上席にゐた村長が、「みなさん、お手を拝借」と云つたので、一同は坐りなほし、シヤン、シヤン、シヤンと手を拍つて、みんな「どうも有難う」と口々にいつて解散した」と改稿されている。

(23) 反村長派の老人は「村長の資本主義的傾向の悪口」などを口にしている(十一月十五日)。

(24) 布川源一郎『消えた「最後の授業」――言葉・国家・教育』(大修館書店、一九九二・七)によれば、ドーデ「最後の授業」は明治末から翻訳によって日本にも紹介されており、一九二七年からは国語教科書にも採用されている。

(25) 前田貞昭「「多甚古村補遺」初出覚え書――二つの「多甚古村」補説」(『言語表現研究』六号、一九八七)参照。

(26) 「多甚古村補遺」の初出は以下の通りである。

- 「人命救助の件」(十月三十一日~十一月五日)…「人命救助の件」(『週刊朝日』一九四〇・一)
- 「寄付金持逃げの件」(十一月十日)…「寄付金持逃げの件」(『公論』一九四〇・三)
- 「都会の女の件」(十一月十四日~十一月十五日)…「続編/多甚古村」(『モダン日本』一九四〇・一)
- 「村娘有閑」(七月十日~七月十一日)…「村娘有閑」(『週刊朝日』一九三九・十)

第九章

(1) 桜本富雄『文化人たちの大東亜戦争――PK部隊が行く』(青木書店、一九九三・七)、神谷忠孝・木村一信編『南方徴用作家』(世界思想社、一九九六・三)などを参照。

(2) 林博史『シンガポール華僑粛清――日本軍はシ

ンガポールで何をしたのか』(高文研、二〇〇七・六)などを参照。

(3)寺横武夫「井伏鱒二と"THE SYONAN TIMES"」(『滋賀大国文』三五号、一九九七・六)。

(4)井伏鱒二「徴用中のこと」(『海』一九七七・九~一九八〇・一)などを参照。

(5)東郷克美「戦争下の井伏鱒二――流離と抵抗」(『国文学ノート』一二号、一九七四・三)。

(6)都築久義「「花の町」」(『国文学 解釈と鑑賞』一九八五・四)。

(7)前田貞昭「井伏鱒二・その戦時下抵抗のかたち――「花の町」を軸にして」(『近代文学試論』二〇号、一九八三・六→磯貝英夫編『井伏鱒二研究』渓水社、一九八四・七)。

(8)宮崎靖士「井伏鱒二『花の街』における占領地の表象をめぐって――1930~40年代の言語使用に関わる非均等的な力関係と、その表象をめぐる諸相」(『日本近代文学会北海道支部会報』九号、二〇〇六・五)。

(9)塩野加織「問われ続ける「日常」の地平――井伏鱒二「花の町」論」(『日本文学』五九巻九号、二〇一〇・九)。

(10)もちろん初出から初刊本においても改稿は行なわれているが、内容に関わるようなものはない。また、本章では初刊本から旧全集への改稿のすべてに触れることは紙幅の関係上不可能であり、特に内容に関わるようなもののみを取り上げることとする。

(11)戦時下の日本語教育および国語国字問題に関しては、川村湊『海を渡った日本語――植民地の「国語」の時間』(青土社、一九九四・一二)、イ・ヨンスク『「国語」という思想――近代日本の言語認識』(岩波書店、一九九六・一二)、多仁安代『大東亜共栄圏と日本語』(勁草書房、二〇〇〇・四)、安田敏朗『国語審議会』(講談社現代新書、二〇〇七・一一)などを参照。

(12)前田貞昭「井伏鱒二の占領体験――異民族支配と文学(シンガポールの場合)」(『岐阜大学国語国文学』一八号、一九八七・三)。

(13)楠井清文「マラヤにおける日本語教育――軍政下シンガポールの神保光太郎と井伏鱒二」(神谷忠孝・木村一信編『〈外地〉日本語文学論』世界思想社、二〇〇七・三)。

(14)青木美保「井伏鱒二における社会批評の視点について――作品「花の町」を軸にして」(『比治山女子短期大学紀要』二二号、一九八八・三)。

(15)野寄勉「井伏鱒二『花の町』論――軍政下の遠慮と屈託」(『芸術至上主義文芸』二一号、一九九五・一二)は「ラッフルスに限らず、この地に虐殺という行為があったことの暗示とそれに対する目下の態度のとりようがうかがわれる」と指摘している。

(16) 川本彰「太平洋戦争と文学者——軍政下における火野葦平・井伏鱒二について」(『明治学院論叢』二九一号、一九八〇・三)は、「日本軍の残虐行為と絶大な権力を抜きにしては、この小説の主人公たちの行動は理解できない」と指摘している。

(17) シンガポールの人口の七〇%以上を占めていたが過酷な弾圧に苦しんだ華僑に比べると、日本の占領初期においてマレー人は比較的優遇されたと言える。日本軍はマレー人を利用して「敵性」である華僑を抑え込もうとしたからである。田中恭子『国家と移民』(名古屋大学出版会、二〇〇二・六)は、シンガポールにおける「こうしたエスニック・グループ別の異なったあつかいが、エスニック・グループ間の対立を深め、戦後の国民統合を難しくしたといわれている」と指摘している。

(18) かつて孫中山(孫文)とともにハノイやシンガポールにおいて中国同盟会の勢力拡充に尽力し、その後、心ならずも日本の傀儡政権の長となった汪兆銘に対して、シンガポールの華僑たちが抱いた思いは単純なものではなかったと思われる(小林英夫『日中戦争と汪兆銘』(吉川弘文館、二〇〇三・七)などを参照)。もちろん華僑社会もまた一枚岩ではない。出身地や方言によって細かく分かれ、貧しい移民と英国風の生活を送る富裕層との違いも大きかった(田村慶子『シンガポールの国家建設』(明石書店、二〇〇三・三)などを参照)。「英国風」の名前を持ち、「多分にラッフルス大学生の気風を存してゐる」とも評されるベン・リョンは、(少なくとも日本が占領するまでは)比較的裕福な階層に属していたと思われる。ベンやその家族が意識していたのは日本人の視線だけではなかっただろう。

(19) 第三章を参照。

(20) たとえば寺田透「井伏鱒二」(『批評』一九四八・三)は、「中年の中国婦人のたよりない愛情の動揺を描き出した作者の手つきは恐ろしく清潔である」と称賛している。

(21) 野寄前掲論文は「後日、アチャンが軍曹との連絡を望むのは、大厄を防ぐために小厄を甘んじようとする寡婦の捨て身の覚悟ともとれる」と述べている。

(22) 駒込武『植民地帝国日本の文化統合』(岩波書店、一九九六・三)。

第十章

(1) 記事の内容は公職追放の解除といった政治的なものばかりでなく、チャンバラの隆盛や軍艦マーチの復活などといった時代全体の復古的な傾向を揶揄したものだった。三年後の一九五四年に公職追放を受けていた正力松太郎が読売新聞社主に復帰しているのは皮肉なことである。なお、逆コースに関しては吉田裕「戦後改革と逆コース」(吉田裕編『日本の時代史26』吉川弘文館、二〇〇四・七)などを参照。

(2) しかもその際、悠一のモデルであるとされる陸軍将校から戦地で井伏が受けた仕打ちが持ち出されるのが常であった。たとえば、『山椒魚・遥拝隊長』(岩波文庫、一九五六・一)の解説で河上徹太郎は「主題はおそらく現地で見た彼らの暗愚と狂信なのである」としている。「彼ら」とはもちろん軍人(陸軍将校)のことである。

(3) 寺田透「最近の井伏氏」(『現代日本文学全集41』筑摩書房、一九五三・一二)。

(4) 中村光夫「井伏鱒二論」(『文學界』一九五七・一〇~一一)。

(5) 以後はこの改稿後の本文が流通していくこととなる。ちなみに、初刊本に収められる際にも若干の改稿がなされているが語句の修正などに留まっており、特に言及するほどのものではないと思われる。本章で「改稿」という場合、それは改定新版において行なわれたものを指している。

(6) 東郷克美「井伏鱒二素描――「山椒魚」から「遥拝隊長」へ」(『日本近代文学』五集、一九六六・一一)。

(7) 相原和邦「「遥拝隊長」の構造と位置」(『近代文学試論』一〇号、一九七二・九)。

(8) 河崎典子「井伏鱒二「遥拝隊長」論――「言葉」の戦争」(『成城国文学』一一号、一九九五・三)。

(9) 木村涼子「女性にとっての「立身出世主義」に関する一考察」(『大阪大学教育社会学・教育計画論研究集録』七号、一九八九・三→『〈主婦〉の誕生――婦人雑誌と女性たちの近代』吉川弘文館、二〇一〇・九)。

(10) 白石喜彦「庶民における意識の不変」(『現代国語研究シリーズ11』一九八一・五)。

(11) 廣田照幸『陸軍将校の教育社会史――立身出世と天皇制』(世織書房、一九九七・六)。

(12) それが家の大改築とともに、「案外ばかにならない」稼ぎを得ていたはずの一家が「お袋ひとり悴ひとりの貧世帯」になった一因であるとも考えられる。

(13) 竹内洋『立身出世主義』(日本放送出版協会、一九九七・一一)。

(14) 栗坪良樹「『遥拝隊長』」(『国文学 解釈と鑑賞』一九九四・六)。

(15) 山村賢明『日本人と母』(東洋館出版社、一九七

一・三）。また、村田晶子「戦時期の母と子の関係」（赤澤史朗・北河賢三編『文化とファシズム』日本経済評論社、一九九三・一二）も参照。
（16）鶴田欣也「「遥拝隊長」論」（長谷川泉・鶴田欣也編『井伏鱒二研究』明治書院、一九九〇・三）。
（17）遠田勝「「遥拝隊長」考――井伏鱒二における他者と共同体」（鶴田欣也編『日本文学における〈他者〉』新曜社、一九九四・一二）。
（18）作田啓一『価値の社会学』（岩波書店、一九七二・八）。
（19）「戦争中は手当も充分にあつたので、親子で内職の傘張りなどしなくても悠一のうちは暮らし向きに困らなかつた」。だが、一九四六年二月の軍人恩給停止によって、旧軍人やその遺族たちの多くは非常に厳しい生活状態に置かれることとなったのである（木村卓滋「復員」、前掲『日本の時代史26』参照）。
（20）初刊本では「行きすぎ」が「出しやばり」となっていた。
（21）吉田永宏「『遥拝隊長』」（『国文学　解釈と鑑賞』一九八五・四）。
（22）吉田裕『昭和天皇の終戦史』（岩波書店、一九九二・一二）、ジョン・ダワー『敗北を抱きしめて』（岩波書店、二〇〇一・五）などを参照。
（23）戦後、「だまされた」という意識を抱いた「庶民」が少なからずいたことはよく知られている。だが、吉見義明が的確に指摘するように「そこではだまされた者の主体的責任という問題はさけて通れない」はずであり、しかも戦時中においては、だます者とだまされる者が常に画然と分かれていたわけでもなく、「戦争に参加し協力する限り、民衆もだます側にしばしば立っていた」のである（「占領期日本の民衆意識」『思想』八一一号、一九九二・一）。また、吉見義明『草の根のファシズム』（東京大学出版会、一九八七・七）も参照。

第十一章

（1）『黒い雨』を「風俗小説」とみる論者もいたが、その場合には丹羽文雄らの「風俗小説」とは違う意味であることが断わられている。佐伯彰一は「創作合評」（『群像』一九六六・一〇）で、『黒い雨』は「オースチン的な意味での「風俗小説」といえるんじゃないか。〔…〕風俗のレベルで原爆という化け物をつかまえて、しかもそれがこれほどの厚みと実質にわたり得ているというのは驚くべき達成ですね」と称賛する。また、寺田透「『黒い雨』」（『世界』一九六七・七）はやや批判的に「広島とその近郊における核兵器のもたらした惨禍が、風俗と化している」と指摘するが、「もっともここに言う風俗は、普通風俗小説というときの風俗とは違う」と述べている。
（2）川口隆行「「原爆文学」という問題領域――「夏の花」「黒い雨」の聖典化、あるいは『原爆文学史』」（『プロブレマティーク　文学／教育』二号、二〇〇一・一二→『原爆文学という問題領域』創言社、二〇〇八・四）。
（3）長岡弘芳『原爆文学史』（風媒社、一九七三・六）。
（4）この時期には松本清張『昭和史発掘』（文藝春秋、一九六五〜七二）、阿川弘之『山本五十六』（新潮社、一九六五・一二）、吉村昭『戦艦武蔵』（新潮社、一九六六・九）などが刊行され、それぞれ評判となっていた。
（5）開高健「井伏鱒二『黒い雨』の場合」（『紙の中の戦争』文藝春秋、一九七二・三）。
（6）「火焔の日――死線上の彷徨」「被爆の記」「続・被爆の記」の三種があり、それらはまとめて重松静馬『重松日記』（筑摩書房、二〇〇一・五）として刊行されている。いずれも当時のメモをもとに戦後数年経ってから執筆されたものであり、日記というより日記形式の手記と言ったほうが正確だろう。『黒い雨』の主人公の名前である閑間重松は、重松静馬の名前を反対にして付けられた。
（7）豊田清史『「黒い雨」と「重松日記」』（風媒社、一九九三・八）、同『知られざる井伏鱒二』（蒼洋社、一九九六・七）などを参照。豊田は「井伏鱒二の『黒い雨』は盗作だったのか」（『週刊金曜日』一九九五・一二・一五）でも同様の主張を行なったが、それについて相馬正一は「読者に「黒い雨」がいかにも「重松日記」の盗作であるかのような印象を与えた」と述べ、豊田が「重松日記」の本文を改竄し、『黒い雨』の本文に近づけるという操作を行なっていることを批判している（「「黒い雨」盗作説への反論」『東京新聞』一九九七・八・六〜七）。ただし、豊田自身が「盗作」という言葉を使ったことはない。何故なら、重松が『黒い雨』に自身の日記を使用することを許諾していた以上、「盗作」と主張するのが無理なことは豊田もよくわかっていたからだ。豊田は「「盗作だったのか」はまったく「週刊金曜日」が一方的につけた題名である」と説明している（「『黒い雨』をめぐって――相馬正一氏への反論」『東京新聞』一九九七・九・一二）。豊田の主張に依拠した猪瀬直樹『ピカレスク――太宰治伝』（小学館、二〇〇〇・一〇）が『黒い雨』の価値を全否定したことで、この問題は広く知られるようになった。
（8）栗原裕一郎『〈盗作〉の文学史――市場・メディア・著作権』（新曜社、二〇〇八・六）を参照。

(9) 豊田清史「井伏鱒二『黒い雨』の真実——全体の9割以上が引用だった!」(『週刊金曜日』二〇〇二・四・五)。

(10) 川村湊『風を読む水に書く——マイノリティー文学論』(講談社、二〇〇〇・五)は、豊田が「本当に擁護しているのは、『黒い雨』に「使われた」数多くの「原爆体験」記録なのであり、彼はそれが『黒い雨』の中で、縦横に、見事なまでに〝元の形をとどめず〟作品の世界に奉仕させられたことを、ひょっとしたら「恨み」に思っていると考えられる」と指摘し、「無数の、無名の筆者たちによる、それこそ命と引き替えにした被爆体験の「文章」。それが、どんなに偉い文学者であろうと、自分の作品世界を作り上げるために、ズタズタにしたり、イイトコ取りをしたり、引用や使用の断り書きをせずに使っていいはずはない」と豊田の心情を「忖度」している。体験者が書き遺した多くの原爆文学が無視黙殺されていくなかで、非体験者が書いた『黒い雨』のみが高く評価され、ベストセラーとなったことに対して、複雑な思いを抱いた被爆者は少なくなかったようだ。

(11) 日高昭二「『黒い雨』研究」(東郷克美編『「国文学 解釈と鑑賞」別冊 井伏鱒二の風貌姿勢』至文堂、一九九八・二)。

(12) 長谷川三千子「『黒い雨』——蒙古高句麗の雲」(『からごころ——日本精神の逆説』中央公論社、一九八六・六)。

(13) 榊敦子「記述への執念——『黒い雨』」(『行為としての小説——ナラトロジーを超えて』新曜社、一九九六・六)。

(14) 松本鶴雄『井伏鱒二論』(冬樹社、一九七八・五)、湧田佑『私注・井伏鱒二』(明治書院、一九八一・一)などを参照。

(15) 大江健三郎「揺るがぬ「黒い雨」」(『新潮』一九九三・九)。

(16) 寺横武夫「「黒い雨」注解」(『井伏鱒二研究』渓水社、一九八四・七)。

(17) 『日本国語大辞典 第二版』一三巻(小学館、二〇〇二・一)。

(18) 黒古一夫『原爆文学論』(彩流社、一九九三・七)。

(19) 徳永恂「黒・水中世界・自然のナルシシズム——井伏鱒二論」(『人間として』一九七二・一二)。

(20) ジョン・W・トリート『グラウンド・ゼロを書く——日本文学と原爆』(法政大学出版局、二〇一〇・七)は、『黒い雨』は「「文化」と「自然」を循環させ、両者を同義語にする」という意味で「イデオロギー装置の一部」であるが、「小畠村の世界は、実際にそこで暮らすかもしれない世界だとしても、私たちが自分自身のためにはっきりと望む世界ではない」以上、「『黒い雨』のイデオロギー的な内容は完全に有効であるとはとても言えない」と指摘している。
(21) 福間良明『〈反戦〉のメディア史――戦後日本における世論と輿論の拮抗』(世界思想社、二〇〇六・五)。
(22) 成田龍一は「屹立するような出来事があった場合、出来事そのものを直接に描写することは不可能であること、そして出来事は誰に向かってどう伝えるかによって相貌を現し、それゆえに幾重にも書き換えられるのだということを、井伏鱒二は『黒い雨』で示している」(『戦争はどのように語られてきたか』〈朝日新聞社、一九九九・八〉での発言)と指摘している。

終章

(1) 東郷克美「戦争下の井伏鱒二――流離と抵抗」(『国文学ノート』一二号、一九七三・三)。
(2) 磯貝英夫「井伏鱒二の位置」(『近代文学試論』一〇号、一九七二・九→磯貝英夫編『井伏鱒二研究』渓水社、一九八四・七)。磯貝は「常識」について、「たしかに、一面は世俗的な妥協の産物であろう。しかし、他面は、長い生活の伝統のなかでつくりあげられた知恵の結晶である」と説明し、「井伏における常識は、わが国における中・上級農民層が伝統的に保持してきた感覚と知恵の所産であると言ってよい」と述べている。杉浦明平による「庶民文学」という規定が、どちらかといえば下層の人々を意識して行なわれていたのに対し、磯貝においては「中・上級農民層」へと捉えなおされていることも明らかだろう。
(3) 淀野隆三「末期ブルジョア文学批判(1)」(『詩・現実』一九三〇・九)、瀬沼茂樹「井伏鱒二論」(『新潮』一九三一・一〇)。
(4) 永池健二『柳田国男――物語作者の肖像』(梟社、二〇一〇・七)を参照。
(5) 子安宣邦『近代知のアルケオロジー』(岩波書店、一九九六・四→『日本近代思想批判――一国知の成立』岩波現代文庫、二〇〇三・一〇)、村井紀『南島イデオロギーの発生――柳田国男と植民地主義』(福武書店、一九九二・四→岩波現代文庫、二〇〇四・五)などを参照。もっとも、第二章で述べたように、柳田自身の思考のなかに、そうした「国民」へと収斂する方向とは相反するものを見出すことも可能だろう。特に一九三〇年前後に「民俗学」が打ち立てられる以前の作品群には豊かな可能性が眠っているはずだ。「柳田自身の後期の思想が周縁部に、あるいは、はるかな外なる闇の底にうち棄てた可能性の小さな種子」(『柳田国男の読み方』ちくま新書、一九九四・九)に注目する赤坂憲雄の試みは興味深い。

(6) 紅野謙介「井伏鱒二『言葉』『ジョセフと女子大学生』ほか――「翻訳」される言葉」(『投機としての文学』新曜社、二〇〇三・三)。

(7) 東郷克美「井伏鱒二素描――「山椒魚」から「遥拝隊長」へ」(『日本近代文学』五集、一九六六・一一)。

(8) 新城郁夫「井伏鱒二『集金旅行』の可能性――昭和十年前後の表現風土の中で」(『昭和文学研究』三三集、一九九六・七)。

(9) 塩崎文雄「井伏文学の方法・序説――「言葉について」の話法構造とメタ言語の濫用と」(『近代文学試論』二〇号、一九八三・六→前掲『井伏鱒二研究』)は、三人称で書かれた「言葉について」(『新潮』一九三三・一)が「一方では、物語行為の担い手(語り手)の消去をめざしながらも、他方では、物語行為自体はその特性をかえって掻き立てられている」のであり、それは「作品の統辞性をきわめてゆるやかなままに保つことを許容したので、その結果、〔…〕世界を一義的に裁断することから免れ、かえってその複素性をふくよかに(もしくは、きわやかに)解釈し直し得た」と指摘している。第三章で引用した青野季吉「十二月の文藝時評(完)」(『東京日日新聞』一九三一・一一・二九)が、井伏作品における語り手は「カメラ」に非常に近いものではありつつも「非常に感性の度が強い」性質を保持していると指摘していた点とも関わるものであり、示唆に富む。

(10) ヴァルター・ベンヤミン「セントラルパーク」(『ベンヤミン・コレクションI 近代の意味』ちくま学芸文庫、一九九五・六)などを参照。

(11) バーガー、バーガー&ケルナー『故郷喪失者たち――近代化と日常意識』(新曜社、一九七七・一〇)。

(12) 酒井直樹『日本思想という問題――翻訳と主体』(岩波書店、一九九七・三)。

(13) ポール・ギルロイ『ブラック・アトランティック――近代性と二重意識』(月曜社、二〇〇六・九)。

(14) 上野俊哉『ディアスポラの思考』(筑摩書房、一九九九・四)。

(15) ホミ・K・バーバ『文化の場所』(法政大学出版局、二〇〇五・二)。

(16) 文学大衆化にせよ、国民文学論にせよ、一九五〇年代は一九三〇年代の問題をより大きな規模で反復した時代であったと言えるだろう。やや時期区分が異なるが、曾根博義「文芸評論と大衆――昭和三〇年代の評論の役割」(『文学』二〇〇八・三、四)は「昭和三〇年代は、大正末年から昭和初年にかけて以来の高度な文学大衆化の時代であった。言い換えれば出版の資本主義化と文学の商品化が戦前をはるかに上回る規模で進行して、文学に対してさまざまな問題を投げかけた時代であった」と指摘している。あるいは、一九三〇年代から一九五〇年代にかけての時代を、戦争の激化と敗戦という出来事を挟みつつ、基本的には連続していると見ることが可能だろう。山本芳明「文学の経済学――昭和十年代を読む」(『人文』九号、二〇一一・三)は、「購読者数の急激な拡大と定着によって生じた文学の〈経済力〉の向上」を文学の「一九四〇年体制」と呼び、「この体制は、太平洋戦争の激化と戦後の混乱期には一旦、その活動を休止するが、一九五〇年代の文学全集ブーム・中間小説の隆盛という形で見事に復活したと考えられる」と指摘している。

(17) この佐藤の文について、丸山静「偶像より神話へ」(『自由』一九三八・二)は「僕は、この高等詩人の自覚を促し励ました「民衆」なるものが、何処のどういふ民衆だつたのか、はなはだ疑問に思つてゐる。また日本の民衆が、かかる自覚に立ち至らねばならなかつたほど、外国文化の影響を受けたかどうか、受ける余裕があつたかどうか、すこぶる疑問に思つてゐる」と批判している。北河賢三「戦時下の世相・風俗と文化」(藤原彰・今井清一編『十五年戦争史2』青木書店、一九八八・七)を参照。

(18) 吉本隆明「転向論」(『現代批評』一九五八・一二)は「佐野、鍋山の転向を、天皇制(封建制)への屈服とかんがえるのは、常識的なものであるが、わたしは、さらに、このことを、大衆的な動向への全面的な追従という側面からもかんがえる必要があるとおもう」と指摘しているが、「日本への回帰」に先立つ共産主義運動からの転向者の大量発生という現象において、既にそのような問題は露呈していたと考えることも可能だろう。

(19) 山本芳明「それは「純粋小説論」から始まった」(『学習院大学文学部研究年報』五六輯、二〇〇九・三)が的確に指摘しているように、小林秀雄「私小説論」(『経済往来』一九三五・五~八)は戦後において平野謙や中村光夫によって「純粋小説論」よりも高く持ち上げられることになるが、同時代においては「純粋小説論」こそが大きな影響力を持っていたのであり、小林も自身の「私小説論」より「純粋小説論」に沿った主張をしていくようになるのである。

(20) 山本芳明「〈現代社会〉を描くということ――昭和十二年の「風俗小説」とマルクス主義」(『国語と国文学』八八巻七号、二〇一一・七)は、「「風俗小説」は「純文学」系の作家にとっても、「転向派作家」にとっても、作品世界を拡大する絶好の契機となっていたのである」と指摘するが、そうした文学の社会性の獲得が総力戦体制の構築とともに行なわれたことは見逃せないだろう。そして、『海戦』(中央公論社、一九四二・一二)などによって戦後に厳しく戦争責任を問われた丹羽文雄を含めて、文学大衆化や「風俗小説」に近しい者たちが総力戦体制の構築に協力的だったことも間違いない。それが戦後において『近代文学』派や中村光夫のほとんど反動的と言ってよい「文学」観が影響力を持った一因でもあるのだが、そこでは「風俗小説」が「文学」に社会性をもたらそうという側面を持っていたことは見過ごされてきたのである。

(21) 井伏は『侘助』(鎌倉文庫、一九四六・一二)の「後記」で「敗戦の年――昭和二十年度には私は五枚の随筆を一つ発表しただけで、但し日記だけは殆んど毎日つけてゐた。その頃は、自分の貧弱な空想でまとめた物語などよりも、庶民の一人として経験する実際の記録の方が、文学として幾らか価値があると思つてゐたからである」と述べている。戦後において、井伏があらためて柳田の民俗学に近づいていることが窺える。

(22) 寺田透や中村光夫らが「遥拝隊長」を絶賛したのも当然であったろう。

(23) 一九八九年公開の今村昌平監督の映画『黒い雨』(脚本=今村昌平・石堂淑朗)では、ラジオが朝鮮戦争の緊迫した状況を伝える場面が取り入れられている。

あとがき

一九九九年三月、私は広島県の県立高校を卒業した。その年の卒業式は、かなり不穏な空気に包まれていた、と言ってよい。それまで県内の公立学校の卒業式では、日の丸は壁にではなく三脚に立てられ、君が代は斉唱されず演奏だけ、という妥協的な形式が広く行なわれていた。しかし、前年に文部省（当時）から是正指導を受けた広島県教育委員会は、一九九九年二月に各校長に職務命令という形で日の丸・君が代の完全実施を求めた（詳しい経緯については、広島県教育委員会のホームページ「ホットライン教育広島」内にある「文部省是正指導に関する経緯について【平成10年度の状況】」〔http://www.pref.hiroshima.lg.jp/kyouiku/hotline/02zesei/h10zesei3.htm〕をご参照ください）。広島県立世羅高校の校長が自殺したのは、その数日後のことだ。県教委と教員組合の板挟みになった心労が原因だろう、と言われている。そして、その自殺が一つのきっかけとなり、同年八月に国旗国歌法案が制定されることとなる。

たしかに当時の広島県の教育界が某政治団体の強い影響下にあったのは事実であるし、時に首を傾げざるをえない「教育」が行なわれていたのも間違いない。天皇制や日の丸・君が代を否定する意見だけが押し付けられ、異論を認めない空気には私自身、違和感を禁じえなかった。まるで天皇制が世の中の悪いことすべての原因であるかのように言われても納得できるわけはなかったし、日の丸・君が代が正式な国旗・国歌ではないということをひたすら強調する教師には、では正式な国旗・国歌に制定されたらどうするのだろうと思わないわけにはいかなかった。だが、だからといって県教委のやり方が正しいとも思えなかった。広島県の教育界に多大の混乱をもたらした県教委のやり方は、稚拙であったと謗られても仕方のないものだったと私は思う。その混乱のなかで私が学んだ唯一のことは「自らの「正しさ」を振り回すことに羞恥心のかけらも持っていない者の醜悪さに右も左も関係ない」のだということ、ただそれだけだった。

とはいえ、私はそのなかで何か積極的な役割を演じたわけでは少しもない。あと数ヶ月でこのくだらない騒ぎから離れることができるのだと思っていた私は、ただただ東京に行って大学に進学することだけを心待ちにしていたのだった。東京に行きさえすれば、こんなくだらない騒ぎから無関係な場所で明るく健やかな生活を送ることができるのだと、私はその頃、なぜか思っていたのだった。

それからもう、一〇年以上が経つ。

本書は二〇一一年度に学習院大学に課程博士学位論文として提出した「井伏鱒二研究」をもとにしたものを再構成し、加筆・訂正を施したものである。審査にあたっていただいた、主査の山本芳明先生、副査の中山昭彦先生、十重田裕一先生に深く感謝したい。

山本先生は、修士課程を出たあと文字通り路頭に迷っていた私を拾ってくださり、辛抱強く指導していただいた。山本先生がいなければ私は研究を続けることなど到底できなかっただろう。資料の読み方からお酒の飲み方まで、山本先生から教えていただいたことは数限りないが、何よりも先生の研究を楽しむ姿勢には感銘を受けたし、今後も見習いたいと思っている。

また、中山先生にも多くの学恩を賜った。授業その他で、溢れるほどの知識に圧倒されながら、少しでも吸収できるものを吸収しようと努めてきた。本書にその一端がほんの少しでも出ていることを願っている。また、本書の刊行も先生のご紹介によるものである。

それから十重田先生は、実は私の卒業論文の指導教員でもある。学部生の頃からお世話になっている先生であり、私がふらふらしている時分には心配してくださり、いろいろと温かい言葉をかけていただいたことを私は忘れない。博士論文の副査を引き受けていただいたことは、まさに望外の喜びである。

その他にも、感謝すべき方は少なくない。修士課程時代にお世話になった中島国彦先生、佐々木雅發先生、宗像和重先生、そして学習院に来てたった一年間という短い期間ではあったがお世話になった十川信介先生に心から感謝申し上げる。また、井伏研究をこれまで牽引してこられた東郷克美先生、前田貞昭先生には拙稿をお送りするたびに温かいお言葉をいただき、励みになった。二〇一〇年度から助教として勤務している学習院大学の日本語日本文学科の先生方や副手たちにも、何かにつけて助けていただいている。これらの方々の支えがなければ博士論文の執筆はまだ何年も先になっていたに違いない。それから、山田俊治先生に誘っていただいた馬琴の会、松本和也氏に誘っていただいた「太宰治スタディーズ」の会など、各種の研究会で出会った数多くの方々との出会いも、多かれ少なかれ本書の糧となっていることだろう。

本書の刊行に際しては、新曜社の渦岡謙一氏に大変お世話になった。私のような若輩者の著書の刊行を快く引き受けていただいたことに感謝したい。私にとって新曜社は憧れの出版社であり、そこから私の本が出版されるなど、まだ夢のような気がする。また、本書の校正は早稲田大学大学院生の福岡大祐氏、塩野加織氏にご協力いただいた。もちろん本書に何らかの誤りがあれば、全て私の責任である。

そして最後に。本書を、小学校の教員をしながら私を育ててくれた母に捧げる。私はいい息子では全くなかったし、これからもたぶんいい息子にはなりえないが、本書が親不孝の償いに少しでもなれば幸いである。

二〇一二年十月

滝口明祥

初出一覧（ただし、いずれも改訂をほどこしている）

序　章　書下ろし。ただし部分的に「太宰治と井伏鱒二――『井伏鱒二選集』をめぐって」（『太宰治スタディーズ』二号、二〇〇八年六月）と記述が重複する箇所がある。

第一章　「「ナンセンス」の批評性――一九三〇年前後の井伏鱒二」（『日本近代文学』八〇集、二〇〇九年五月）

第二章　「観察者の位置、或いは「ちぐはぐ」な近代――「朽助のゐる谷間」」（『日本文学』六〇巻六号、二〇一一年六月）

第三章　「『川』の流れに注ぎ込むもの――シネマ・意識の流れ・農民文学」（『国文学研究』一六一集、二〇一〇年六月）

第四章　「「記録」のアクチュアリティ――「青ヶ島大概記」」（『学習院大学大学院日本語日本文学』六号、二〇一〇年三月）

第五章　「「間」で漂うということ、或いは起源の喪失――『ジョン万次郎漂流記』」（『文藝と批評』一一巻一号、二〇一〇年五月）

第六章　「歴史＝物語への抗い――『さざなみ軍記』」（『日本文学』五九巻六号、二〇一〇年六月）

第七章　「「庶民文学」という成功／陥穽――文学大衆化と井伏鱒二」（『昭和文学研究』六二集、二〇一一年三月）

第八章　「戦時下の「世相と良識」――『多甚古村』」（『人文』九号、二〇一一年三月）

第九章　「占領下の「平和」、交錯する視線――『花の町』」（『国文学研究』一六四集、二〇一一年六月）

第十章　「ある寡婦の夢みた風景――「遥拝隊長」」（『国文学研究』一五〇集、二〇〇六年一〇月）

第十一章　「エクリチュールの臨界へ――『黒い雨』」（『学習院大学文学部研究年報』五八輯、二〇一二年三月）

終　章　書下ろし

索　引

か 行

さ　行

た　行

な　行

は　行

ま　行

や　行

ら 行

わ 行

著者紹介

滝口明祥（たきぐち・あきひろ）
1980年広島県生まれ。学習院大学大学院人文科学研究科博士課程修了。博士（日本語日本文学）。学習院高等科非常勤講師を経て現在、学習院大学文学部助教。
主な論文に、「「太宰治」の読者たち――戦後における受容の変遷を中心に」（斎藤理生・松本和也編『新世紀太宰治』双文社出版、2009年6月）、「『太宰治全集』の成立――検閲と本文」（『Intelligence』8号、2007年4月）などがある。

新曜社

井伏鱒二と「ちぐはぐ」な近代
漂流するアクチュアリティ

初版第1刷発行　2012年11月28日

著　者　滝口明祥
発行者　塩浦　暲
発行所　株式会社　新曜社
〒101-0051　東京都千代田区神田神保町2-10
電話（03）3264-4973㈹・FAX（03）3239-2958
E-mail：info@shin-yo-sha.co.jp
URL：http://www.shin-yo-sha.co.jp/
印　刷　メデューム
製　本　イマヰ製本

ISBN978-4-7885-1314-3　C1095

好評関連書

鶴見俊輔・上野千鶴子・小熊英二 著
戦争が遺したもの 鶴見俊輔に戦後世代が聞く
戦中から戦後を生き抜いた知識人が、戦後六十年を前にすべてを語る瞠目の対話集。
四六判406頁 本体2800円

小熊英二 著
〈民主〉と〈愛国〉 戦後日本のナショナリズムと公共性
日本社会学会賞、毎日出版文化賞、大佛次郎論壇賞受賞
戦争体験とは何か、そして「戦後」とは何だったのか。息もつかせぬ戦後思想史の一大叙事詩。
A5判968頁 本体6300円

福間良明 著
焦土の記憶 沖縄・広島・長崎に映る戦後
沖縄戦、広島・長崎の被爆体験はいかに語られてきたか。周縁の語りから戦後日本を問う。
四六判536頁 本体4800円

榊敦子 著
行為としての小説 ナラトロジーを超えて
語る行為に先立って物語内容は存在しない。物語行為として日本近代文学を読み直す試み。
四六判246頁 本体2400円

栗原裕一郎 著
〈盗作〉の文学史 市場・メディア・著作権
日本推理作家協会賞受賞
盗作、パクリ等をめぐって展開したドタバタを博捜・検証した、文学愛好家必携の書。
四六判494頁 本体3800円

紅野謙介 著
投機としての文学 活字・懸賞・メディア
文学がまだ若かった時代、小説は投機の対象だった。商品としての文学の問題を詳述。
四六判420頁 本体3800円

遠田勝 著
〈転生〉する物語 小泉八雲「怪談」の世界
〈転生〉を鍵概念に、物語の伝承と創作をめぐる複雑怪奇な絡み合いを解きほぐす力作。
四六判272頁 本体2600円

（表示価格は税を含みません）

新曜社